U0320583

国家自然科学基金资助项目（41727801，41302129，41330638）
安徽省自然科学基金项目（2008085MD121）
安徽省博士后研究人员科研活动经费资助项目（2017B171）
安徽省高校自然科学基金资助项目（KJ2019A0100）
研究成果

博 士 论 丛

沁水盆地南部煤层气排采
井间干扰响应与储层伤害评价

Response of Interference and Reservoir Damage Evaluation of
Coalbed Methane Wells under Multi-Well Drainage
in Southern Qinshui Basin

刘会虎　桑树勋　李梦溪　徐宏杰　刘世奇　著

中国科学技术大学出版社

内 容 简 介

本书以沁水盆地南部中国煤层气产业典型示范区为研究对象,在煤层气地质背景、煤层气生产背景和试验研究的基础上,阐明了煤层气井网排采条件下井间干扰的地球化学响应特征及煤层气排采储层伤害表现特征,评价了沁水盆地南部煤层气井网排采井间干扰的程度和排采储层伤害的程度,揭示了煤层气井网排采条件下井间干扰的地球化学响应机理,建立了煤层气井网排采井间干扰的地球化学响应监测与评价方法、排采伤害的评价方法;基于数值模拟手段提出了煤层气井排采优化工艺技术。本书以沁水盆地南部中国煤层气产业典型示范区内的樊庄和成庄生产区块为实例,希望能对煤层群区煤层气开发地质与工艺技术研究有所贡献。

图书在版编目(CIP)数据

沁水盆地南部煤层气排采井间干扰响应与储层伤害评价/刘会虎,桑树勋,李梦溪等著. —合肥:中国科学技术大学出版社,2020.11
ISBN 978-7-312-04806-7

Ⅰ.沁⋯ Ⅱ.①刘⋯ ②桑⋯ ③李⋯ Ⅲ.煤层—地下气化煤气—油气开采—研究—沁水县 Ⅳ.P618.110.622.5

中国版本图书馆 CIP 数据核字(2019)第 237732 号

沁水盆地南部煤层气排采井间干扰响应与储层伤害评价
QINSHUI PENDI NANBU MEICENGQI PAICAI JINGJIAN GANRAO XIANGYING YU CHUCENG SHANGHAI PINGJIA

出版	中国科学技术大学出版社
	安徽省合肥市金寨路 96 号,230026
	http://press.ustc.edu.cn
	http://zgkxjsdxcbs.tmall.com
印刷	合肥华苑印刷包装有限公司
发行	中国科学技术大学出版社
经销	全国新华书店
开本	710 mm×1000 mm 1/16
印张	20.5
字数	436 千
版次	2020 年 11 月第 1 版
印次	2020 年 11 月第 1 次印刷
定价	88.00 元

前　言

　　煤层气是近 20 年来在国际上新兴的洁净、优质能源和化工原料,也是我国最现实、最可靠的非常规清洁能源。我国煤层气资源丰富,但是低渗、构造煤、低阶煤和位于深部等难采资源量占 75% 以上,资源禀赋成为制约煤层气产业快速发展的主要客观因素。我国煤层气在"十一五"期间实现了商业化开采,在"十二五"期间实现了产业化开采,在"十三五"期间煤层气开采有望成为非常规天然气资源开发的主力。国家"十三五"规划将加快煤层气开发放在了突出地位,根据"十三五"规划目标,2020 年全国煤层气产量为 240 亿立方米,其中地面煤层气产量 100 亿立方米,煤矿井下煤层气抽采量 140 亿立方米。沁水盆地南部作为中国煤层气产业发展的典型示范区,对它的勘探开发对中国煤层气工业的发展有着至关重要的作用。沁水盆地煤储层的"低压、低渗、欠饱和"特征是其固有属性,在煤层气开发过程中不可避免会受到这些不利因素的影响,因而如何在现有条件下实施煤层气开发工程,煤层气排采控制及煤层气排采过程中的储层伤害与保护成为急需解决的关键性技术问题。

　　为解决上述问题,本书以中国沁水盆地南部煤层气井开发区块为研究对象,以国家自然科学基金资助项目(41727801,41302129,41330638)安徽省自然科学基金项目(2008085MD121)、安徽省博士后研究人员科研活动经费资助项目(2017B171)、安徽省高校自然科学基金资助项目(KJ2019A0100)为依托,开展了沁水盆地南部煤层气排采井间干扰响应与储层伤害评价研究,这为沁水盆地南部煤层气井排采生产控制提供了依据,也可为我国高阶煤煤层气井的生产提供借鉴。

　　本书内容分为 9 章,分别为:沁水盆地南部煤层气地质与生产背景、煤层气排采井间干扰响应评价与储层伤害评价方法、煤层气井网排采流体动力场特征、煤层气井网排采的气相流体化学场特征、煤层气井网排采的液相流体化学场特征、地球化学响应的煤层气排采井间干扰机理、煤层气井排采储层伤害的生产表现特征、煤层气井排采储层敏感性及伤害评价，以及煤层气井排采伤害的耦合效应及其控制技术。全书由安徽理工大学刘会虎副教授、中国矿业大学桑树勋教授主持撰写，各章节撰写分工为：前言、第五章至第九章由刘会虎完成；第一章第一节由桑树勋完成，第一章第二节由刘会虎和李梦溪（教授级）高工完成；第二章由刘会虎、桑树勋完成；第三章由刘会虎、刘世奇副教授完成；第四章第一节、第二节由刘世奇完成，第三节、第四节由刘会虎完成。全书由桑树勋、李梦溪审校，插图由刘会虎审校。本书涉及的资料统计、图件编绘由刘会虎、刘世奇共同完成。

　　在本书撰写过程中，我们参考了相关学术专著、科技文献、行业标准等，引用了中国石油股份有限公司华北油田煤层气勘探开发分公司近年来的相关研究成果，在此一并表示感谢！在成书过程中，得到了中国石油股份有限公司华北油田煤层气勘探开发分公司总地质师李梦溪及各级领导、同仁的大力支持和无私帮助！中国矿业大学资源学院刘世奇副教授、黄华州副教授、王冉副教授、周效志副教授等校友为本书的写作热心地提供了建设性意见，部分 2008～2011 级相关专业硕士研究生参加了有关的实验和测试工作，安徽理工大学研究生程乔亦参与了样品采集、实验测试和部分数据资料的整理工作。安徽理工大学地球与环境学院对本书的顺利出版给予了资助，学院的各位同事对本书给予了无私关怀。在此，我们向上述单位、个人表示诚挚的感谢！

　　限于作者认识水平，本书中存在错误和不足之处在所难免，恳请读者批评指正。

作　者

2020 年 4 月

目　　录

第一章　沁水盆地南部煤层气地质与生产背景

沁水盆地南部是中国煤层气开发典型示范基地，是中国实现煤层气商业开发的主要地区之一。本章从煤层气形成的沉积地质与含煤特征、构造特征、岩浆岩分布、水文地质条件等方面综合调查了沁水盆地南部煤层气开发地质条件，并以典型开发区块樊庄区块和成庄区块为例概述了沁水盆地南部煤层气开发的生产背景。

第一节　沁水盆地南部煤层气地质背景

一、沉积地质与含煤特征

沁水盆地南部樊庄区块和成庄区块内含煤地层为石炭二叠系，自下向上依次为本溪组、太原组、山西组、下石盒子组、上石盒子组和石千峰组。

山西组为发育于陆表海沉积背景之上的三角洲沉积，一般从三角洲河口沙坝、支流间湾过渡到三角洲平原相。泥炭沼泽相是三角洲平原上的成煤环境，聚煤条件较好，煤层分布连续但厚度变化较大，也常因分流河道冲刷而变薄或尖灭，由砂岩、砂质泥岩和煤层组成。本组以砂岩发育、层理类型多、植物化石丰富为特征。樊庄区块地层厚度一般在 45～86 m，平均在 70 m 左右[1]。

太原组为一套海陆交互相沉积，形成了陆表海台地碳酸盐岩沉积体系和障壁砂坝沉积体系的复合沉积体系。其中开阔台地相形成时海水流通性较好，岩石类型主要为生物碎屑泥晶灰岩和泥晶生物碎屑灰岩[1]。

太原组在樊庄区块的厚度一般在 80～105 m，平均在 90 m 左右，含煤 10 层，下部煤层发育较好，其中 15 号煤层是本区内的主要可采煤层，也是开采煤层气的主要目标层。山西组地层厚度，在樊庄区块一般为 45～86 m，平均在 70 m 左右，含煤 4 层，自上而下编号为 1～4 号。

樊庄区山西组中3号煤层煤厚主要为6.0~7.0 m,全区稳定分布,是煤层气开发最重要的目的层。3号煤层大部分地区埋深在500~700 m范围;3号煤层煤的显微组分以镜质组为主,其含量占53.90%~92.7%,惰质组含量占7.3%~46.1%;原煤灰分(A_d)占9.23%~21.63%,原煤挥发分(V_{daf})占5.44%~8.41%;原煤水分(M_{ad})一般较低,占0.71%~1.91%;最大反射率值占3.24%~3.98%;空气干燥基含气量为8.03~31.44 cm³/g。

二、构造特征

沁水盆地为中朝准地台(亦称华北地台)山西隆起上的一个中生代以来形成的构造型复式盆地[1-4]。沁水盆地现今整体构造形态为一近 NE-NNE 向的大型复式向斜,轴线大致位于榆社—沁县—沁水一线,东西两翼基本对称,倾角 4°左右,次级褶皱发育。在北部和南部斜坡仰起端,以 SN 向和 NE 向褶皱为主,局部为近 EW 向和弧形走向的褶皱。断裂以 NE 向、NNE 向、NEE 向高角度正断层为主,主要分布于盆地的西部、西北部以及东南缘(图 1.1)。

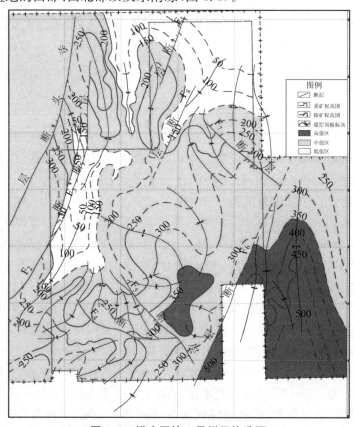

图 1.1　樊庄区块 3 号煤层构造图

沁水盆地的构造演化大体上经历了三个阶段[1,5]：沁水盆地构造基底形成阶段、含煤盆地泥炭堆积阶段、构造抬升剥蚀阶段。

樊庄区块与郑庄区块以寺头断层（带）相隔，但其构造样式却有差异。樊庄区块内主要构造形态（断层走向与褶曲轴向）仍呈 NNE 向展布，但次一级褶曲构造发育，方向多变，明显表现为多期构造作用的产物，而断层构造则不发育（图 1.1）。

（一）褶皱构造

樊庄区块属暴露与半暴露区，岩石地面露头良好，在广泛收集区域资料和整理前期成果的基础上，对褶曲进行了较详细的分析，控制了全区的褶曲发育迹线。

樊庄区块的褶曲发育主要存在两个相对集中的方向，分别是 NE 与 NW 向，统计对比结果表明，褶曲轴向主要集中在 $15°\sim54°$、$320°\sim338°$（图 1.1）。在野外调查中，发现樊庄区块的向斜构造往往出露较好，比较容易观测，而背斜构造的核部往往发育有冲沟，因此，背斜的观测存在一定的难度，需通过两侧地层产状来判断，该特征指示背斜核部岩层较破碎，易遭受侵蚀作用。图 1.2 所示为樊庄区块野外出露的一向斜构造（核部观测点 N $35°48'58.9''$，E $112°37'31.3''$），其 NW 翼产状为 $118°\angle9°$，而 SE 翼的产状为 $296°\angle14°$，为一不对称向斜构造。

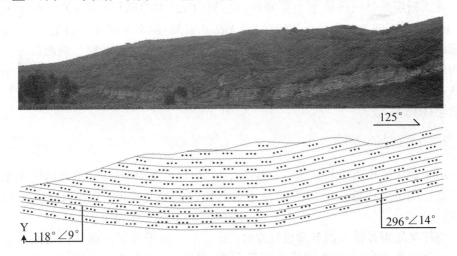

图 1.2　樊庄区块野外向斜素描图

（二）断层构造

樊庄区块内断层构造相对于褶皱构造而言，不甚发育，在区块内查明有数条断层（表 1.1、图 1.1）。

表 1.1　樊庄区内主要断层

断层编号	断层名称	断距(m)	断层产状		
			走向	倾向	倾角
1	寺头正断层	最大 100 m,一般 50~60 m	NE 10°~25°	NW	70°~75°
2	F_1 正断层	4	NE	NW	65°
3	F_2 正断层	12	NE	SE	60°
4	F_3 正断层	1.5	NE	NW	51°
5	F_4 正断层	6	NW—EW	SW	60°
6	F_5 正断层	9	NW	SW	50°
7	F_6 正断层	8	NE	NW	65°
8	F_7 正断层	18	NW	SW	55°

　　寺头断层是樊庄区块的主要断层,也是区内最大的断层构造,虽然在研究区内,由于地面剥蚀与冲击层堆积较厚,更无法观察到,但平面位置较清楚,在研究区北侧的枣园地区该断层地表出露良好,有多处出露,表现为正断层。该断层带在刘家沟组的上石盒子组、下石盒子组中,宽约 3 m,总体呈 NNE 向延伸,平面上呈舒缓状,断层产状为 110°∠40°。除了寺头正断层外,在樊庄区块内部还存在着数条小断层(图 1.1)。

(三) 节理构造

　　由于樊庄区块属于暴露或半暴露区,因此基岩出露相对较好,节理构造现象特别丰富。由于受到近南北向褶曲与北西向褶曲的联合控制,节理发育方位明显多变。

　　樊庄区块野外露头的节理也较发育(图 1.3)。由于受到近南北向褶曲与北西向褶曲的联合控制,节理发育方位明显多变,对野外 73 个节理点的实地观测结果表明,共有 4 组优选方位,即 NE 30°~40°、NE 65°~85°、NW 20°~50°、NW 60°~85°,其中又以 NE 65°~85°、NW 20°~50°最为发育(图 1.3)。对区块内 73 个地面露头点进行节理测量统计,发现因受多期构造运动的影响,在靠近构造转折端的部位,节理密度增大,且延伸也较长(图 1.4)。

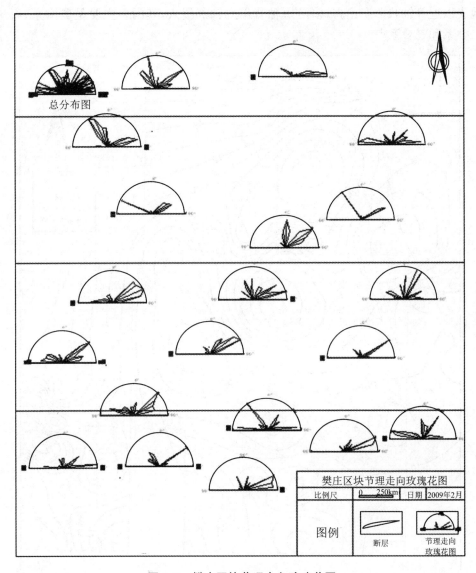

图 1.3　樊庄区块节理走向玫瑰花图

三、岩浆活动

区内岩浆活动主要集中于太古代—元古代和中生代两个地质阶段。太古代和元古代岩浆岩存在于前寒武系地层中,其岩体小,多以脉状产出,岩性以超基性岩、基性岩和酸性岩为主,主要分布在太岳山区。中生代(特别是燕山期)是华北地区岩浆活动的鼎盛时期,在山西南部也有清楚的显示。岩浆岩体分布于研究区南部,多呈 NEE 向断续分布,其展布方向和形式受隐伏的基底断裂带控制,各侵入体在地表以近等轴状形态出露，多沿短轴背斜的轴部侵入，其围岩主要是奥陶系、石炭二叠系和三叠系[1]。

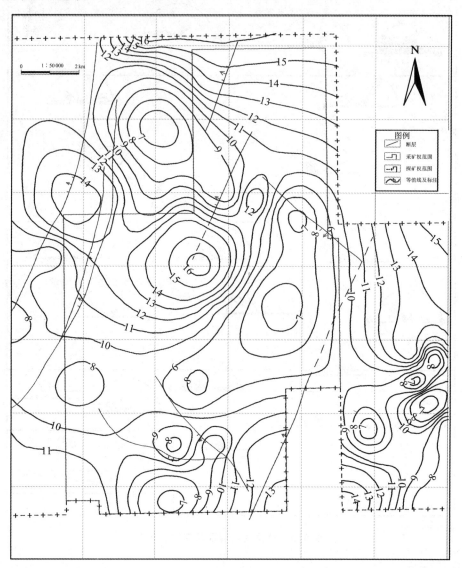

图 1.4　樊庄区块节理密度等值线图

区内最大的出露岩体（塔尔山—二峰山）呈枝状产出，分布面积大于 100 km²，与其呈侵入接触的最新地层是三叠系二马营组。根据同位素年龄测定结果，岩体的侵入时代为白垩纪早中期。该岩体对附近石炭—二叠系煤的煤化作用具有一定影响，从而造成侵入体附近煤级呈环带状分布[1]。

除暴露于地表或侵入煤系及其以上层位的岩体之外，区内存在隐伏岩浆岩体的可能性不容忽视。根据已有资料和区内岩浆活动规律分析，区内翼城、安泽、阳

城、晋城范围内可能存在较大规模的燕山期隐伏岩浆岩体,侵位较深。其主要证据如下:

①晋城—阳城一带可见零星出露的燕山期岩浆岩热液岩脉,属于岩浆后期产物,其下必有较大母体存在;

②航测资料显示阳城—晋城—高平一带为正磁异常区,异常强度可达+100～+250γ;

③浮山—翼城为断裂与岩浆活动强烈的块段隆起构造区,有燕山期岩体分布,其磁异常局部可达+700γ,向东至阳城、晋城岩浆岩体呈东西向带状分布;

④周边地区燕山期岩浆侵入到奥陶系—寒武系或下部层位的现象较为常见[1]。

中生代(尤其是燕山期)的岩浆活动对研究区内石炭—二叠系煤层的煤化作用有深刻的影响。

四、水文地质条件

沁水盆地南部地区存在奥陶系、石炭二叠系和第四系3套主要含水层系。研究区主要隔水层为上石炭统隔水层、太原组和山西组泥岩和砂质泥岩隔水层、上石盒子组中下部及下石盒子组隔水层组。盆地南部水文地质单元由3个泉域组成,西北部为洪洞广胜寺泉域,东北部为辛安泉域,南部为延河泉域。各泉域地层构成南部向北、北部向南、东西两侧向中间的复式向斜储水构造。

本区内部存在着4条重要的水文地质边界,包括近EW向2条和NNE—NE向2条。其中3条边界是由次级隆起形成的地下分水岭,1条为南部煤层气富集高产条件具有明显影响的寺头断裂[6]。抽水实验、水化学、煤层含气性等方面的证据表明,寺头断层是一条封闭性的断裂,导水、导气能力极差。但是,该断层断距较大,延伸较长,与其他断层相连,故不能排除局部导气、导水的可能性[6]。

研究区内樊庄区块为典型的等势面"洼地"滞流型,因水力封闭导致煤层气富集;郑庄区块为典型的等势面扇状缓流型,一方面因为区块东侧的寺头断层的阻水作用,另一方面因为露头地带的地表水补给对地下水径流造成了封阻,有利于区块内煤层气的富集。

第二节　沁水盆地南部煤层气生产背景

沁水盆地东南部地区已投产煤层气井4 000余口,形成了潘庄、樊庄、郑庄、潘河、柿庄、成庄、赵庄等多个煤层气开发区块[7]。目前以潘庄区块产气效果最好,其次为樊庄、柿庄和成庄,郑庄和赵庄区块产气效果较差。李贵红等[8]曾用体积法估算成庄区块 3 号煤层、9 号煤层、15 号煤层的煤层气探明储量,最后结果为 66.36×10^8 m^3,预测成庄区块为浅～中层、低产、中丰度的中型气田。

成庄区块位于沁水盆地南翼,构造形态总体表现为倾向北西的单斜构造,主体构造发育变幅不大、宽缓的次级背向斜,地层平缓,倾角 3°～15°,一般小于 10°。目前成庄区块内已完成煤层气井 400 余口。区内煤层气井从 2006 年初开始投产,目前主要是开采 3 号煤层,共投产煤层气井 300 余口,单井最高日产气量达到8 400 m^3。各井从开始排采到见气所用的时间长短不一,比较快的仅需 20 天,慢的则长达 2 年以上(723 天),见气时间大于 30 天的煤层气井占 73%,见气时间大于100 天的煤层气井占 37%。数据结果显示,成庄区块煤层气井产气量较低,开始产气的时间长,需要 30 天以上,部分井甚至需 2 年以上,且见气时间 2 年以上的都成为了低产井,区块煤层气井从达到单相饱和气体阶段即开始进入产气高峰期,此时间一般需 1～3 年,最长近 4 年。至 2013 年底,山西蓝焰煤层气公司准备在成庄区块区域内建设 260 口,共采 3 个主要煤层的煤层气井。

樊庄区块煤层气井从 2008 年 10 月开钻,12 月底完成完井和压裂。平均钻井周期 13～25 天,建井周期 30 天左右。

樊庄区块采用清水或低密度、低黏度钻井液钻井。钻井时一开采用 ∅311 mm钻头钻进,至井深 40～60 m(钻遇二叠系上统上石盒子组)一开钻完,下入外径244.5 mm、内径 226.62 mm、壁厚 8.94 mm 的产层套管进行表层套管固井。固井时,注入水泥 5～8 t(水泥的用量由钻进深度所决定),水泥浆平均密度为 1.83～1.87 g/cm^3,顶替清水为 1.5～2.0 m^3,至水泥浆返至地面。二开钻进时采用∅215.9 mm 三牙轮钻头钻进,完钻层位为石炭系上统太原组。

钻井之后,进行完井综合测井,包括标准测井和组合测井项目。其中标准测井项目包括双侧向、自然伽马、补偿声波、井径及连斜等。组合测井项目包括井径、双侧向、自然电位、自然伽马、补偿密度、2.5 m 梯度电位、微球等。测井的目的是验证井身是否符合地质设计要求,井身质量是否合格。测井所得区内最大井斜不超过 3°。测井完毕,下入外径 139.7 mm、内径 124.26 mm、壁厚 7.72 mm 的生产套管,之后注入水泥进行固井,水泥用量 18～20 t(实际用量视钻进深度而定),水泥浆平均密度为 1.85 g/cm^3 左右,顶替清水为 10 m^3 左右。固井完毕后再次进行测井(测井项目包括自然伽马、声波变密度、磁定位),测试人工井底和水泥返深等,最后进行试压(加压 15 MPa,经 30 min 压降为 0 MPa),检验固井质量是否合格。固井之后,对目的煤层进行压裂。压裂时采用的压裂液类型为清洁压裂液(活性水)。压裂时,所使用的前置液量为 150～230 m^3,携砂液量为 150～290 m^3,顶替液量为5～10 m^3,前置液排量、携砂液排量、顶替液排量均为 5～8 m^3/min,前置液砂比为5%～10%,携砂液砂比为 10%～15%,平均液砂比为 5%～30%,注砂量为 10～

50 m³,破裂压力为 15～30 MPa,停泵压力为 5～40 MPa,前置液注入压力为 10～35 MPa,携砂液注入压力为 10～30 MPa,顶替液注入压力为 5～30 MPa。压裂施工之后,进行完井下泵、试压、下抽油杆等下泵施工工作。

樊庄区块煤层气井从 2009 年 6 月开始排采工作,至 2010 年底进行实验测试,排采工作耗时一年多。

第二章　煤层气排采井间干扰响应评价
与储层伤害评价方法

在煤层气井井网排采过程中,煤储层中的流体的性质、组成、迁移均会发生变化,这种变化呈现出一定的规律性。煤层气井间干扰形成过程中,煤储层中的流体化学场的演变也相应地表现出一定的规律性,相应地,排采流体的地球化学性质也表现出对井间干扰形成过程的响应,因而排采流体的化学参数的时间变化和空间演化成为判别井间干扰形成及所处阶段的重要的地球化学标志,通过采用地球化学监测方法对煤层气井间干扰进行研究,可以建立煤层气井间干扰的地球化学监测方法体系。本章比较详细地介绍了煤层气排采井间干扰响应评价与储层伤害评价的实验方法与理论方法。

第一节　煤层气排采井间干扰响应的
地球化学监测方法

在对煤层气井间干扰响应评价研究中,以生产监测区井网排采过程中流体的化学参数(包括煤层气组分浓度、煤层气稳定同位素比值、煤层气井产出地层水中离子浓度、地层水的矿化度、地层水的硬度、地层水的水化学类型与水化学相以及地层水中元素含量)测试为基础,通过分析不同生产时刻流体化学参数随时间的变化规律及空间演化规律,反演煤层气井网排采条件下井间干扰形成过程及阶段,阐明煤层气井网排采条件下井间干扰的地球化学约束机理,建立井间干扰的地球化学评价方案,对煤层气井的井间干扰程度进行评价。通过对沁水南部樊庄生产区的煤层气井进行遴选,我们在樊庄生产监测区内确定出一定范围内的 15 口煤层气井作为监测研究区(图 2.1)[9]。

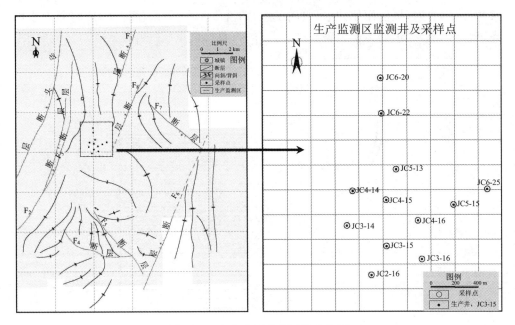

图 2.1　生产监测井及采样点位置

一、煤层气及地层水采样

(一) 采样时间的确定

煤层气组分测试设计的采样分 7 批次,计划每隔 15 天采一次样。实验从 2010 年 7 月 23 日开始第一次采样,但因天气原因,个别采样时间发生了变更。煤层气组分测试所确定的气样采样的实际时间为 2010 年 7 月 23 日、2010 年 8 月 9 日、2010 年 9 月 13 日、2010 年 10 月 10 日、2010 年 11 月 3 日、2010 年 11 月 17 日及 2010 年 12 月 4 日[9]。

(二) 采样方法

在现场采集煤层气样前,应先将专业采气样用的集气瓶(石油天然气采样瓶)注满水。在注水过程中注意瓶中不要留有任何气泡。采样时,将连接有针孔式导气口的乳胶管连接到煤层气井排采装置上带有气体开关控制阀的出气口,将乳胶管带有针孔式出气口的一头置于贮满水的水桶(槽)中先排空一段时间(1~2 分钟),然后将针孔式导气口插入倒置的浸沉于水中的气体采样瓶口中,直至气体采样瓶中的水被排空为止(不能留有任何水滴)。排空采样瓶中的水后,在水中将带有密封气体垫片的螺帽拧上采样瓶的螺口,将集气瓶密封(图 2.2)。

采集地层水样前先洗净纯净水瓶,清洗要求为:先用洗涤剂清洗,然后用自来水冲洗3～5遍,最后用超纯水(去离子水)清洗3～5遍。清洗完毕,应将瓶内水甩净,置于阴凉、无尘处风干以备采样。采样时,直接从煤层气井排水管口接地层水。

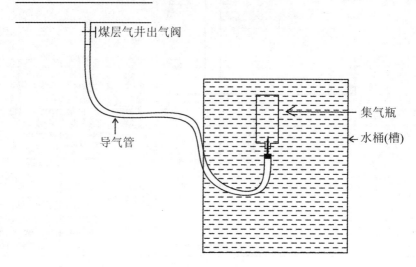

图2.2　煤层气气样采样装置及流程

二、测试方法

(一) 煤层气组分测试

1. 测试标准

煤层气组分含量测试按照中国国家标准 GB/T 19559—2004 进行。

2. 测试原理及流程

测试时,先接通载气源(纯度 99.99％的氦气)以流速 5.4 mL/min 冲洗通道,待冲洗完毕,由进样口注入煤层气样。经过色谱柱分离,经检测器检测信号记录色谱峰,数据处理后得到煤层气组分含量(图2.3)。

图2.3　煤层气组分含量测试流程图

3. 实验装置及仪器

测试煤层气组分含量采用美国安捷伦公司生产的气相色谱仪——气体全组分测

试仪(仪器型号为 HP 6890/Wasson-ECE Gas Analyzer)进行上机测定(图 2.4)。

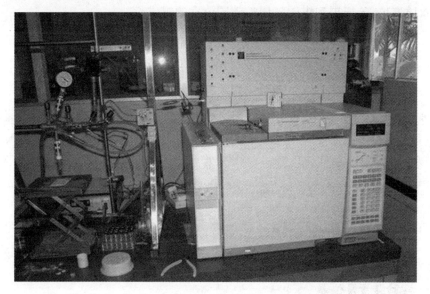

图 2.4　煤层气组分含量测试仪器——气体全组分测试仪

4. 实验条件及精度

色谱柱采用 Agilent(安捷伦) PLOT Q 毛细管柱(30 m×0.32 mm×20 μm);进样口温度为 50 ℃;载气源为纯度 99.999%的氦气,载气流速为 5.4 mL/min;工作模式为恒流工作模式;柱箱升温程序:起始温度 70 ℃,保持 3 min,以 15 ℃/min升至 130 ℃,保持 10 min,以 25 ℃/min 升至 180 ℃,保持 1 min。

实验精度:测试存在的误差不超出±1%。

(二) 煤层气甲烷碳同位素测试方法

1. 测试标准

煤层气甲烷碳同位素测试依据国家标准 GB/T 18340—2001 进行。

2. 测试原理及流程

如图 2.5 所示,在前处理装置(进样系统部分)部分,将抽取的煤层气样的注射品与进样口连接,连通氦气流(1.2 mL/min)冲洗通道。冲洗完毕后,用注射器打入煤层气样,氦气流将注入的煤层气冲入 U 形管,在 U 形管中含有 5 g NaOH(99.99%),NaOH 可吸收煤层气样中的 CO_2 及可能在样品中混杂的水分。此时将六通阀中的 1 与 2、5、6 连通,煤层气进入液氮+酒精冷阱,冷阱中含有 5 g 40~80 目的活性炭,活性炭在冷冻温度下将煤层气中的甲烷吸附浓缩,而煤层气样中的 N_2 和 O_2 等气体则从出口处冲走,然后将出口处的真空阀关闭,并将冷阱处的液氮+酒精换成沸水,随着温度的上升,吸附在活性炭中的甲烷解吸附。待甲烷基本解吸附完毕,将六通阀中的 2 与 3、4、5 相通,氦气流将冷阱中解吸附的甲烷气体吹入色谱柱,再次进行分离(分离部分残留 N_2),分离后甲烷进入氧化炉氧化,然后进入稳定同位素质谱仪,分析得到煤层气甲烷碳同位素的组成。

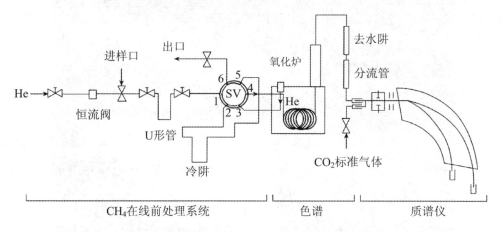

图 2.5　煤层气甲烷碳同位素测试系统流程图

3. 实验装置及仪器

煤层气甲烷碳同位素测试采用气相色谱—稳定同位素比值质谱仪(GC/C/ISOPRIME 质谱仪)上机测定。仪器主要由 HP6890 气相色谱仪、热转换炉、接口和同位素质谱仪组成,同位素质谱仪为英国 GV Instruments 公司生产的 ISOPRIME 型(图 2.6)。

图 2.6　煤层气甲烷碳同位素测试仪器——GC/C/ISOPRIME 质谱仪

4. 实验条件及精度

色谱柱采用 Agilent PLOT Q 毛细管柱(30 m×0.32 mm×20 μm);进样口温度 50 ℃;载气源为纯度 99.999% 的氦气,流速 1.2 mL/min;恒流工作模式;柱箱升温程序:起始温度 50 ℃,保持 3 min,以 15 ℃/min 速率升至 190 ℃,保持 10 min。

测试精度:测试误差为 ±0.5‰。

(三) 煤层气甲烷氢同位素测试方法

1. 测试标准

煤层气甲烷氢同位素测试以戴金星、廖永胜的研究测试方法[29]为标准进行。

2. 测试原理及流程

煤层气混合样品首先要经过 GC(气相色谱)进行分离,从 GC 流出的单分子化合物(单体烃,主要为甲烷)依次进入 TC(高温热转化装置)并发生高温裂解反应生成 H_2,裂解产生的 H_2 在 He 载气(纯度≥99.999%)的携带下,通过干燥装置除水后,被引入 IRMS(同位素比例质谱仪)。在 IRMS 离子源中,H_2 主要被电离成 m/z(质荷比)为 2 和 3 的离子,带电离子流通过磁场并根据质荷比进行分离,由法拉第杯接收信号,测定氢同位素比值(图 2.7)。

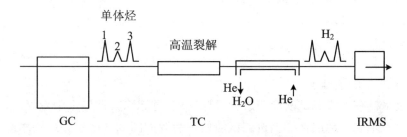

图 2.7　煤层气甲烷氢同位素测试系统流程图

3. 实验装置及仪器

煤层气甲烷氢同位素测试是采用美国 Thermo Finigan(热电)公司生产的气相色谱仪和稳定同位素比值质谱仪(GC/TC/Delta Plus XL)进行上机测定的(图 2.8)。

煤层气甲烷氢同位素测试所用气相色谱仪和稳定同位素比值质谱仪由 HP6890 气相色谱仪、热转换炉、接口和质谱仪(Delta Plus XL)组成。

4. 实验条件及精度

色谱条件如下:

色谱柱采用 Agilent PLOT Q 毛细管柱(30 m×0.32 mm×20 μm);进样口温度 50 ℃;载气源为纯度 99.999% 的氦气,载气流速 1.2 mL/min;恒流工作模式;柱箱升温程序:起始温度 50 ℃,保持 3 min,以 15 ℃/min 速率升至 190 ℃,保持 10 min。实验对单个化合物进样的绝对量的大致要求为大于 150 ng。

质谱条件如下:

图 2.8　煤层气甲烷氢同位素测试仪器——GC/TC/Delta Plus XL 质谱仪

电子轰击(EI)离子源;加速电压 3.09 kV;阱电压 40.0 V;电子能量 100 eV;发射电流 1.5 mA;接收器:多接收法拉第杯。

实验结果的测试精度可达到±0.5‰。

(四) 地层水中离子浓度测试

1. 地层水的预处理

地层水样在上机测试前应该进行过滤处理,过滤除去地层水中悬浮的矿物、煤粉等不溶性杂质。地层水样上机测试前处理装置如图 2.9 所示。地层水前处理具体操作过程为:将洗净的漏斗置于铁架台上固定,叠置定量滤纸于漏斗内,将洗净的容量瓶接于漏斗口下方,然后向漏斗内沿滤纸边缘倒入地层水样开始过滤操作。注意每次倒入漏斗内滤纸内的地层水不得超过滤纸顶端边缘。所处理得到的地层水的体积应以 400～500 mL 为宜(如果采样量少则适当减少)。需要说明的是,实验中所有用到器皿均应用 20% 的 HNO_3 浸泡 24 小时以上,用去离子水洗净备用。同时还需要说明的是,现场采得的水样不能长时间放置,处理过的地层水样也应尽快安排测试,否则可能会出现吸附、沉淀及络合等现象。

2. 地层水中离子浓度测试标准、仪器及适用范围

地层水样离子测试依据国家环境保护总局污水及废水监测分析方法编委会编写的《水和废水监测分析方法》进行。地层水样的离子测试所采用的仪器为美国戴安(DIONEX)公司生产的离子色谱仪,仪器型号为 ICS-1500(图 2.10)。离子色谱法适用于对地表水、地下水、饮用水、降水、生活污水和工业废水等水体的无机阴、阳离子的测定。

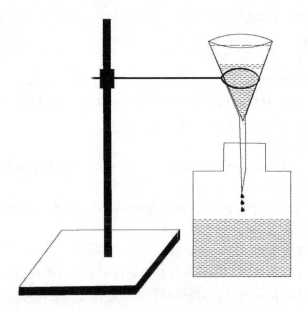

图 2.9　地层水上机测试前的处理装置

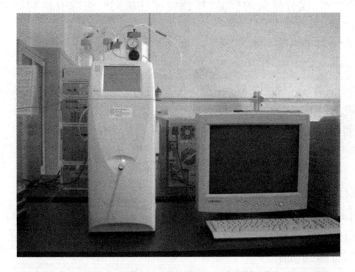

图 2.10　地层水中离子测试仪器——离子色谱仪 ICS-1500

3. 测试原理

本方法利用离子交换的原理,连续对多种阴、阳离子进行定性和定量分析。水样注入碳酸盐—碳酸氢盐溶液并流经一系列的离子交换树脂,基于待测阴、阳离子对低容量强碱性离子树脂(分离柱)的相对亲和力不同的原理而使其彼此分开。被分开的阴、阳离子,在流经强的酸性阳离子树脂及强碱性阴离子树脂(抑制柱)时,被转换成高电导的酸性或碱性,碳酸盐-碳酸氢盐则转换成弱电导的碳酸(清除背景电导)。用电导检测器测量被转变成相应酸碱性的阴、阳离子,分标准进行比较,根据保留时间定性,峰高或峰面积定量。一次进样可连续测定多种离子。

4. 测试步骤

（1）色谱条件

淋洗液浓度:碳酸钠 0.001 8 mol/L,碳酸氢钠 0.001 7 mol/L;再生液流速:根据淋洗液流速来确定,使背景电导达到最小值;电导检测器:根据样品浓度选择量程;进样量:25 μL,淋洗液流速 1.0～2.0 mL/min。

（2）校正曲线的制备

根据样品浓度选择混合标准使用液Ⅰ和Ⅱ,配制 5 个浓度水平的混合标准溶液,测定其峰高（或峰面积）。

以峰高（或峰面积）为纵坐标,以离子浓度（mg/L）为横坐标,用最小二乘法计算校准曲线的回归方程,或绘制工作曲线。

（3）地层水样品中离子浓度的测定

高灵敏的离子色谱法测定地层水样品中的离子浓度一般用稀释的样品。对未知的样品先稀释 100 倍后进样,再根据所得结果选择适当的稀释倍数。

对有机物含量较高的样品,应先用有机溶剂萃取除去大量有机物,取水相进行分析;对污染严重、成分复杂的样品,用预处理柱法同时去除有机物和重金属离子。

（4）空白试验

以试验用水代替水样,经 0.45 μm 微孔滤膜过滤后进行色谱分析。

（5）标准曲线的校准

用标准样品对校准曲线进行校准。

（6）计算

按下式计算地层水样中所测离子浓度:

$$离子浓度（mg/L）=\frac{h-h_0-a}{b}$$

式中,h 为水样的峰高（或峰面积）;

　　　h_0 为空白峰高测定值;

　　　b 为回归方程的斜率;

　　　a 为回归方程的截距。

（五）地层水中元素含量测试

1. 地层水的预处理

测试地层水样的元素含量应在上机测试前进行预处理。预处理用的过滤方法与测试地层水中离子浓度时的样品处理方法相同。与测试地层水中离子浓度所不同的是,测试地层水中元素含量要求地层水的体积统一为 100 mL。为减少定容所产生的体积误差,通过过滤处理统一得到 100 mL 的地层水样,然后统一加 3% 的盐酸进行定容。仪器的清洗要求及样品的保存要求与测试地层水中离子浓度相同。

2. 测试标准样

地层水样中的元素含量测试所采用的元素标准样由国家钢铁材料测试中心钢铁研究总院生产。

3. 测试仪器

地层水中元素含量测试采用的是美国热电公司生产的 T 系列电感耦合等离子体质谱仪(ICP-MS)(图 2.11)。

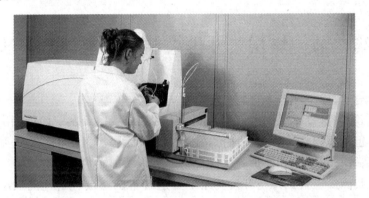

图　地层水中元素含量测试仪器——电感耦合等离子体质谱仪 ICP-MS

4. 测试条件

正向功率 1 200 W,雾化气流速 0.81 L/min,辅助气流速 0.75 L/min,冷却气流速 13.5 L/min,测试所用内标元素为 Rh 和 Re,误差在 $\pm 10\%$ 以内。

5. 测试原理及流程

样品溶液(处理过的地层水样)由进样系统以气溶胶形式进入 ICP 炬焰,ICP 起到离子源的作用。ICP 利用在电感线圈上施加的功率强大的高频射频信号使线圈内部形成高温等离子体,并通过气体的推动,保证了等离子体的平衡和持续电离,高温的等离子体使大多数样品中的元素都电离出一个电子而形成了一价正离子。这些离子通过采样锥和截取锥进入质谱仪,被离子镜系统聚焦后,经过质量分析器(四极杆)按质荷比分开,待测离子依次被离子检测器检测,转换为电信号后通过数据处理系统可得到被检测元素定性、定量的信息。离子的质荷比表征元素的种类,离子的电信号强度代表该元素的含量。

测试前应配好测试元素的标准液的稀释液(按照一定倍数用去离子水稀释标准溶液),包括 0 ppb(ppb 为浓度数量级 10^{-9})(空白样),5 ppb,20 ppb,50 ppb,100 ppb 等 5 种浓度的标准液的稀释液。测试时先利用标准液的稀释液浓度定标线,然后将处理过的所采地层水样上机进行测试,依据标线定出所测地层水中元素含量。

三、测试样品数量

测试樊庄生产监测区煤层气组分含量,煤层气甲烷碳、氢同位素各测试 7 批样,总计 85 个样品。樊庄生产监测区采集地层水样测试 7 批样,包括地层水酸碱度 83 样次,离子浓度测试 83 样次,元素含量测试 86 样次[9]。

第二节　煤层气井排采储层伤害评价方法

储层伤害评价技术是国内外广泛应用于常规油气田开发中评价储层伤害的一门技术,其包括室内评价和矿场评价,常用的评价储层伤害的实验方法基本上分储层敏感性系统评价实验和模拟施工过程中的工程模拟实验两大类[10]。

目前,我国煤层气勘探与开发尚未形成适合本国煤层气特性的煤层气开采理论和储层评价技术,相关标准和规范沿用的仍然是石油与天然气行业的规范。因煤层气开采与常规油气开采有着本质的区别,故对煤层气排采过程中产生的储层伤害评价应该充分考虑到煤层气储层的特殊性。因而,对煤层气排采储层伤害评价的研究应建立在充分考虑常规油气储层评价的成熟的敏感性流动实验行业标准的基础上,兼顾煤层气排采生产的储层伤害表现特征,通过分析煤层气生产区排采产生的储层伤害表现特征,开展排采储层伤害的模拟实验研究,提出适用于沁水南部煤层气排采储层的伤害评价方法。

一、煤层气排采储层伤害模拟实验及伤害评价方法

(一)煤储层速敏效应模拟实验及伤害评价方法

国内常用的煤储层伤害实验研究采用的是储层敏感性流动实验评价[11],借鉴石油天然气行业标准(SY/T 5358—2010)。煤储层不同于碎屑岩储层,煤储层更易随外部应力变化和外来流体侵入而使其渗透性遭到损害[10]。因此,在石油天然气行业标准(SY/T 5358—2010)的基础上进行实验改进设计,以期找出煤储层敏感性评价的合适方法。

速敏效应的实验研究目的:

① 找出排采中排水速度致使储层发生煤粉堵塞伤害的临界流速以及评价速敏效应造成的伤害程度;

② 为找到合理的排采生产制度提供科学依据；

③ 速敏效应可以为储层敏感性流动实验中其他伤害作出评价，如水敏等，为确定合理的实验流速提供依据。

1. 速敏效应实验原理及实验设计

在 SY/T 5358—2010 标准中，速敏效应称为流速敏感性，它的定义是：因流体流动速度变化引起储层岩石中微粒运移从而堵塞喉道导致储层岩石渗透率发生变化的现象。煤层气排采中速敏效应可以解释为煤岩的力学性质决定其在排采过程中容易破碎，其直接结果是产生煤粉甚至煤粒碎屑，这些颗粒的悬浮、沉降聚集，均易阻塞先期形成的运移通道，我们将这种煤粉阻塞储层中运移通道的现象称为煤粉堵塞也就是速敏效应[12]。

（1）实验原理

根据达西渗流定律，在预先设计的实验条件下，利用现场地层水样或者配制的实验用水，又或者其他实验流体，测定煤岩的渗透率及其变化。

（2）实验设计

速敏效应的模拟实验分为以下 3 种类型：

① 实验 1：使用岩心流动实验装置，利用现场采集的水样，在有效应力恒定，逐渐增大驱动压差的条件下进行单向流动实验；

② 实验 2：使用岩心流动实验装置，配制煤粉含量不同的实验用水，在增加驱动压差条件下进行换向实验；

③ 实验 3：为气测渗透率法，利用岩心流动实验装置，采用氮气驱动煤层水。岩心流动实验流程见图 2.12(引自石油天然气行业标准 SY/T 5358—2010)。

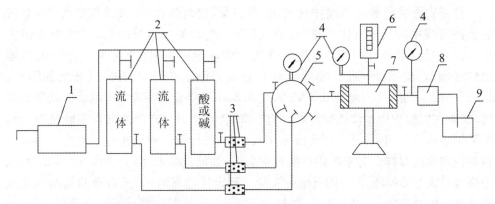

1. 高压驱替泵或高压气瓶；2. 高压容器；3. 过滤器；4. 压力计；5. 多通阀座；
6. 环压泵；7. 岩心夹持器；8. 回压阀；9. 出口流量计量

图 2.12　岩心流动实验流程图

2. 实验步骤

（1）实验用水

实验1：使用的5种实验用水（1至4号水样是依次采自CQ-022、CQ-030、CQ-0232、CQ-0244这4口煤层气井的地层水）：使用真空抽滤泵测得1号水悬浮物含量为16 mg/L，2号水悬浮物含量为12.5 mg/L，3号水悬浮物含量为5.5 mg/L，4号水悬浮物含量为127.5 mg/L，5号水为清水，矿化度范围为1 700～2 800 mg/kg。

实验2：使用煤粉（煤粉配制使用100目煤样筛）配制实验用水，1号水煤粉含量为0.4 g/L，2号水煤粉含量为0.3 g/L，3号水煤粉含量为0.2 g/L，4号水煤粉含量为0.1 g/L，5号水为清水。

需要指出的是实验3改为气体驱替，实验气体是氮气。

（2）操作步骤

此次储层伤害模拟实验研究中样品的有效孔隙度以及空气渗透率均在中国石油勘探开发研究院廊坊分院非常规油气实验室进行测试，按照SY/T 5336—2006行业标准执行。实验中抽真空将煤样饱和实验用水，第一批次和第二批次实验中煤样渗透率大者对应水中悬浮物（煤粉）含量大的的水样，依此类推。第三批次实验则为在高压气瓶中装入氮气驱替。实验仪器准备完毕，开始实验。

将完全饱和的岩样装入岩心夹持器中，应使液体/气体在岩样中流动方向与测定气体渗透率时气体流动方向一致，并保证在整个实验过程中不会有空气遗留在系统中，然后缓慢将围压调至2.0 MPa，检测过程中始终保持围压值大于岩心入口压力1.5～2.0 MPa。

打开岩心夹持器进口端排气阀，开驱替泵，这时驱替泵（或接气瓶容器）至岩心上游管线中的其他气体从排气阀中排出。当无关气体排净后，管线中充满实验流体/气体。当流体/气体开始从排气阀中流出时，关闭驱替泵。打开夹持器出口端阀门，关闭排气孔。实验1将有效应力恒定在5.0 MPa，逐渐增加围压，从5.5 MPa开始，每次增加0.5 MPa，至8.5 MPa停止。实验2中增大驱动压差即可，如果在实验中用水渗透率始终没有下降（甚至上升），在维持前面实验流速的情况下保持液体不间断，立即切换流体注入方向，进行换向流动实验。实验3为氮气驱替饱和水的煤样。对于低渗透的致密岩样，如流量尚未达到6.00 cm³/min，而压力梯度已大于2 MPa/cm，则可结束实验。测定渗透率时，要求岩样两端的压差或驱替流速保持10 min以上不变，连续测定3次，用达西定律计算的渗透率，其相对误差应小于3%。按此要求，测量压力、流量、时间、温度，待流动状态趋于稳定后，记录检测数据。

关闭驱替泵，结束实验。

当换向流动实验表明无微粒运移特征时，则认为该岩样无速敏性；当存在微粒运移特征时，则认为该岩样存在速敏性，但其临界流速和速敏损害值不确定。

3. 煤层气排采储层速敏伤害评价方法

速敏模拟实验中,煤样的渗透率变化率计算方法如下:

$$D_{vn} = \frac{|K_n - K_i|}{K_i} \times 100\% \tag{2.1}$$

式中,D_{vn} 为不同流速下所对应的煤样渗透率变化率;

K_n 为煤样渗透率(实验中不同流速下所对应的煤样渗透率),单位为十的负三次方平方微米($10^{-3} \; \mu m^2$);

K_i 为初始渗透率(实验中最小流速下所对应的煤样渗透率),单位为十的负三次方平方微米($10^{-3} \; \mu m^2$)。

速敏损害程度按下式确定:

$$D_v = \max(D_{v2}, D_{v3}, \cdots, D_{vn}) \tag{2.2}$$

式中,D_v 为速敏损害率即渗透率损害率;

D_{v2}, D_{v3}, D_{vn} 为不同流速下所对应的渗透率损害率。

另外,速敏损害程度评价指标见表 2.1。

表 2.1　渗透率损害率评价指标

渗透率损害率	损害程度
$D_v \leqslant 5\%$	无
$5\% < D_v \leqslant 30\%$	弱
$30\% < D_v \leqslant 50\%$	中等偏弱
$50\% < D_v \leqslant 70\%$	中等偏强
$D_v > 70\%$	强

(二) 煤储层贾敏效应模拟实验及伤害评价方法

在煤层气的实际开采过程中,排采会经历以下阶段:饱和水单相流阶段、非饱和水的单相流阶段、气—水两相流阶段、水—气两相流阶段。气—水两相渗流是个复杂的过程,油藏储集层中孔隙及裂隙内气泡因毛细管力易产生"气锁"现象,有时出现"液阻"现象,统称为贾敏效应[13]。贾敏效应对煤层气的开发影响同样很大,通过实验的方法来研究煤储层中气、水两相渗流特征,分析气、水两相渗透率的变化,可探讨合适的排水速度以减小贾敏效应发生的概率。

1. 贾敏效应实验原理与计算方法

(1) 实验原理

根据石油天然气行业标准《岩石中两相流体相对渗透率测定方法》(SY/T 5345—2007)介绍,非稳态法气、水相渗透率测定是以 Buckley-Leverett 一维两相水驱油前缘推进理论为基础的。忽略毛管压力和重力作用,煤样任一横截面的水饱和度是均匀的。实验时事先将样品用水饱和,用气进行驱替。在这一过程中,气、水饱和度在多孔介质中的分布是距离和时间的函数,我们称之为非稳定过程。按照模拟条件的要求,在样品上进行恒压差或者恒速度气驱水实验,于样品出口端记录流体的产量和煤样两端的压力随时间的变化,用"JBN"方法计算得到气、水相对渗透率,以此得到相对渗透率与含水饱和度的相关曲线[14]。此次实验中,注入的气体为氮气,具体步骤按照《岩石中两相流体相对渗透率测定方法》执行,使用的仪器为 HBXS-2 相对渗透率仪。

（2）计算方法

气体通过岩心,当压力从岩样进口的 P_1 变化到出口的 P_2 时,气体的体积亦随之改变,因此必须采用平均体积流量。应按照式（2.3）将岩样出口压力下测量的累积流体总产量值修正到岩样平均压力下的值:

$$V_i = \Delta V_{wi} + V_{i-1} + \frac{2P_a}{\Delta P + 2P_a} \Delta V_{gi} P_2 \tag{2.3}$$

式中,V_i 为 i 时刻的累积水、气产量的数值,单位为毫升（mL）;

ΔV_{wi} 为从 $i-1$ 到 i 时刻的累积水、气产量的数值,单位为毫升（mL）;

V_{i-1} 为 $i-1$ 时刻的累积水、气产量的数值,单位为毫升（mL）;

P_a 为大气压力的数值,单位为兆帕（MPa）;

ΔP 为驱替压差的数值,单位为兆帕（MPa）;

ΔV_{gi} 为大气压下测得的某一时间间隔的气增量的数值,单位为毫升（mL）。

将水、气总产量按式（2.3）修正后,按照达西公式（2.4）、（2.5）计算气相、水相的有效渗透率:

$$K_{ge} = \frac{2P_a q_g \mu_g L}{A(P_1^2 - P_a^q)} \times 10^2 \tag{2.4}$$

$$K_{we} = \frac{q_w \mu_w L}{A(P_1 - P_2)} \times 10^2 \tag{2.5}$$

式中,q_g,q_w 为气、水流量的数值,单位为毫升/秒（mL/s）;

μ_g,μ_w 为在测定温度下气、水的黏度的数值,单位为毫帕·秒（mPa·s）;

L 为岩样长度的数值,单位为厘米（cm）;

A 为岩样截面积的数值,单位为平方厘米（cm²）;

P_1 为岩样进口压力的数值,单位为兆帕（MPa）;

P_2 为岩样出口压力的数值,单位为兆帕（MPa）;

P_a 为大气压力的数值,单位为兆帕（MPa）。

按照公式（2.6）、（2.7）计算气、水相对渗透率:

$$K_{rg} = \frac{K_{ge}}{K_g(S_{ws})} \tag{2.6}$$

$$K_{rw} = \frac{K_{we}}{K_g(S_{ws})} \tag{2.7}$$

再按照公式(2.8)、(2.9)计算水、气饱和度：

$$S_w = \frac{m_i - m_0}{V_p \rho_w} \times 100\% \tag{2.8}$$

$$S_g = 100 - S_w \tag{2.9}$$

式中，K_{rg}为气相相对渗透系数的数值，用小数表示；

　　K_{rw}为水相相对渗透系数的数值，用小数表示；

　　K_{we}为水相有效渗透系数的数值，单位为毫达西(mD)；

　　$K_g(S_{ws})$为束缚水状态下气相有效渗透系数的数值，单位为毫达西(mD)；

　　K_{ge}为气相有效渗透系数的数值，单位为毫达西(mD)；

　　S_w为岩样含水饱和度的数值，单位为克(g)；

　　S_g为岩样含气饱和度的数值，用百分数表示；

　　m_i为第i点含水岩样的质量，单位为克(g)；

　　m_0为干岩样的质量的数值，单位为克(g)；

　　V_p为岩样有效孔隙体积，单位为立方厘米(cm^3)；

　　ρ_w为在测定温度下饱和岩样的模拟地层水的密度，单位为克/立方厘米(g/cm^3)。

2. 煤层气排采贾敏伤害评价方法

目前无论是常规油气还是煤层气行业均未对贾敏效应程度制定相关行业标准。在本专著中参考了已颁布的石油天然气行业标准 SY/T 5358—2010《储层敏感性流动实验评价方法》中的敏感性评价标准，即渗透率损害率评价标准来给出贾敏效应评价标准。将气驱水排驱过程中测得的气相相对渗透率定义为k_{rg}，水相相对渗透率定义为k_{rw}，渗透率损害率$D_k = \frac{k_{rg} - k_{rw}}{k_{rg}} \times 100\%$，评价等级分级如下：$D_k \leq 5$ 为无贾敏效应；$5 < D_k \leq 30$ 为弱贾敏效应；$30 < D_k \leq 50$ 为中等偏弱贾敏效应；$50 < D_k \leq 70$ 为中等偏强贾敏效应；$D_k > 70$ 为强贾敏效应。

（三）煤储层应力敏感效应模拟实验及伤害评价方法

同储层流速敏感性实验评价一样，应力敏感性实验研究也借鉴了石油天然气行业标准(SY/T 5358—2010)。在煤层气开采过程中，随着储层内部液体(主要是煤层水、地下水)的产出，储层孔隙压力降低，煤储层原来的受力平衡的状态发生了改变。根据岩石力学理论，当受力储层从一个应力状态变到另一个应力状态必然会引起煤层的压缩或者拉伸，即煤储层发生塑性或弹性变形，与此同时，储层变形势必导致煤岩的孔隙结构和孔隙体积发生变化。这种在净上覆压力改变时，出现孔喉通道变形、裂缝闭合或者张开现象，称为应力敏感性。其作用结果就是储层渗透率发生变化。

进行应力敏感性实验研究旨在了解储层在孔喉喉道变形、裂缝闭合或者张开的过程中，渗透率变化后渗流能力变化的程度。

为研究煤层气排采不同阶段煤储层的应力敏感性，我们开展了三种不同围压条件下的应力敏感性测试,分别为围压相同条件下孔隙压力条件变化、孔隙压力不变条件下围压改变条件、孔隙压力变化下围压变化条件下的应力敏感性实验。下面将按照不同条件分别进行实验以及对实验结果进行分析。

1. 围压相同,孔隙压力变化条件下应力敏感性实验

实验仪器为岩心驱替系统,实验过程是先将岩心装入岩心夹持器中,加围压至 10 MPa(模拟上覆地层压力),接通气源,采用调压阀设置气驱压力从低压开始逐级增压进行气驱,每个压力点气驱时间 1.0 h 以上直至气流量稳定,以保证岩样变形达到一定的平衡状态,分别测试每个不同孔隙压力下煤样的渗透率。

应力敏感实验用样为石炭二叠系山西组 3 号煤层煤岩,样品的基本参数见表2.2。

表 2.2 实验样品基本参数

煤样编号	长度(cm)	直径(cm)	密度	孔隙度	空气渗透率 ($\times 10^{-3}$ μm^2)	实验类型
CP-2#-5	4.96	2.5	1.43	3.6%	0.183	增压气驱
TALY-2#-4	4.98	2.5	1.48	2.9%	0.751	增压气驱
TALY-3#-3	5.01	2.5	1.46	3.6%	3.15	增压气驱

2. 孔隙压力不变,围压变化条件下应力敏感性实验

实验仪器为岩心流动装置,实验中是将有效应力定义为净围压,其大小即等于围压与孔隙压力的差。增加煤样的净围压,然后测量渗透率随净围压的变化情况,根据石油天然气行业标准,分别计算渗透率损害系数、渗透率损害率。

在此基础上,确定渗透率损害率发生明显变化的转折点,以揭示煤层气在排水阶段煤储层发生应力变化的条件。实验用样采自石炭二叠系山西组 3 号煤层,为取自郑庄区块的煤层气钻孔取芯样,一共32块煤样。表2.3所示为煤样的基础数据。

表 2.3 实验样品基本参数

样品编号	样品尺寸(cm) 直径	样品尺寸(cm) 长度	初始渗透率 ($\times 10^{-3}$ μm^2)	含水情况	样品编号	样品尺寸(cm) 直径	样品尺寸(cm) 长度	初始渗透率 ($\times 10^{-3}$ μm^2)	含水情况
1	5.02	2.52	1.826	干样	7	4.42	2.52	1.858	干样
2	5.13	2.52	1.768	干样	8	5.58	2.52	1.823	干样
3	5.27	2.52	1.798	干样	9	5.40	2.52	1.958	干样
4	5.10	2.52	1.935	干样	10	5.22	2.52	2.058	干样
5	4.56	2.52	1.798	干样	11	4.23	2.52	1.785	干样
6	4.76	2.52	2.083	干样	12	4.21	2.52	1.842	干样

样品编号	样品尺寸（cm）		初始渗透率（×10⁻³ μm²）	含水情况	样品编号	样品尺寸（cm）		初始渗透率（×10⁻³ μm²）	含水情况
	直径	长度				直径	长度		
13	4.87	2.52	1.785	干样	23	3.80	2.52	1.958	干样
14	4.12	2.52	2.283	干样	24	5.45	2.52	1.852	干样
15	3.98	2.52	1.845	干样	25	5.66	2.52	1.958	干样
16	5.61	2.52	1.833	干样	26	5.05	2.52	1.769	干样
17	5.20	2.52	1.775	干样	27	4.48	2.52	1.789	干样
18	4.69	2.52	1.995	干样	28	5.63	2.52	1.933	干样
19	5.37	2.52	1.835	干样	29	4.53	2.52	1.953	干样
20	4.29	2.52	1.823	干样	30	5.29	2.52	1.815	干样
21	4.76	2.52	1.909	干样	31	4.37	2.52	1.783	干样
22	6.04	2.52	1.935	干样	32	5.21	2.52	1.783	干样

3. 有效应力不变,孔隙压力变化条件下应力敏感性实验

实验仪器为岩心流动装置,本次实验是固定有效应力,通过增加围压至 8.5 MPa 进行煤样的敏感性实验。实验时采用逐步增加压力的方法进行水力驱动,有效应力保持在 5 MPa 不变,然后测试不同压力平衡状态下煤样的渗透率变化情况。实验煤样的具体物性数据见表 2.4。

表 2.4　实验样品基础数据

煤样编号	岩样描述	样品尺寸（cm）		初始渗透率（×10⁻³ μm²）	有效应力（MPa）	含水情况
		直径	长度			
33	煤岩	4.27	2.52	0.179	5	干样
34	煤岩	5.26	2.52	0.521	5	干样
35	煤岩	4.43	2.52	3.040	5	干样
36	煤岩	4.49	2.52	1.205	5	干样
37	煤岩	5.01	2.52	0.364	5	干样

4. 净围压增加及下降条件下应力敏感性实验

实验仪器为岩心流动装置,本次实验是以通过改变净围压的大小实现岩心所承受的净应力变化的方式进行的,实验时先逐渐增加净围压至 20 MPa,再逐渐降低净围压到 0,然后测试不同压力平衡状态下煤样的渗透率变化情况。实验煤样的具体物性数据见表 2.5。

表 2.5　实验样品基本参数

煤样编号	长度(cm)	直径(cm)	孔隙度	空气渗透率 （×10^{-3} μm^2）	实验类型
38	3.725	2.53	3.6%	0.21	变压气驱
39	5.0	2.53	4.7%	0.13	变压气驱
40	4.232	2.53	3.6%	0.07	变压气驱

5. 煤层气排采应力敏感性评价方法

煤样的渗透率变化率计算方法如下：

$$D_{stn} = \frac{K_i - K_n}{K_i} \times 100\% \tag{2.10}$$

式中，D_{stn} 为孔隙压力增加过程中不同孔隙压力下煤样渗透率变化率；

K_i 为初始渗透率（空气渗透率），单位为 10^{-3} μm^2；

K_n 为孔隙压力增加过程中不同孔隙压力下的煤样渗透率，单位为 10^{-3} μm^2；

应力敏感损害程度按下式确定：

$$D_{st} = \max(D_{st1}, D_{st2}, \cdots, D_{stn}) \tag{2.11}$$

式中，D_{st} 为应力敏感性损害率；

$D_{st1}, D_{st2}, \cdots, D_{stn}$ 为不同孔隙压力下所对应的渗透率损害率。

应力敏感性渗透率损害率评价指标见表 2.6。

表 2.6　渗透率损害率评价指标

渗透率损害率	损害程度
$D_{st} \leqslant 5\%$	无
$5\% < D_{st} \leqslant 30\%$	弱
$30\% < D_{st} \leqslant 50\%$	中等偏弱
$50\% < D_{st} \leqslant 70\%$	中等偏强
$D_{st} > 70\%$	强

二、煤层气排采储层伤害的生产表现特征判别方法

通过对不同产能类型煤层气生产井在不同排采生产阶段排采伤害表现特征进行判别，总结确定了沁水盆地南部成庄区块高、中、低产井和产水井在不同排采生产阶段排采伤害表现特征的判别模式。

第三章　煤层气井网排采流体动力场特征

本章以沁水盆地南部樊庄区块 3 号煤储层为对象，以煤层气开发数据为依据，通过图形系统分析了沁南地区煤层气井排采流体的产出特征、压力变化特征及井网排采的流体动力场的动态变化，并探讨了排采流体压力变化的影响因素及流体动力场变化与井间干扰的关系。

第一节　原始储层压力与流体势

樊庄生产监测区 3 号煤层的原始储层压力以开始排采前煤层气井井筒中的静水压力数据来替代。静水压力得到的方法为：以所测的动液面数据、煤层埋深数据为基础，计算得出煤层气井井筒中液柱的高，通过计算得到井筒中的静水压力。以生产监测区煤层气井的静水压力为对象，绘制了生产监测区 3 号煤层的原始储层压力等值线图，如图 3.1 所示。

同时，根据生产监测区排采资料及煤层气井井口标高、煤层顶板标高计算得到煤层气井在开始排采前动液面的海拔高度数据，以动液面的海拔数据为基础，分别绘制了生产监测区煤层气井原始动液面等高线图[9]（图 3.2）。

由图 3.1 可以看出，在启动排采前，目的煤层的原始储层压力变化表现为由南向北降低。由图 3.2 看出，生产监测区在排采前，地下水位的变化表现为由东向西及由南向北降低，地下水流向表现为由东向西流动和由南向北流动。同时由图3.1和图 3.2 分析可以得出，在地下水位较高的区域，煤层的原始储层压力相对较高，如生产监测区的南部区域。同时，由图 3.1 和图 3.2 也可以分析得出，生产监测区的局部区域也存在虽然地下水位较高但煤储层原始压力并不高的区域，这一方面可能与煤层埋深较浅有关，同样也与这些区域的煤层气封存环境有关。

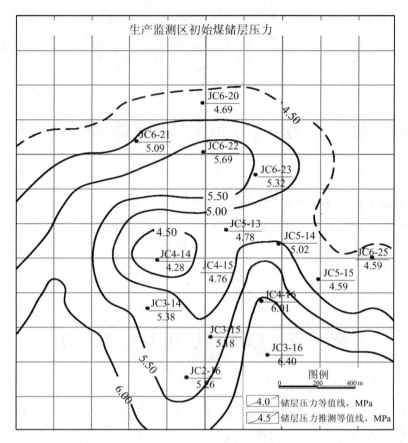

图 3.1　生产监测区煤储层原始压力等位线图

第二节　井网排采特征与流体压力变化

一、沁南地区煤层气井排采流体产出特征及影响因素

（一）排采流体的产出特征

煤层气井排采生产时,产出的流体主要为地层水及煤层气。在排采历史初期的相当长时间里,主要产出煤层水及煤层顶底板含水层的地层水(简称地层水)。当排采至一定时间,煤储层压力下降至煤层气的解吸压力时,煤层气开始解吸出

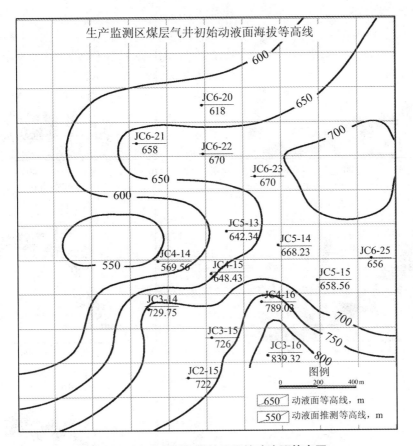

图 3.2 生产监测区煤储层原始动液面等高图

来,煤储层中出现气—水两相流体。从产出煤层气到排采后期,主要以气相流体为主,煤层气井可能出现不产水的情况。通过对生产监测区自排采生产至收集数据截止日期的排采数据进行分析,得到樊庄区块生产监测区 15 口煤层气井排采流体的产出特征,如图 3.3 所示。

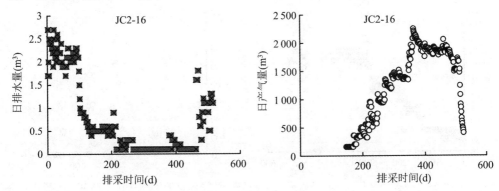

图 3.3 生产监测区煤层气井排采流体的产出特征

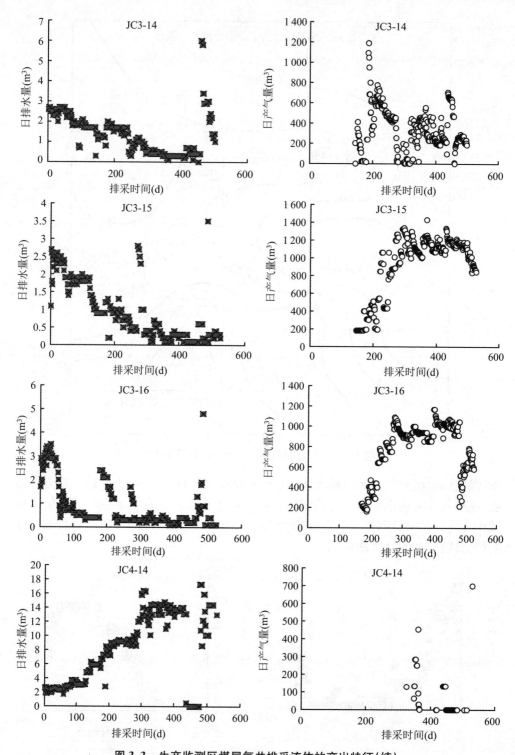

图 3.3　生产监测区煤层气井排采流体的产出特征(续)

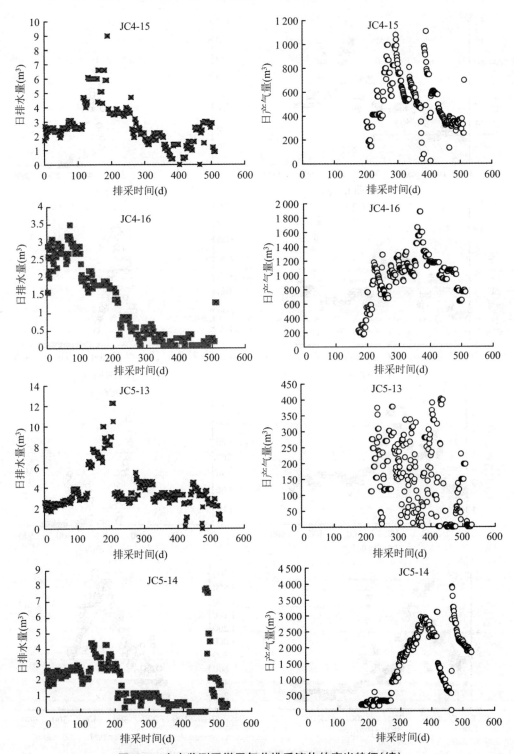

图 3.3　生产监测区煤层气井排采流体的产出特征(续)

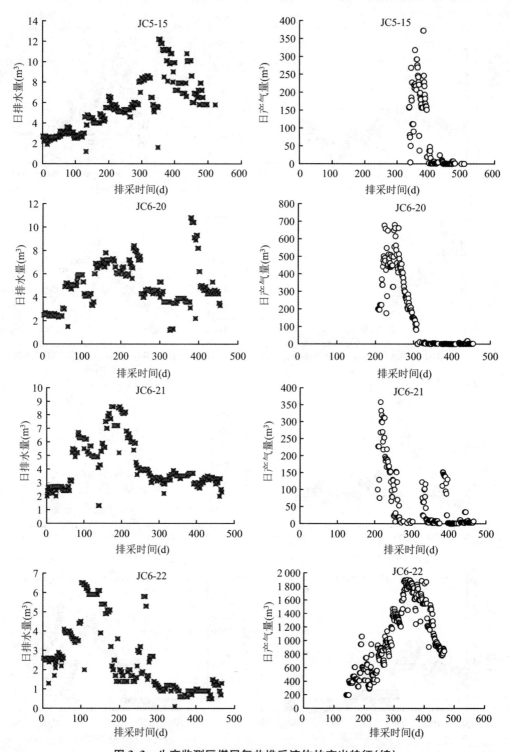

图 3.3　生产监测区煤层气井排采流体的产出特征(续)

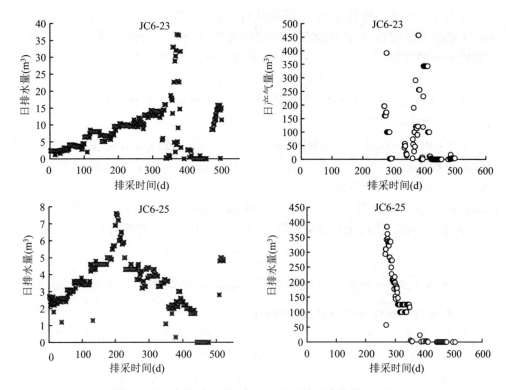

图 3.3　生产监测区煤层气井排采流体的产出特征(续)

由图 3.3 可以看出:樊庄生产监测区 15 口煤层气井日排水量随时间的变化情况,可分为 5 种类型:下降型(如 JC3-15、JC4-16)、先下降后期上升型(如 JC2-16、JC3-14、JC3-16)、持续上升型(如 JC4-14、JC5-15)、先上升再下降型(如 JC4-15、JC5-13、JC6-21、JC6-22、JC6-23)以及先上升再下降后又上升型(如 JC5-14、JC6-20)。对生产监测区煤层气井日排水量(产水量)的大小进行分析,日排水量较大的煤层气井有 JC4-14、JC5-13、JC5-15、JC6-20、JC6-21、JC6-23 和 JC6-25,这些煤层气井排(产)水基本上在 2 m^3/d 以上,其中以 JC6-23 为最高,最高日排(产)水接近 35 m^3。生产监测区的其他煤层气井最高日产水能力不会超过 5 m^3(人为调节除外,如 JC2-16、JC3-14 和 JC5-14 后期个别生产时间日产水超过 5 m^3)。

一般而言,煤层气井排采时先采用定降深排采(定压排采)后采用定排量排采(定产排采)。从定降深排采阶段看,生产监测区的煤层气井产出液相流体(地层水)的能力可以分为 2 类:一类为产液能力强的煤层气井,如 JC4-14、JC5-15、JC6-20、JC6-21、JC6-25;另一类为产液能力较弱的煤层气井,如 JC2-16、JC3-14、JC3-15、JC4-15、JC4-16。其中产液能力较强的煤层气井的产液能力在 2 m^3/d 以上,最高为 10 m^3/d 左右,而产液能力弱的煤层气井普遍低于 5 m^3/d。从定降深生产阶段看,个别煤层气井日排(产)水量一直在上升,如 JC4-14 和 JC5-15,表明这类井具有极强的产液能力,同样也有个别煤层气井日排(产)量持续下跌,如 JC4-16,

表明这类井产液能力较弱,排水降压的时间较短,能够在较短的时间内实现产气。从定流量排采阶段看,根据煤层气井产液能力也可分为产液能力强的煤层气井和产液能力弱的煤层气井。在定流量排采阶段,煤层气井 JC2-16、JC3-14、JC3-15、JC3-16、JC4-16、JC5-14、JC6-22 日排(产)液量在 1 m³,产液能力较弱;而煤层气井 JC4-14、JC5-13、JC6-20、JC6-21 产液能力较强,日产液量都在 2 m³ 以上,个别井(JC4-14)高达 10 m³ 以上。

同时,由图 3.3,对生产监测区煤层气井产气能力进行分析可知,产气特征可以分为 4 种类型:高产稳定型(JC2-16、JC3-16、JC3-15、JC4-16)、高产不稳定型(JC5-14、JC6-22)、低产不稳定型(JC4-14、JC5-13、JC5-15、JC6-21、JC6-23、JC6-25)以及过渡型(JC3-14、JC4-15、JC6-20)。其中高产稳定型及不稳定型日均产气量在 1 000 m³ 以上,低产不稳定型日均产气量在 500 m³ 以下,过渡型日均产气量在 500～1 000 m³。

(二) 井网排采时煤层气排采流体产出的影响因素

1. 井网排采时煤层气井产水的影响因素

由前文分析可以看出,生产监测区煤层气井产水量的大小明显受排采工作制度的影响:如采用定降深排采时,每天液降的大小直接决定了煤层气井日产水量的大小;同样,采用定流量排采时,定流量的大小也影响到煤层气井产液能力的大小。

与此同时,由前文分析还可以看出,生产监测区煤层气井产水的大小受煤层气井自身产液能力高低的影响。一方面,煤层气井所在煤储层渗透率的高低直接影响煤储层中地层水的渗透速率。高渗透率煤储层,地层水运移速率快,煤层气井常表现出高产水能力;低渗透率煤储层,地层水运移速率慢,煤层气井常表现出弱产水能力。需要说明的是,煤储层由于低渗透性常常导致煤层产水能力弱,但这并不说明煤储层产水殆尽,没有产水潜力。另一方面,煤层气井所在煤储层顶、底板标高的大小或者说原始状态下地层水位的高低也直接影响到煤储层气井产水能力的大小。通常,煤储层顶、底板标高更低的区域,常常位于水力系统的下游,水源补给充分,在煤层气井排采时表现出高产水的特征;煤储层顶、底板标高更高的区域,常常位于水力系统的上游,水源补给不够充分,在煤层气井排采时表现出低产水的特征,而煤储层顶、底板标高适中的区域,水源补给较充分,产水能力也可能较强。分析煤层气井产水能力的高低与煤储层构造的关系可知:煤储层顶、底板较高的区域,常常形成背斜,在背斜的核部由于标高相对较高,同时煤储层渗透率较高,产水较易进行,初期产水量高,后期产水量低;相反,在煤储层顶、底板标高较低的区域,常常形成向斜,在向斜的核部由于标高较低,同时煤储层渗透率较低,排水需要较长时间,如果采用高排水量快速降低井筒液面实施生产极易造成煤储层的损伤,导致煤储层渗透率降低,这也被相关研究[15,16]证实。除此之外,煤层气井所在煤储层区域断层发育情况也会影响煤层气井的产液能力,通常,张性正断层发育的煤储层区域的煤层气井产水能力较强，而处于压扭性断层发育的煤储层区域所在的煤层气产水能力较弱。

2. 井网排采时煤层气井产气量的影响因素

针对煤层气井排采时影响产气量的因素，不同研究者都有自己的观点和分类。杨焦生等认为影响煤层气井产气量的因素有煤层含气量，地层绝对渗透率，气、水两相相对渗透率及生产压差[17]。杨新乐等认为影响煤层气井产气量的因素为煤层气井的有效供气面积和有效解吸区[18]。何伟钢等认为影响煤层气井产气量的因素主要有煤储层与围岩的地层组合、煤储层渗透率、煤储层含气饱和度、煤储层压力及煤层气临界解吸压力[19]。而饶孟余等在分析煤层气排采技术时认为煤层气井的产气量直接受控于排采制度的调整[20]。陈振宏等在分析沁水南部樊庄区块煤层气井产气量时首次对影响煤层气井产量的关键因素进行了详细分析，把影响因素归纳为 3 类：煤储层的地质条件（包括原始地层压力、临界解吸压力、构造部位、绝对渗透率、气相渗透率及生产压差）、施工因素（包括压裂液体系、加砂量、变排量施工工艺）及排采技术等[21]。倪小明等通过归纳分析认为影响煤层气井产气量的因素分为 3 个方面：一是储层、资源状况、地质及构造；二是钻完井、压裂工艺；三是排采工作制度[22]。

虽然不同研究者对什么是影响煤层气井产量的因素给出了不同的回答，但其实也就是因为考虑的出发点和角度不同而已。通过对这些研究进行分析归纳，本书认为影响煤层气井产气量的因素分为 2 类：地质因素及工程因素。地质因素主要包括煤储层含气性、储层物性及地质构造；工程因素主要包括钻（完）井工艺、压裂施工工艺及排采工艺。就同一盆地同一区块中生产监测区的煤层气井而言，煤储层的含气性条件相差细微，储层物性条件中吸附特性基本相近，储层压力、解吸压力、煤储层渗透率存在一定差别；对于工程因素中的煤层气施工因素而言，钻完井工艺相同，压裂施工工艺存在一定差别，排采工作制度存在差异，如由于煤层气井所在位置、煤储层受压不同采用的压裂液量、加砂量及砂比、注入压力、停泵压力常常不同。另外，由于煤储层本身产水能力的不同采取的排采工作制度亦有差别。

对于生产监测区煤层气井而言，分析认为产气量主要受控于排采工作制度，其次才是受煤储层物性影响，尤其是受渗透率影响。相对而言，煤层气施工工程在不对煤储层造成大的损伤及压裂效果较好的前提下，这些施工因素对煤层气井产气量的影响较小。需要指出，煤层气井所在煤储层渗透率高常造成在水平方向压力扩展较快，垂向上扩展较慢，从而伴随着排水量也大，这与排采过程中所形成的压降漏斗形状以及需要较长的排采时间有关，关于这一点将在井网排采的流体动力场的章节中进行分析。

二、煤层气井排采流体压力变化特征及影响因素

（一）液柱压力、套压及井底流压的时间变化特征

　　由于井网排采时生产监测区每口煤层气井的液柱压力、套压以及井底流压变化基本类似，因此本书中将以煤层气井 JC2-16 为例来说明。液柱压力可根据井筒中液柱深度及煤层顶板标高利用压强公式计算得出，套压直接由排采数据提供（煤层气井抽采现场用压力表记录）。本书中把井底流压近似看成液柱压力及井口套压之和。液柱压力、套压及井底流压随时间的变化如图 3.4 所示。

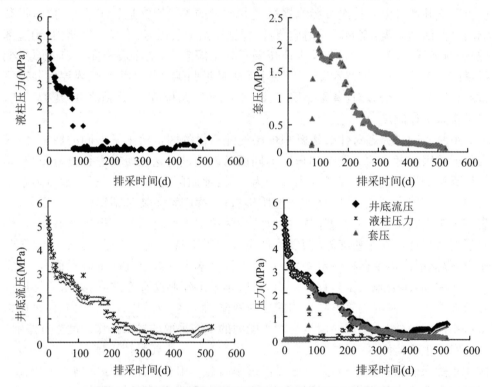

图 3.4　液柱压力、套压、井底流压的时间变化及三者的关系

　　由图 3.4 可以看出，煤层气井中液柱压力随着排采时间迅速降低，当液面降到煤层以下时，煤层中的煤层气开始解吸，煤层气在井筒环空中形成的井口套压迅速上升到最大值（约 2.5 MPa）。这时井筒中的液柱压力接近于 0。此后，只要煤层气井不出现卡泵、停泵事件或人为调整排采制度，液柱压力基本上趋近于 0，而套压也逐渐下降，最后稳定在 0.2 MPa 左右。井底流压为液柱压力与井口套压之和，其随时间的变化也表现为逐渐降低。由图 3.4 可以明显看出，煤层气井的井底流压分 2 个阶段，分别由液柱压力和套压决定。在产气前，井底流压由液柱压力决定，

但在产气后,其主要由套压控制。应该明确的是,不同煤层气井底流压分别受液柱压力与套压控制的时间分界点(即产气时间)是不同的,这主要由煤储层降压速率及难易程度决定。

(二) 液柱压力、套压及井底流压变化的影响因素

煤层气排采前的静态液柱压力(静水压力)显然是由地下水位的高低决定的。当排采生产时,液柱压力的大小取决于液面下降的幅度,下降幅度越大,液面降深越大,液柱压力就越小。当液面降到煤层及煤层以下时,液柱压力趋近于 0 甚至出现负压,此时煤层解吸出来的煤层气沿煤层孔——裂隙运移至井筒,在环空段形成套压。套压的大小显然受两个方面因素的影响:一是煤层本身解吸煤层气的能力;二是油嘴。当煤层解吸出来的煤层气在环空段形成的套压足够高时,井底流压(井底压力)升至煤层解吸压力以上,抑制了煤层气进一步解吸。煤层本身解吸煤层气的能力由煤层降压的速率决定,降压越快,越易达到煤层解吸压力点,煤层气产出时间就早。一般而言,煤储层的初始压力越高越易降压,反之降压越难。同时当煤层气充满环空段时,只有通过调节油嘴来控制套压的大小:放大油嘴,套压下降,气量再次上升;反之,套压上升,气量也下降。井底流压由排水降液速度及井口套压共同控制。

三、煤层气井排采流体产出与流体压力变化关系

(一) 排水量与液柱压力、套压、井底流压的关系

根据前文对生产监测区排采地层水随时间变化特点的分析可知,日排水量变化有 5 种变化特征,因此在分析排水量与套压、井底流压的关系时将依据这 5 种情况分别具体地进行讨论,同时由于计算套压及井底流压每天的变化量意义不大,所以本书研究中不讨论日排水量对液柱压力、套压及井底流压的影响,而是讨论累计排水量与这三者之间的关系,因为累计排水量同样体现了排采液相流体的效果。

对日排水量随时间变化下降型的煤层气井的累计排水量与液柱压力、套压及井底流压的关系进行分析,结果如图 3.5 所示。

由前文分析可知,井底流压在不同时段分别由液柱压力及套压控制,故在图 3.5 中分析液柱压力与累计排水量的关系时,仅分析了产气前排水量与液注压力的关系。由图 3.5 可知:液柱压力与累计排水量呈明显的负相关,即累计排水量越大,井筒内液柱液面下降越快,液柱压力越低。同时,由图 3.5 还可以看出:套压与累计产水量的关系分两段分别呈明显的正相关和负相关,即在套压达到最大前与累计排水量呈明显的正相关,在套压下降阶段与累计排水量呈明显的负相关。套压与累计排水量前期呈明显正相关,后期呈明显负相关的原因是:在前期排水量

增大,使得煤储层压下降解吸出更多的煤层气进入到煤层气井筒内的环空段,憋压使套压达到最大值,即套压与解吸压力相当时产气停止,因而前期呈正相关,而后期为了使产气继续进行,需不时地放开套压排走煤层气使套压下降,煤层累计排水量继续增加(注意日排水量不一定增加),因而后期套压与累计排水量呈明显的负相关。由图3.5同时也可以看出井底流压与累计排水量也呈明显的负相关,这是因为在井底流压在套压升到足够高之前由液柱压力控制,所以井底流压与累计排水量呈负相关,而到了受套压控制阶段同样表现为与累计排水量呈明显的负相关。

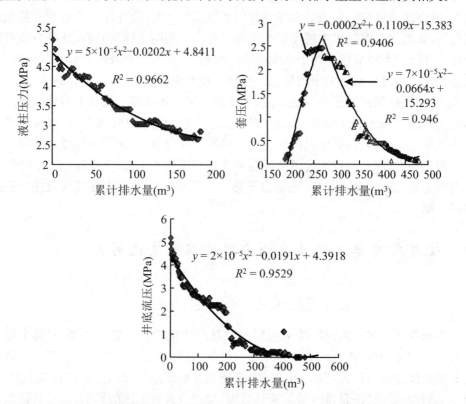

图3.5 日排水量下降型煤层气井累计排水量与液柱压力、套压及井底流压的关系

对日排水量呈现其他变化特点的煤层气井的液柱压力、套压及井底流压与累计排水量的关系进行分析,结果如图3.6至图3.9所示。

由图3.5到图3.9可知,液柱压力、套压及井底流压与累计排水量的关系基本相似,液柱压力与累计排水量成负相关,套压在前期与累计排水量成正相关,后期成负相关,井底流压与累计排水量整体呈负相关。需要说明的是,在排采过程中憋压使得套压增加量迅速增加从而改变了井底流压与累计排水量的关系,因而在排采中期,个别煤层气井会出现井底流压与累计排水量呈正相关的关系。与此同时,个别煤层气井在后期由于停泵原因导致压力恢复,从而使排采强度又加大,也出现井底流压与累计排水量呈正相关的现象。

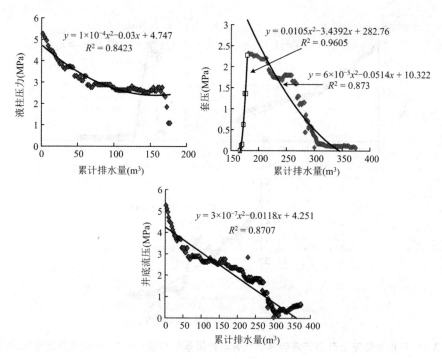

图 3.6　日排水量先下降后上升型煤层气井累计排水量与液柱压力、套压及井底流压的关系

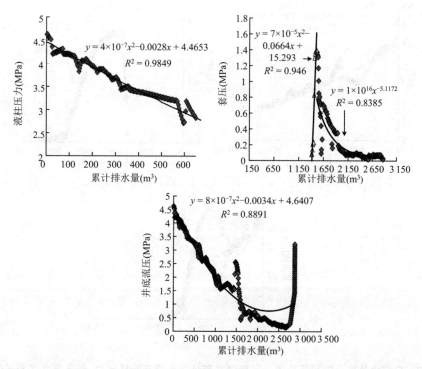

图 3.7　日排水量持续上升型煤层气井累计排水量与液柱压力、套压及井底流压的关系

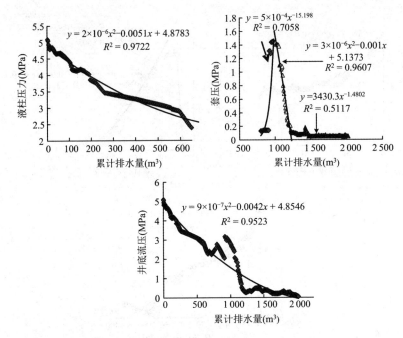

图 3.8　日排水量先上升后下降型煤层气井累计排水量与液柱压力、套压及井底流压的关系

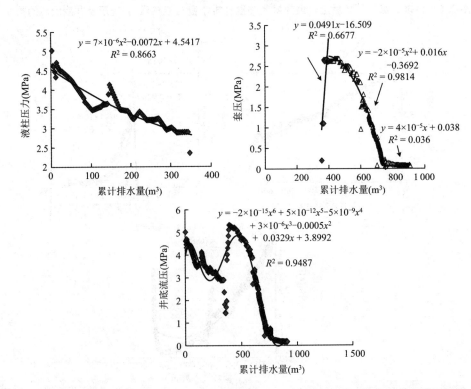

图 3.9　日排水量先上升后下降再上升型气井累计排水量与液柱压力、套压及井底流压的关系

（二）产气量与套压及井底流压的关系

本书为了讨论方便，简化分析产气量与液柱压力、套压及井底流压的的关系，以日产气量 1 000 m³ 为界线，将煤层气井定义为两种类型：高产井与低产井。前文分析的日产气为高产不稳定型及高产稳定型的煤层气井均属于高产井，而低产不稳定型和过渡型煤层气井均属于低产井。对高产井及低产井日产气量与套压、井底流压的关系进行分析结果，如图 3.10 和图 3.11 所示。

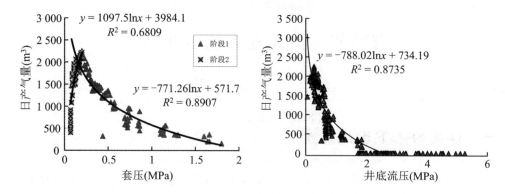

图 3.10　高产井日产气量与套压、井底流压的关系

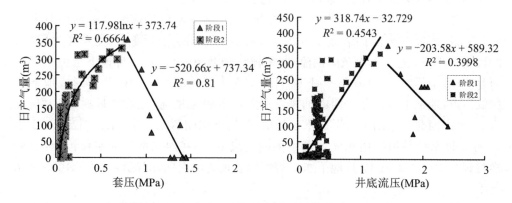

图 3.11　低产井日产气量与套压、井底流压的关系

由图 3.10 和图 3.11 可知，无论是高产井还是低产井，煤层气井日产气量与套压的关系均表现为两个阶段呈现出不同特征：排采前期（阶段 1）日产气量与套压呈负相关，即排采产气以后，进入井筒环空段的煤层气量增大，套压上升到最大值后对煤层气的解吸起到抑制作用，之后放开套压（降低），煤层气井继续产气，从而达到最大产量，因而日产气量与套压成反比；后期（阶段 2）套压由气相流体产量控制，随着日产气下降则套压下降，日产气量上升套压上升，因而两者成正相关。由图 3.10 和图 3.11 还可知，高产井日产气量与井底流压的关系表现为呈负相关，原因为阶段 1 时井底流压主要由套压控制（液柱压力趋近于 0），因而日产气量与井底流压之间呈现呈负相关,而阶段 2 套压虽然下降,但液柱压力却在后阶段上升,井底压力总体出现上升,可能因压力激励引起储层损伤导致日产气量下降,因而也与日产气量成反比;低产井阶段 1 井底流压由套压和液柱压力控制,其值越高于解吸压力,对煤层气解吸的抑制作用就越强,因而井底压力与日产气量成反比,而阶段 2,井底压力远低于解吸压力且逐渐降低,井底压力越高,越接近临界解吸压力,煤层气井日产气量越高,因而此时日产气量与井底流压成正比。

第三节　流体动力场变化特征

一、排采的地下水流体势

结合生产监测区排采资料及采样时间,本书分别绘制了生产监测区不同采样时刻(因排采数据收集到 2010 年 11 月 25 日,故采样时刻 2010 年 12 月 4 日未计算入内)煤层气井动液面海拔等高线图,如图 3.12 所示。

由图 3.12 可以看出,生产监测区在排采前,地下水位等值线由东向西及由南向北降低,即地下水流向表现为由东向西流动和由南向北流动;在采样时段内,2010 年 7 月 23 地下水由东向西流动;采样时刻 2010 年 8 月 9 日地下水由东南向西北流动;采样时刻 2010 年 9 月 13 日分别在生产区的东南和西北部形成地下水位低值点,地下水沿东北—西南轴线分别向东南和西北流动;采样时刻 2010 年 10 月 10 日沿西北—东南轴线形成水位低值点,地下水向西北汇集;采样时刻 2010 年 11 月 3 日水位等值线由东向西及由南向北降低,仍在西北部形成水位汇集区;采样时刻 2010 年 11 月 17 日地下水位等值线表现为由南向北降低,地下水由南向北流动。

分析图 3.12 可知,生产监测区地下水位整体上由东向西及由东南向西北降低,在生产监测区的西北部形成汇水区,但在区域范围内仍有局部煤层气井在井网排采时存在地下水流体势异常区,如以监测井 JC4-14 为中心的地下水流体势高值区和以监测井 JC6-23 为中心的地下水流体势高值区。由生产监测区地下水位的演化,同时可知地下水流体的区域分异表现为由东向西降低逐渐演变为由南向北降低。

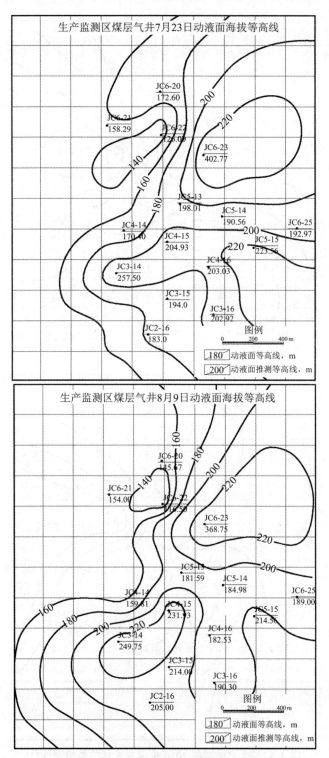

图 3.12　生产监测区 2010 年地下水位等值线图

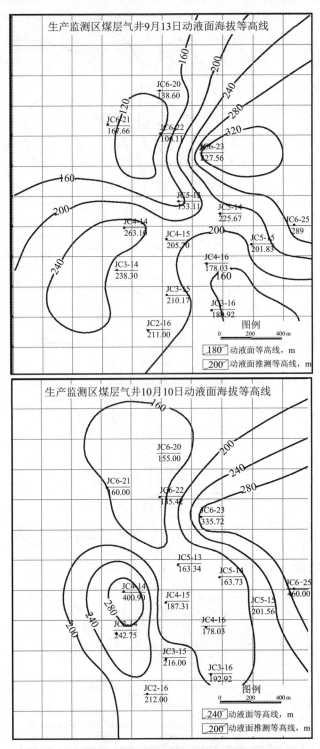

图 3.12   生产监测区 2010 年地下水位等值线图(续)

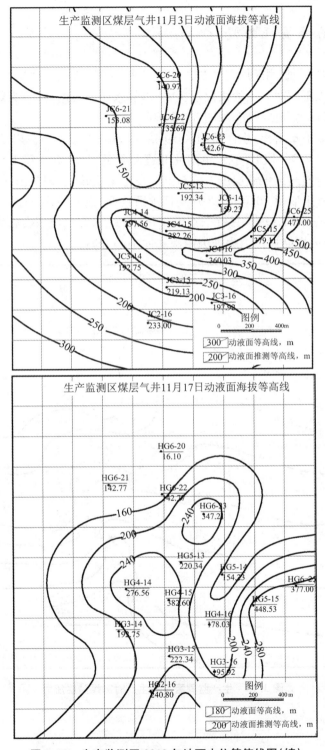

图 3.12　生产监测区 2010 年地下水位等值线图（续）

二、排采的储层压力场

为了了解生产监测区煤层气井在井网排采条件下煤储层中压力降落及井间干扰情况,分别以不同时间点的煤储层压力(以静水压力数据替代)为对象,绘制了不同时刻煤储层压力等值线图,如图 3.13 所示。

由图 3.13 不难看出,生产监测区煤储层压力的平面展布在启动排采(2009 年6 月启动排采生产)一段时间后,由南往北逐渐降低。从 2010 年 1 月 25 日煤储层的压力分布看,监测区煤储层压力分布已经发生了反转,表现为由北向南降低。在生产监测时段(未取得 2010 年 12 月 4 日排采数据)绝大部分煤层气井所在煤储层压力均下降到 1 MPa 以下,只有个别生产井(JC6-23)煤储层压力始终高于 1 MPa,生产监测时段内煤储层压力表现为由南北向中心升高。

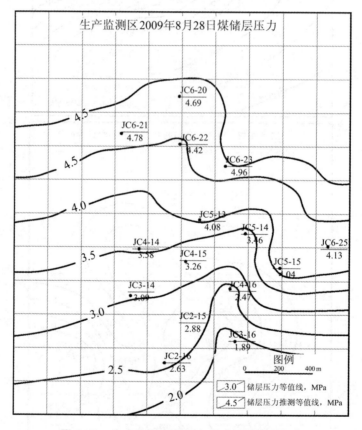

图 3.13　生产监测区不同生产时刻煤储层压力

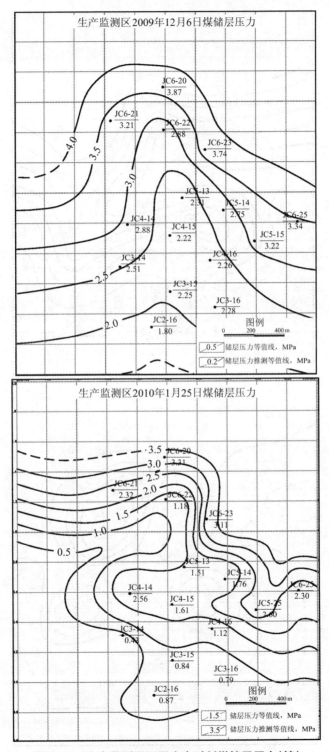

图 3.13　生产监测区不同生产时刻煤储层压力(续)

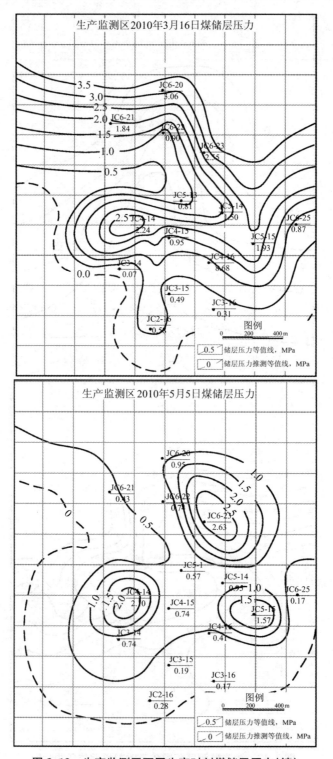

图3.13　生产监测区不同生产时刻煤储层压力(续)

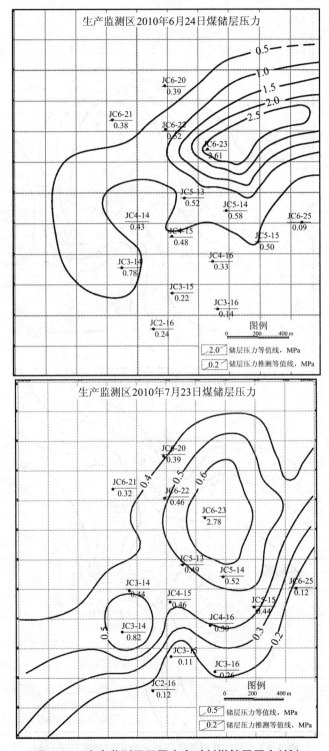

图 3.13　生产监测区不同生产时刻煤储层压力(续)

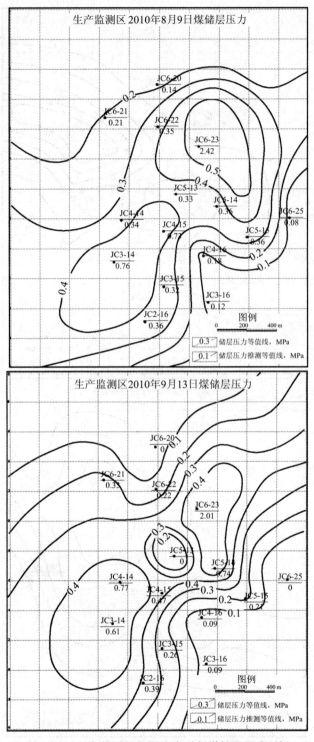

图 3.13　生产监测区不同生产时刻煤储层压力(续)

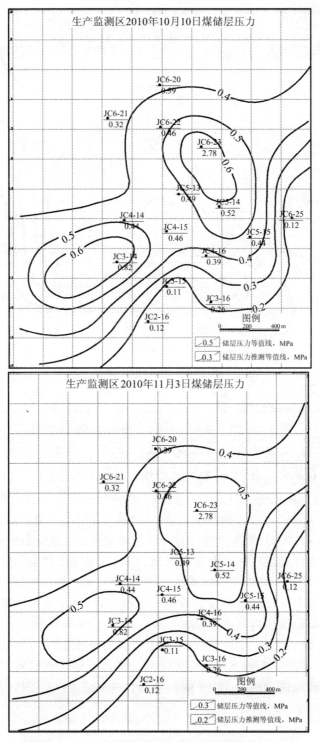

图 3.13 生产监测区不同生产时刻煤储层压力(续)

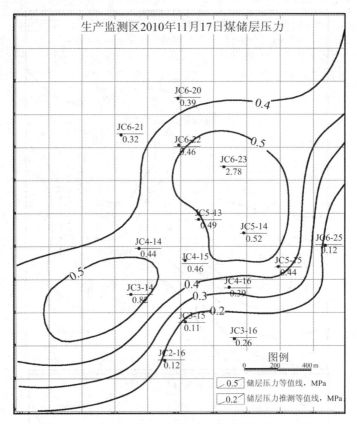

图 3.13   生产监测区不同生产时刻煤储层压力(续)

同时,由图 3.13 也不难得知:生产监测区煤储层压力变化经历了 3 个阶段,即煤储层压力变化的反转期、分异期及不均衡区域压降期;从排采生产开始到 2010 年 1 月 24 日前为煤储层压力变化的反转期,煤储层压力变化表现为由南向北降低反转为由北向南降低,与此同时生产监测区南部煤储层压力急剧降低,直至趋近于 0;从 2010 年 1 月 25 日到 2010 年 5 月 5 日为煤储层压力变化的分异期,煤储层压力变化表现为由煤储层压力由北向南降低,并向以出现煤储层的区域性高值区演变,分异变化的特征表现为高值区逐步缩小,直至只存在局部的区域性煤储层高值区;从 2010 年 5 月 5 日开始至排采数据收集截止日,这个阶段内煤储层压力变化表现为以局部煤储层压力高值区为中心向南、北两个方向降低。

对比图 3.12 和图 3.13 发现,在不同生产时刻较难降压的区域(生产井 JC6-23 周围),在图 3.10 反映为地下水位高值区域。为什么地下水位较高的上游区域在排采过程中出现煤储层压力难以下降的情况?本书对生产监测区煤储层构造进行了分析,结果如图 3.14 所示。

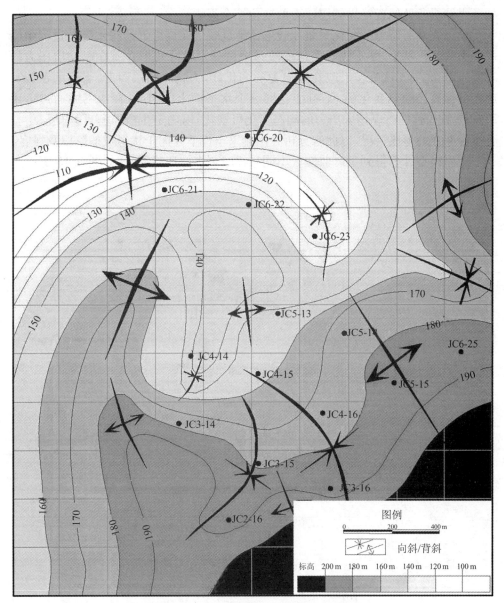

图 3.14　生产监测区 3 号煤储层构造图

由图 3.14 发现,在生产监测区形成大的复向斜,煤储顶板变化由南向北降低的同时,又表现为由四周向中北部的向斜核部降低,而生产监测井 JC6-23 正位于向斜的核部,因而所在煤储层中具有高地下水位、低标高特征的煤层气井 JC6-23是监测区中排水降压最困难的区域。分析还发现,其他具有较高水位的煤层气井所在区域煤储层标高较高,因而降压较易。生产监测区地下水位、煤储层压力变化及煤层构造图的三者关系恰恰反映了:井网排采过程中排采、煤储层中原始地下水位及煤储层所处位置对煤储层压力的变化综合影响。

　　动态煤储层压力的变化只是比较形象地反映了在煤层气的排水降压过程中储层压力的变化特征,并不能真实地反映排采过程中单井及群井所在煤储层压力的真实压降,尤其无法真实反映在垂向上的变化,因为就煤储层而言,煤层的顶板和底板的标高是动态变化的,不可能在同一个水平面上。因而,在本书中通过运用Matlab编程软件将煤储层压力的动态变化可视化,以确定生产监测区煤储层中叠合压降漏斗的形成情况,以此来分析井网排采条件下井间干扰形成的阶段及强度。

　　运用模型计算得到生产监测区不同采样时刻多井压降漏斗,如图3.15所示。

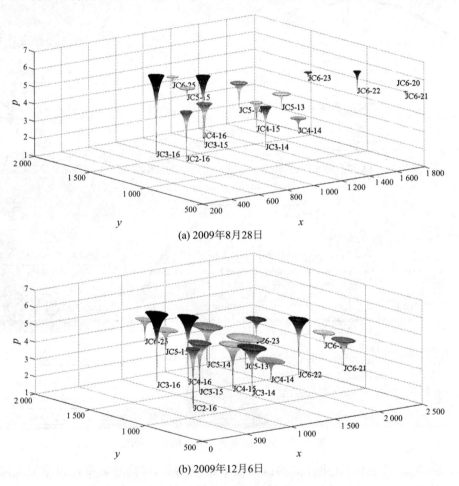

(a) 2009年8月28日

(b) 2009年12月6日

图3.15　生产监测区不同采样时刻形成的多井压降漏斗

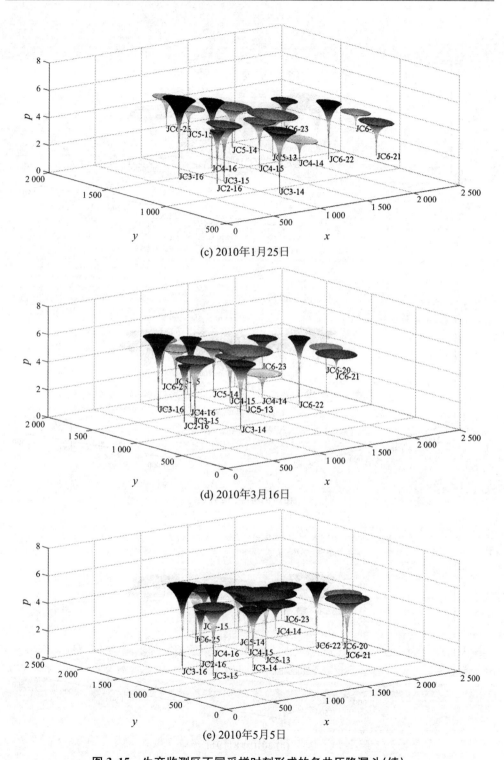

(c) 2010年1月25日

(d) 2010年3月16日

(e) 2010年5月5日

图3.15 生产监测区不同采样时刻形成的多井压降漏斗(续)

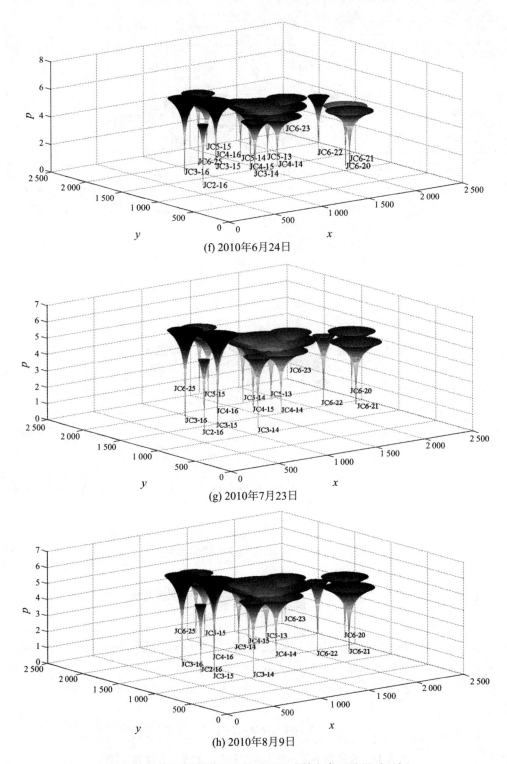

(f) 2010年6月24日

(g) 2010年7月23日

(h) 2010年8月9日

图 3.15　生产监测区不同采样时刻形成的多井压降漏斗(续)

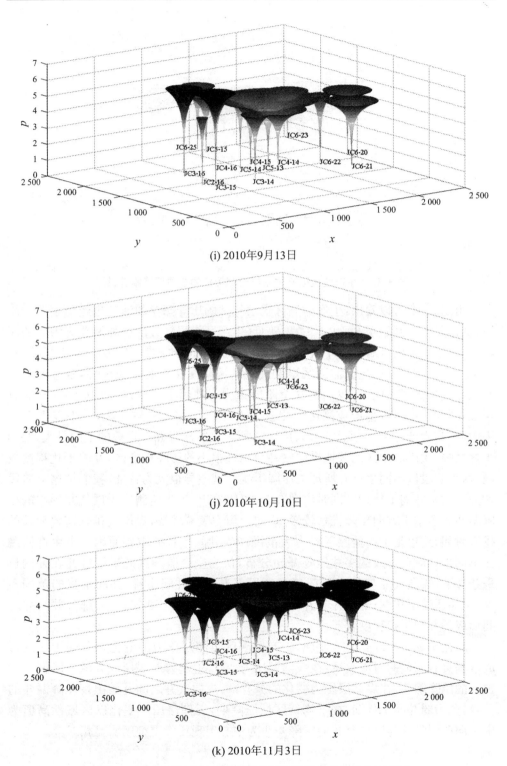

(i) 2010年9月13日

(j) 2010年10月10日

(k) 2010年11月3日

图 3.15　生产监测区不同采样时刻形成的多井压降漏斗(续)

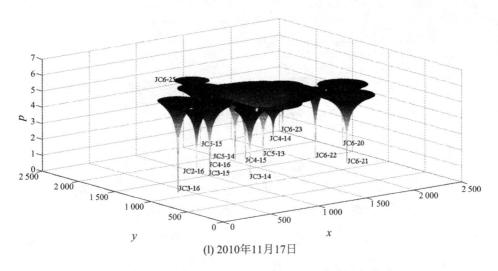

(l) 2010年11月17日

图 3.15　生产监测区不同采样时刻形成的多井压降漏斗(续)

由图 3.15 可以看出:生产监测区煤层气井的压降漏斗的演变也经历了 3 个阶段;从排采生产开始至 2010 年 1 月 24 日,生产区煤层气井的压降漏斗为独立的压降漏斗,生产区内没有井间干扰,这个阶段为无井间干扰期;从 2010 年 1 月 25 日到 2010 年 5 月 5 日,生产监测区煤层气井的压降漏斗开始出现重叠,重叠的区域和煤层气井数很小(少),我们把这个阶段称为弱井间干扰期;从 2010 年 5 月 5 日至数据收集截止日,生产监测区内出现了 3 个压降漏斗的重叠区,其中以 JC5-13 为中心,与生产井 JC4-14、JC4-15、JC5-14 所形成的压降漏斗重叠的范围最大,井间干扰最强,生产监测区的其他煤层气井只出现很小的压降重叠区,井间干扰程度较弱,这个阶段以不同生产井所形成压降干扰区域差异很大为特征,我们把这个阶段称为不均衡井间干扰期。同时由图 3.15 可以看出,生产监测区煤层气井形成的压降漏斗大多水平方向压降推移较慢,垂向上压力衰减较快,煤层气排采需要较长的排采时间,这也是生产监测区没有大范围产生井间干扰的重要原因。由生产监测区不同采样时刻形成的多井压降漏斗分析,认为生产监测区的煤层气井在井网排采条件下,煤层气井与井之间部分或者局部形成了井间干扰,井间干扰的范围不大,可能还处于初期;部分井与井之间形成的井间干扰程度较强,大部分井与井之间形成的井间干扰程度较弱。

对比图 3.14 和图 3.15 发现,生产监测区煤储层压力的变化与井间干扰的形成过程具有明显的对应关系:在煤储层压力变化的反转期,煤层气井的压降漏斗为独立的压降漏斗;在煤储层压力变化的分异期,煤层气井之间开始出现压降漏斗的重叠,此为弱井间干扰期;在不均衡区域压降期,煤储层压力变化以区域性高值为中心向四周降低与以局部井的压降漏斗为中心出现压降重叠区明显相对应。

本 章 小 结

通过对沁南地区煤层气井排采流体的产出特征、压力变化特征、流体化学变化特征及井网排采的流体动力场的分析,可以得到如下认识:

① 生产监测区煤层气井排水变化分为 5 种类型:下降型、先下降后上升型、持续上升型、先上升再下降型、先上升再下降后又上升型;产气特征可分为 4 种类型:高产稳定型、高产不稳定型、低产不稳定型及过渡型;生产监测区煤层气井产水能力的强弱受煤储层渗透率、地层水位高低及排采工作制度的影响,产气量受地质因素(包括煤层含气性、储层物性及地质构造)和工程因素(包括压裂施工效果及排采工作制度)的影响。

② 生产井液柱压力、井口套压及井底流压随排采时间持续降低,在产气前,井底流压由液柱压力所控制,在产气后主要受套压控制,液柱压力的大小取决于液面下降的幅度,套压的大小限于煤层本身解吸煤层气的能力及油嘴的控制;液柱压力与累计排水量呈明显的负相关;套压与累计排水量分阶段分别与累计排水量呈明显的正相关及负相关;井底流压与累计排水量呈明显的负相关;高产井日产气量与套压分阶段分别呈负相关及正相关,与井底流压呈负相关;日产气量与井底流压的关系表现为主要受生产前期影响而呈现负相关;低产井日产气量分别与套压和井底流压分阶段呈负相关及正相关。

③ 生产监测区流体势整体上由东向西及由南向北降低,在生产监测区的西北部形成汇水区,在井网排采时区域范围内仍有局部煤层气井地下水位发生变化,生产监测区所在的原始储层压力平面展布表现为由南向北降低,排采后煤储层压力变化经历了反转期、分异期和不均衡区域压降期 3 个阶段,煤层气生产经历了无井间干扰、弱井间干扰及不均衡井间干扰期 3 个阶段,井间干扰的形成与煤储层压力的变化具有明显的对应关系。

第四章 煤层气井网排采的气相流体化学场特征

本章探讨分析了沁南地区井网排采条件下煤层气井排采气的煤层气组分、稳定同位素组成、气相流体化学场的变化及演化特点、影响因素,揭示了煤层气井排采气组分变化特征、排采煤层气甲烷组分中甲烷和二氧化碳含量的空间演化特征、煤层气甲烷碳氢同位素的空间展布演化特征,耦合分析了煤层气组分与煤层气甲烷碳氢同位素空间展布演化的关系,还探讨了沁南地区樊庄区块煤层气井排采井间干扰程度及所处的阶段。

第一节 煤层气组分及其变化

根据对生产监测区煤层气样组分测试结果分析可知,CH_4 含量为 $90\%\sim96\%$,CO_2 含量为 $0.8\%\sim3\%$,C_2H_6 含量为 $0\sim0.01\%$,N_2 含量为 $1\%\sim10\%$。从排采气的组分看,产出的煤层气多为湿气。本书以煤层气井 JC2-16、JC3-15 为例说明井网排采条件下煤层气排采气组分的时间变化规律(图 4.1)。

由图 4.1 可以看出:生产监测区 15 口生产井排采的煤层气成分虽然以 CH_4 为主,各组分变化也表现出一定的差异,但生产监测区排采的煤层气的组分整体上呈现出波动性变化的特征,即在排采的不同时刻,煤层气组分出现升高或降低。排采气组分呈现波动性变化的原因与气源阶段性补给及组分分馏程度有关。对于同一煤层气井,排采煤层气组分随时间的变化在气源阶段性供给方面的直观表现为不同阶段来源于不同煤层气井所在煤储层的显微组分——尤其是富氢组分的丰度差异决定的产 CH_4 能力不同所导致的不同碳烃组分的差异,这在一定程度上造成排采煤层气组分随时间的变化;另一方面反映了煤层气井网排采过程中排采速率的变化对煤层气井排采气组分在运移过程中分馏富集变化的影响,因为煤层气井的排采过程,其实质是人为地改变了地下水动力条件。对烷烃而言,排采速率的变化可能造成不同时间在不同煤层气井,由输送细菌产生的次生生物气影响到煤层气成分,造成组分分异,最终导致不同烷烃组分随时间的变化。对于不同煤层气井而言,排采煤层气组分浓度的差异性反映了受井网排采条件下不同气源来源的影响。对于煤层气自身而言,组分随时间分馏变化表现为:各组分因吸附、解吸性质的不同出现解吸分馏(如 N_2 最先解吸,然后是 CH_4 和 C_2H_6,最后是 CO_2 解吸);各组分因扩散能力不同(扩散系数从大到小为 $CH_4>CO_2>C_2H_6>C_3H_8>C_4H_{10}$)出现扩散分馏;各组分因密度不同(密度大小为 $C_4H_{10}>C_3H_8>CO_2>C_2H_6>N_2>CH_4$)出现重力分馏;各组分因溶解度的不同出现溶解分馏。煤层气各组分在运移过程中因分馏效果不同而在时间分布上出现差异。无论是气源供给还是排采速率变化,对煤层气组分的影响均反映了群井排采时气源的相互流动的状况,而组分的波动性变化正是这种气相流体在没有形成稳定流场时的表现,换而言之,在煤层气井网排采条件下,气源补给的不稳性说明井与井之间的井间干扰作用正处于初期,井间干扰只是区域性存在,干扰强度较弱,因而才导致煤层气排采气组分在时间上出现波动振荡。综上所述,在井网排采条件下煤层气井之间形成井间干扰的程度及所处的阶段不同在不同程度上对煤层气井产出的煤层气的成分的变化产生影响。

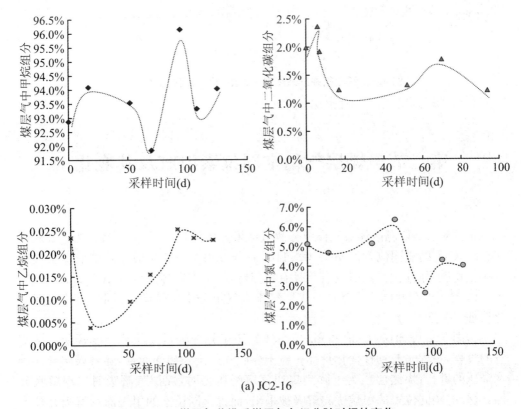

(a) JC2-16

图 4.1 煤层气井排采煤层气各组分随时间的变化

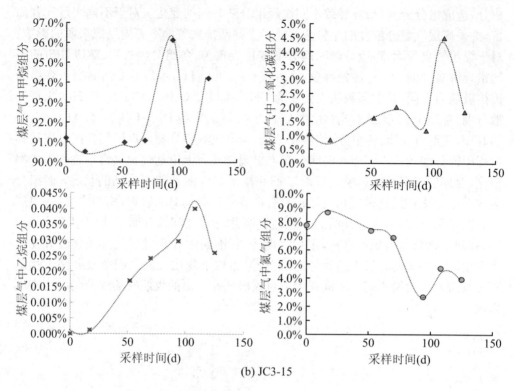

(b) JC3-15

图 4.1　煤层气井排采煤层气各组分随时间的变化(续)

第二节　煤层气稳定同位素组成及其变化

根据对生产监测区煤层气样组分测试结果分析可知,$\delta^{13}C_{CH_4}(\delta^{13}C_1)$ 为 $-29‰\sim$ $-34‰$,CH_4 的氢同位素值(δD)为 $-110‰\sim-180‰$。各煤层气井排采煤层气组分中甲烷碳、氢同位素随时间变化具有相似性,故本书以煤层气井 JC2-16、JC3-15、JC5-13 为例说明井网排采条件下煤层气排采气组分中甲烷碳、氢同位素的时间变化特征[23](图 4.2)。

由图 4.2 可知:$\delta^{13}C_1$ 值和 δD 值总体经历了先变轻再变重后又变轻最后又变重的过程,过程呈波动性变化特征。对于煤层气井排采初期而言,随着煤层气井排水降压的进行,煤储层压力下降到煤层气解吸压力时,煤层气解吸时出现解吸分馏,含轻的碳同位素的甲烷优先解吸被采出,而含重同位素的甲烷滞后解吸并被采出。与此同时,煤层气组分在随水运移过程中出现溶解分馏,重同位素的甲烷容易被水流带走并在滞留区富集,而轻同位素的甲烷留在原地。

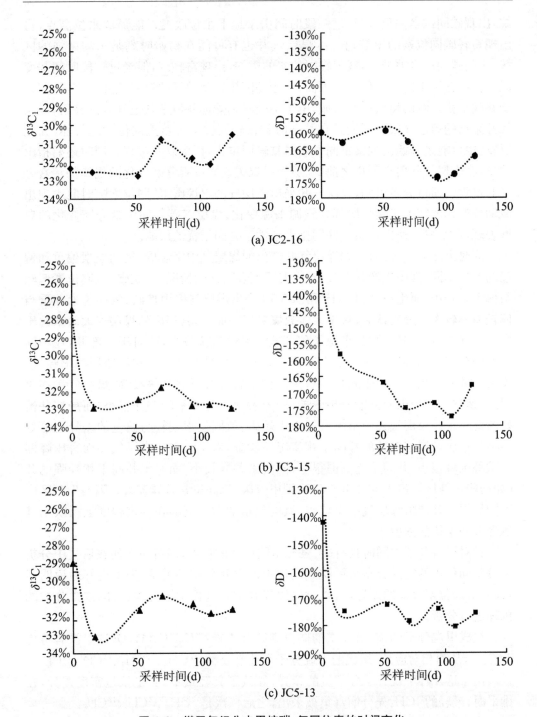

图 4.2 煤层气组分中甲烷碳、氢同位素的时间变化

需要说明的是,井网排采是不断改变地下水位,人工形成泄流和滞流区的过程,因而对于每口煤层气井而言,很有可能开始时在滞留区富集重碳同位素的甲

烷,出现碳同位素偏重,但经过一段时间由于地下水位改变可能形成水位高点,再出现富轻碳同位素的甲烷;相反,煤层气井也有可能在初始时刻是水动力强的区域,重的碳同位素被带走,残留轻同位素的甲烷,出现富轻气,但经过一段时间却变成滞留区富集重的碳同位素。因而,对于井网排采条件下的煤层气井而言,特别是受井间干扰影响的煤层气井区域,由于不同时刻受远井地带其他气源的补给,煤层气井采出的煤层气很有可能是在某个时刻富轻同位素再富重同位素的气体,如此反复,也可能是开始出现富重同位素再富轻同位素,再反复的过程。同时还要指出的是,在煤层气井出现干扰之前,煤层气甲烷碳氢同位素分馏变化的规律仍是富轻气的过程。通过分析可知,煤层气井采出煤层气的甲烷碳、氢同位素随时间表现出波动性变化的特征正是煤层气井气源来源变化、煤层气碳氢同位素分馏变化的典型表现,也恰好反映出煤层气井网排采条件下井间干扰的影响。

同时由图 4.2 可知,不同煤层气井产出的煤层气中甲烷碳、氢同位素偏重和偏轻的差值不同,其中生产井 JC2-16 代表了大多数井的情况,甲烷碳、氢同位素偏轻与偏重差较小,而生产井 JC3-15 和 JC5-13 产出煤层气中甲烷碳、氢同位素偏重与偏轻差异较大。分析认为,对于大多数煤层气井而言,其产出的煤层气大多来源于煤层气井自身所在煤储层,来源于邻井或远井的气源较少,而对于局部井,在不同生产时刻产出的煤层气中有很大部分为来自远井煤层气井所在煤储层的解吸气。煤层气井所产煤层气由于来自于自身煤储层解吸气或邻井解吸气,煤层气运移路程短、运移时间短因而分馏效果较差,同位素偏轻与偏重的差异较小,而局部井恰好与此相反。煤层气井产出煤层气中甲烷碳、氢同位素偏轻与偏重的差异也恰好能被生产区域煤层气井的井间干扰实况所验证,对于大多数煤层气井而言压降漏斗重叠区域很小,井间干扰范围很小,同位素差异较小;而对于井间干扰较强的井(如压降重叠区域最大的井 JC5-13),则甲烷碳、氢同位素差异较大。因而生产区中不同煤层气井产出煤层气中甲烷碳、氢同位素的差异能够在一定程度上反映出其所受井间干扰的强度。

针对甲烷分子中同时具有碳、氢元素同位素的特点,同时为方便在后文中分析甲烷碳同位素的空间分布与甲烷氢同位素的空间分布的关系,为了更好地说明甲烷碳、氢同位素分馏的差异,需要对煤层气井排采过程中甲烷碳、氢同位素分馏的机理进行分析。

组成甲烷分子的碳、氢元素的同位素其有 4 种:^{12}C、^{13}C、^{1}H、D(这里没有考虑 T(氚)),从而相对应地,组成的甲烷分子可能有 4 种:$^{12}CH_4$、$^{13}CH_4$、$^{12}CD_4$、$^{13}CD_4$。

由于这 4 种甲烷分子分子量的差异,导致了其轻重不同,也就是密度差异,在排采时,最轻的 $^{12}CH_4$ 先分馏富集被采出,之后依次是 $^{13}CH_4$、$^{12}CD_4$、$^{13}CD_4$。

为了更好地理解这 4 种甲烷分子分馏的顺序,特绘制碳氢同位素分馏模式图(图 4.3)。在模式图中,假定同时存在上文中提到的 4 种甲烷分子。分子量轻的甲烷分子运移快,重的甲烷分子运移慢。对于碳同位素而言,在一个完整的分馏时间段内,甲烷不同碳同位素组分分别经过先变轻、再变重,然后又变轻最后又变重的过程,而相对应地,氢同位素组分则要经历一段较长时间的变轻、然后再变重的过程。同时由图 4.3 明显看出,在相同的时间内,碳同位素经历了先变轻、再变重、后又变轻、最后又变重的 4 个阶段次的波动性变化,氢同位素只经历了持续变轻后又持续变重的 2 个阶段的波动性变化,从而说明甲烷氢同位素分子的分馏明显滞后于甲烷碳同位素分子[23]。

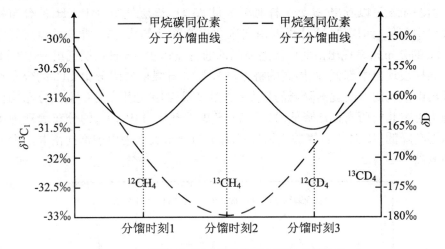

图 4.3　甲烷碳、氢同位素分子分馏机理模式图

综上分析,井网排采过程中煤层气甲烷碳、氢同位素分子因煤层气解吸、扩散及溶解作用及排采或井间干扰等因素而发生分馏导致甲烷碳、氢同位素组成发生周期性波动变化。与此同时,煤层气甲烷氢同位素分子分馏相比于甲烷碳同位素分子具有滞后性。

第三节　煤层气气相流体化学场及其演化

为了了解煤层气井网排采条件下,井间干扰的形成实况,有必要考察不同时刻不同煤层气井的煤层气组分的空间演化。由于 CH_4 为煤层气中最轻的组分,因而其动态变化能够较好地反映出排采速率及井间干扰的影响。同时,CO_2 为组分中易溶于水的组分,受地下水流动影响显著,故在本书中拟以煤层气组分中的这两种气体的空间演化特征给予说明。

一、煤层气主要组分的空间演化

根据采样时刻分别为 2010 年 7 月 23 日、8 月 9 日、9 月 13 日、10 月 10 日、11 月 3 日、11 月 17 日及 12 月 4 日的煤层气中的 CH_4 体积百分比数据绘制了 7 个不同时刻 CH_4 含量等值线图(图 4.4)。

由图 4.4 可以看出:初始采样时刻 7 月 23 日,煤层气组分中 CH_4 的分布特征表现出中部低、四周高,整体由西南向东北逐渐降低的特点;8 月 9 日煤层气组分中 CH_4 的分布则表现出由北向南逐渐降低的特点;9 月 13 日煤层气组分中 CH_4 的分布同样表现出中部低、四周高的特点;10 月 10 日煤层气组分中 CH_4 的分布特征表现出由东北向西南逐渐降低的特点;11 月 3 日煤层气组分中 CH_4 的分布同样也表现为由东北向西南逐渐降低;11 月 17 日煤层气组分中 CH_4 的分布表现为由西向东逐渐降低;12 月 4 日煤层气组分 CH_4 中的分布表现为由中部向南北两个方向逐渐升高[24]。

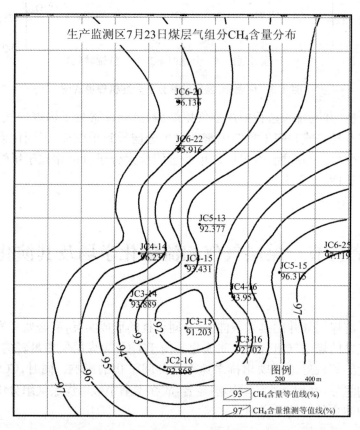

图 4.4　不同采样时刻生产监测区煤层气组分中 CH_4 的空间演化

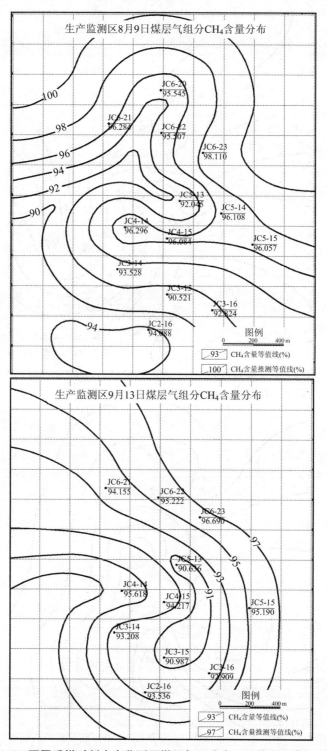

图 4.4　不同采样时刻生产监测区煤层气组分中 CH₄ 的空间演化(续)

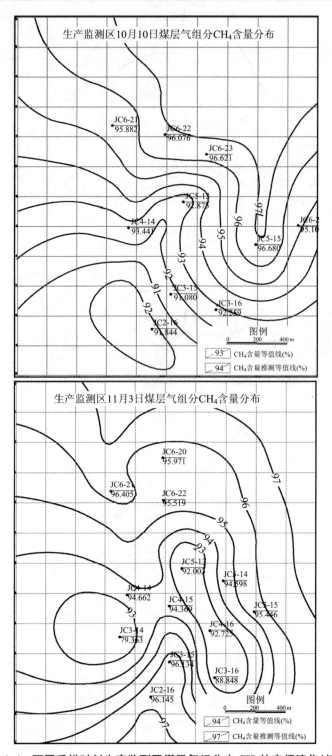

图 4.4　不同采样时刻生产监测区煤层气组分中 CH₄ 的空间演化(续)

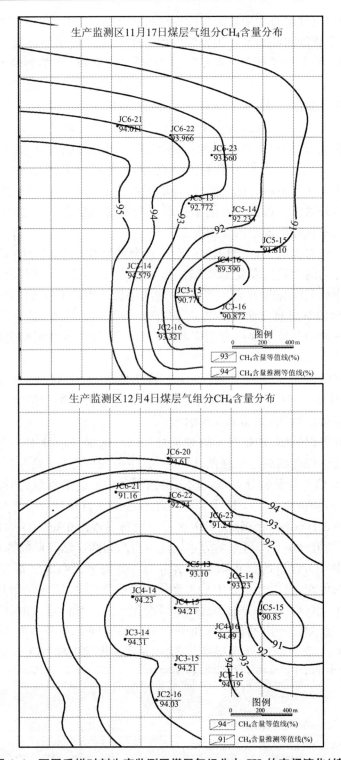

图 4.4 不同采样时刻生产监测区煤层气组分中 CH₄ 的空间演化(续)

　　同时,由煤层气组分中甲烷浓度的变化可知,煤层气组分中甲烷浓度井间差异明显,区域性变化随时间多变。由煤层气组分中 CH_4 浓度的空间展布方向的变化不难得知,CH_4 的空间展布方向主要发生了两次大的偏转,由最初的西南—东北向递减倒转为中期的东北—西南向递减,再到后期的由西向东递减。同样,由组分中 CH_4 的浓度差异变化可知,随着排采进行,浓度差异在逐步减小,说明煤层气组分中甲烷浓度井间差异缩小、区域变化方向相对稳定。根据煤层气组分中 CH_4 浓度空间展布的变化,我们同样可以得到:煤层气井产出的煤层气具有多源性,表现为在不同时刻煤层气井气源补充具有方向性,同一煤层气井产出的煤层气组分中 CH_4 的体积含量也在不断变化。同样,煤层气组分中 CH_4 浓度的空间演变的多变性亦表现出因井网排采过程中井间干扰形成初期的不稳定性,但浓度差异的逐步缩小表明井间干扰在形成中的作用[24]。

　　由图 4.4 还可以看出,不同采样时刻生产监测区煤层气组分中 CH_4 浓度空间展布及演化方向的变化主要受 JC2-16、JC3-15、JC4-14、JC5-15 等煤层气井(这些井产出煤层气中的 CH_4 浓度异常于其他井)产出煤层气中的 CH_4 的影响。煤层气组分中 CH_4 浓度的空间演化受局部煤层气井产出煤层气的影响,这种在不同生产时刻煤层气井气源的补给反映出煤层气井间存在压降漏斗重叠区解吸的气源,从而证实了井网排采条件下井间干扰影响的存在[24]。

　　根据采样时刻为 2010 年 7 月 23 日、8 月 9 日、9 月 13 日、10 月 10 日、11 月 3 日、11 月 17 日及 12 月 4 日的煤层气中 CO_2 的体积百分比数据绘制了 7 个不同时刻的 CO_2 含量等值线图,如图 4.5 所示。

　　由图 4.5 可以看出:初始采样时刻 7 月 23 日,煤层气组分中 CO_2 含量的分布特征表现为由中部向四周逐渐降低(以华固 4-15 井为中心);8 月 9 日及 9 月 13 日煤层气组分中 CO_2 含量的分布则表现出由四周向中心逐渐降低(同样也是以华固 4-15 井为中心)的特点;10 月 10 日煤层气组分中 CO_2 含量的分布表现出南高北低的特点;11 月 3 日煤层气组分中 CO_2 含量的分布表现出中部高四周低的特点;11 月 17 号煤层气组分中 CO_2 含量的分布表现出由东向西逐渐降低的特点;12 月 4 号煤层气组分中 CO_2 含量的分布则表现出由中东部向南、西、北三面逐渐降低的特点。同样由图可知,煤层气组分中 CO_2 组分井间差异明显,区域变化方向随时间多变,煤层气 CO_2 组分井间差异缩小表明区域变化方向相对稳定。由分析可知,不同采样时刻生产监测区产出的煤层气组分中 CO_2 的空间展布及方向变化是由 JC2-16、JC6-22、JC3-14、JC4-15 等煤层气井(这些井产出煤层气中 CO_2 含量异常于其他煤层气井)产出的 CO_2 含量变化所引起的[24]。

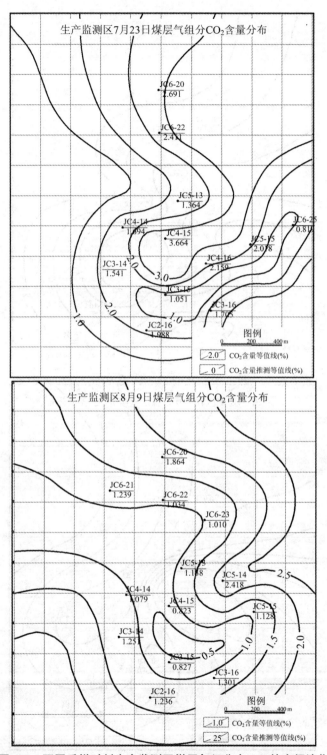

图 4.5　不同采样时刻生产监测区煤层气组分中 CO_2 的空间演化

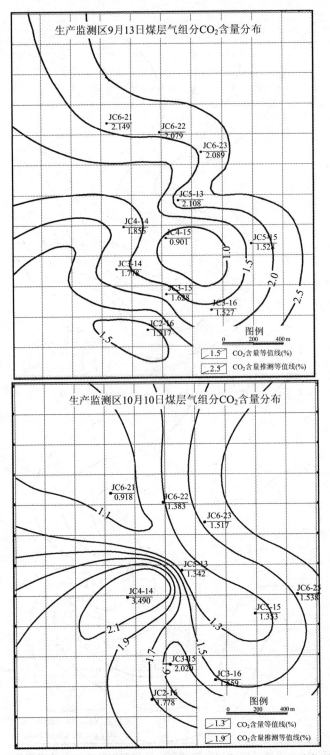

图 4.5　不同采样时刻生产监测区煤层气组分中 CO_2 的空间演化(续)

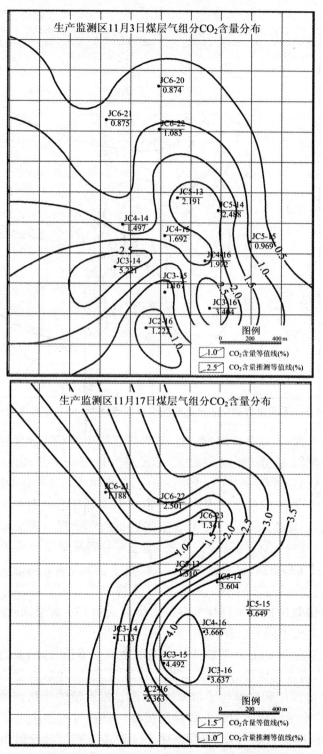

图 4.5 不同采样时刻生产监测区煤层气组分中 CO_2 的空间演化(续)

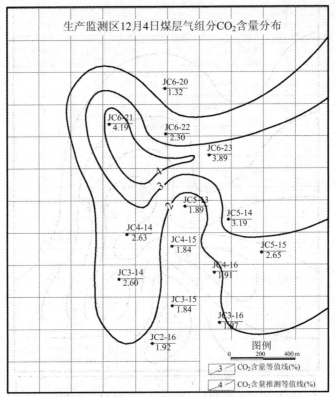

图 4.5　不同采样时刻生产监测区煤层气组分中 CO₂ 的空间演化(续)

研究分析认为,初始采样时刻 7 月 23 日煤层气中的 CO_2 含量分布主要是受地下水动力条件控制:在水动力条件较弱、水流速度较慢的中部,由水流携带而散失的 CO_2 较少,从而导致组分中 CO_2 较高;相反,在水动力条件较强的区域,水流携带 CO_2 的能力较强,发生的水溶作用较强,导致产出煤层气组分中 CO_2 较低。与初始采样时刻相比,后期排采煤层气中 CO_2 空间展布的变化则与排采所引起的井间干扰及煤层气组分自身的分馏有关。首先,煤层气井网排采所形成的局部井间干扰对煤层气组分中 CO_2 的影响表现为煤层气组分中 CO_2 展布方向的多变性以及化学场中 CO_2 浓度差异的逐步减小。其次,由于水溶作用及密度差异导致的煤层气组分中的 CO_2 分馏效应使得不同煤气井产出煤层气中 CO_2 含量随时间变化,相应地在空间上也呈现出不同的分异特征。

在煤层气组分中 CH_4 为典型轻组分,CO_2 为典型重组分,两者的空间变化为此消彼长的关系,前者为极性分子,后者为非极性分子,前者溶解度小于后者。同时因为 CO_2 的水溶作用积极参与了排采过程,即日排水量的变化直接影响了 CO_2 的水溶速率,由排水量变化所引起的煤储层压降传递速度直接决定了煤层气组分中 CO_2 产出速率。因而分析可知,煤层气中 CO_2 浓度在空间演化时由于受水溶作用影响,分馏富集的时间明显晚于 CH_4 组分浓度的空间演化过程,在空间演化上表现为变化的周期长,对煤层气井网排采条件下的井间干扰也不如 CH_4 敏感。煤层气组分中无论是 CH_4 还是 CO_2,空间演化的不稳定性都反映了煤层气井网排采初期气相流体场的不稳定性,从而也反映出井间干扰处于初期且干扰作用较弱的事实。

二、不同煤层气组分的空间演化关系

为了比较煤层气组分分馏过程中的竞争、产出关系及其与井网排采条件下井间干扰的关系,以煤层气组分中甲烷与二氧化碳为例,将煤层气组分甲烷的空间演化与二氧化碳的空间演化关系进行叠合、对比,如图 4.6 所示。

由图 4.6 可以看出,生产监测区煤层气组分甲烷的空间演化与二氧化碳的空间演化并不完全同步,两者的叠合关系具体表现为:在采样初始时刻 2010 年 7 月 23 日两者分布完全相反,其中甲烷的空间分布由南向北降低,而二氧化碳的空间分布由北向南降低;2010 年 8 月 9 日甲烷的空间分布表现为由北向南降低,而二氧化碳的空间分布则表现为由东、南、北三面向西降低;2010 年 9 月 13 日 甲烷的空间分布与二氧化碳的空间分布具有一定程度的吻合,总体表现为由东向西降低;从采样时刻 2010 年 10 月 10 日到 2010 年 12 月 4 日,甲烷浓度的空间展布与二氧化碳浓度的空间展布关系基本上呈倒转的叠迭关系[24]。

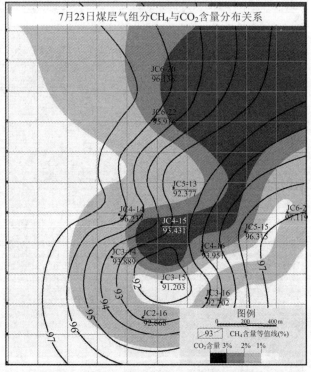

图 4.6　不同采样时刻生产监测区煤层 CH_4 和 CO_2 的空间演化的耦合关系

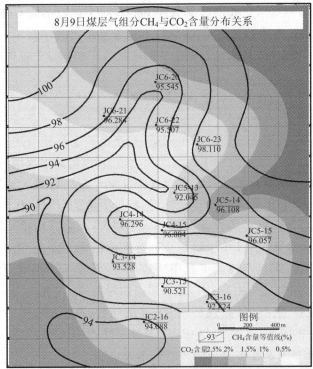

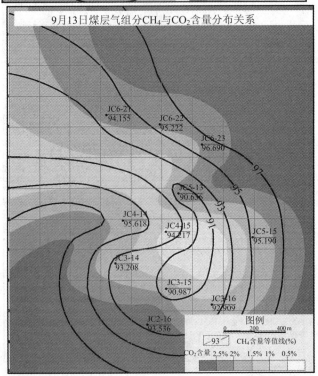

图 4.6　不同采样时刻生产监测区煤层 CH₄ 和 CO₂ 的空间演化的耦合关系(续)

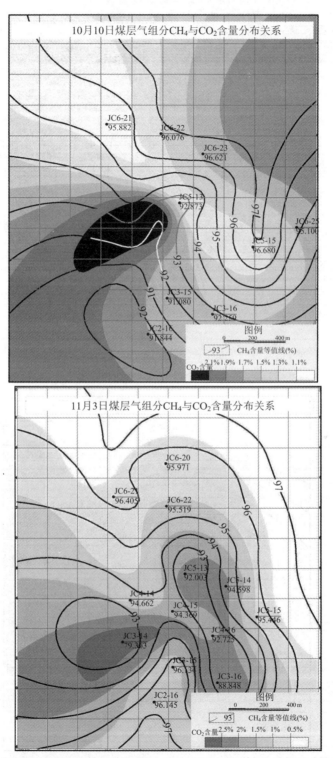

图 4.6　不同采样时刻生产监测区煤层 **CH₄** 和 **CO₂** 的空间演化的耦合关系(续)

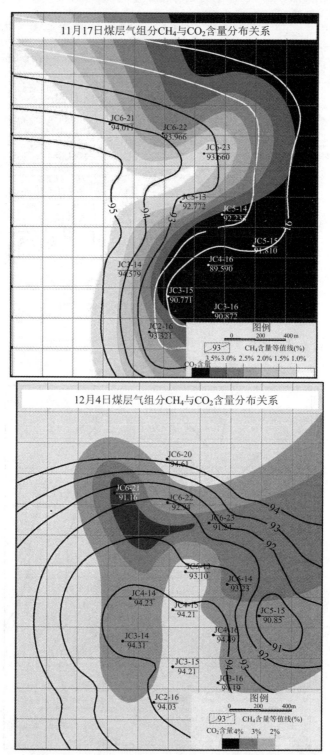

图 4.6　不同采样时刻生产监测区煤层 CH₄ 和 CO₂ 的空间演化的耦合关系(续)

对于煤层气组分而言,组分中甲烷与二氧化碳是此消彼长的关系。分析认为,不同煤层气组分空间演化时叠迭关系并不完全同步的原因主要与井网排采条件下煤层气组分组成及组分的分馏有关。井网排采条件下不同煤层气井所在煤储层先后降压(不同煤层气井有差异)达到煤层气解吸压力,煤储层中吸附的煤层气出现解吸,由于煤基分子表面与煤层气不同组分的分子之间存在的分子作用力不同,煤层气组分在解吸时有先有后,从而出现解吸分馏。解吸出来的煤层气在强烈的水动力条件下发生水溶作用,因溶解作用导致煤层气组分的溶解分馏;因煤层气不同组分分子直径的差异,在煤储层孔隙扩散过程中出现扩散分馏;在运移过程中,煤层气组分因密度和重力差异也会出现重力分馏。因为煤层气组分分馏的广泛存在,所以不同煤层气组分空间展布方向的演化不具有同步性。同时,因地下水动力条件的改变,地下水流向的变化(实际上反映煤储层能量在空间上的变化)在一定程度上影响了煤层气井产出煤层气组分的变化。换而言之,井网排采条件下单一煤层气井产出煤层气的组分受其他煤层气井所在煤储层降压所得的解吸气补充的影响。在井网排采条件下,由于群井排采,受井间干扰影响,不同煤层气井产出的煤层气受煤储层中流体场的控制,煤层气井产出煤层气的来源具有多源性,即既有该煤层气所在煤储层自身解吸出来的煤层气,也有来自邻井甚至远井所在煤储层的解吸气,因而煤层气组分的展布方向在没有形成稳定的区域性的流体场时具有不稳定性。与此同时,井网排采时,煤层气组分之间的分馏在时间上表现重组分滞后,不均衡井间干扰期流体场方向的不稳定性更加剧了煤层气不同组分空间演化在叠合时出现的分布及方向变化上的不同步。

三、煤层气稳定同位素的空间演化

根据采样时刻分别为 2010 年 7 月 23 日、8 月 9 日、9 月 13 日、10 月 10 日、11 月 3 日、11 月 17 日及 12 月 4 日的煤层气中甲烷碳同位素比值绘制了 7 个不同时刻碳同位素的等值线图(图 4.7)。

由图 4.7 可以看出:初始采样时刻 7 月 23 日,煤层气组分中甲烷碳同位素的分布特征表现出由北向南变重的特点;8 月 9 日煤层气组分中甲烷碳同位素的分布特征表现出由东北向西南变重的特点;9 月 13 日煤层气组分中甲烷碳同位素的分布表现出由西向东变重的特点;10 月 10 日煤层气组分中甲烷碳同位素的分布同样表现出由西向东变重的特点;11 月 3 日煤层气组分中甲烷碳同位素的分布表现出由北向南变重的特点;11 月 17 日煤层气组分中甲烷碳同位素的分布则表现出由西南向东北变重的特点;12 月 4 日煤层气组分中甲烷碳同位素的分布则表现出由西向东变重的特点[24]。

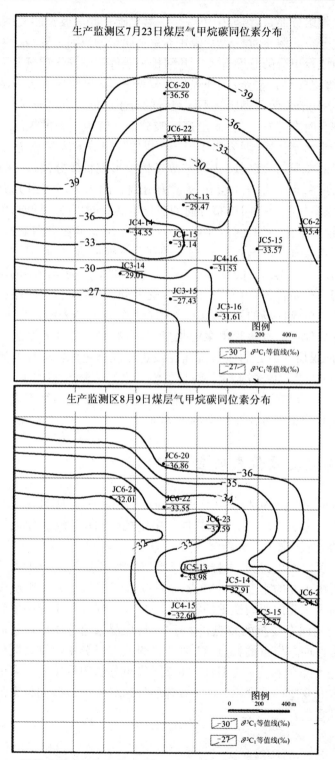

图 4.7 不同采样时刻生产监测区煤层气组分中甲烷碳同位素的空间演化

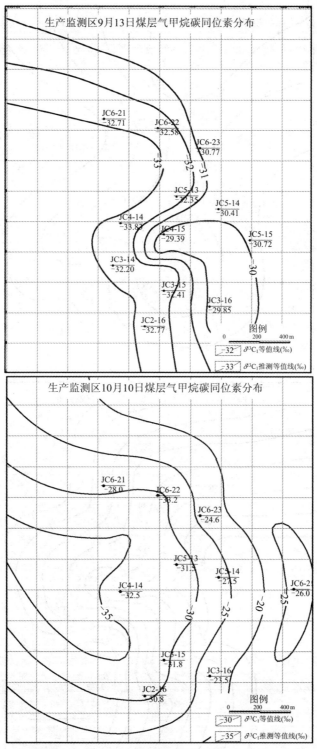

图 4.7　不同采样时刻生产监测区煤层气组分中甲烷碳同位素的空间演化(续)

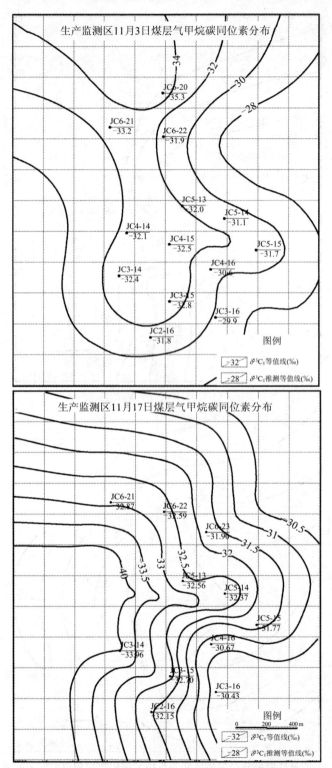

图 4.7   不同采样时刻生产监测区煤层气组分中甲烷碳同位素的空间演化(续)

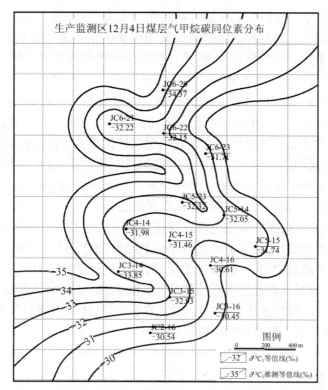

图 4.7　不同采样时刻生产监测区煤层气组分中甲烷碳同位素的空间演化(续)

通过分析图 4.7 发现,煤层气甲烷碳同位素的空间展布及方向变化与 JC5-13、JC6-20、JC3-15、JC3-16 等煤层气井(这些煤层气产出的煤层气甲烷碳同位素偏重或偏轻)产出的煤层气中甲烷碳同位素比值的变化有关。

根据采样时刻分别为 2010 年 7 月 23 日、8 月 9 日、9 月 13 日、10 月 10 日、11 月 3 日、11 月 17 日及 12 月 4 日的煤层气中甲烷氢同位素比值绘制了 7 个不同时刻甲烷氢同位素等值线图(图 4.8)。

由图 4.8 可以看出:初始采样时刻 7 月 23 日,煤层气组分中甲烷氢同位素的分布特征表现出由南北两个方向向中部变重的特点;8 月 9 日煤层气组分中甲烷氢同位素的分布特征表现出由北向南变重的特点;9 月 13 日煤层气组分中甲烷氢同位素的分布表现出由东北向西南变重的特点;10 月 10 日煤层气组分中甲烷氢同位素的分布表现出由西向东变重的特点;11 月 3 日煤层气组分中甲烷氢同位素的分布表现出由东北向西南变重的特点;11 月 17 日煤层气组分中甲烷氢同位素的分布则表现出由中西部向北、东、南三面变重的特点;12 月 4 日煤层气组分中甲烷氢同位素的分布则表现出由东北向西南变重的特点[24]。

同时,由图 4.8 分析可以得出:JC6-20、JC3-14、JC2-16、JC3-16、JC6-22 等煤层气井产出的煤层气中甲烷氢同位素比值的偏重或偏轻直接影响了煤层气甲烷氢同位素的空间展布及演化的改变[24]。

　　将煤层气的甲烷碳同位素比值等值线图与氢同位素比值等值线图进行对比，可发现甲烷碳同位素的空间演化与甲烷氢同位素的空间演化并不完全同步，但具有相似性。由第三章中的分析可知，煤层气中的甲烷碳同位素经历了 3 次波动性变化，氢同位素只经历了 1 次波动性变化，说明了甲烷氢同位素的分馏效应明显滞后于甲烷碳同位素，因而甲烷氢同位素在演化时滞后于甲烷碳同位素，也说明了煤层气组分中甲烷氢同位素的空间演化与碳同位素的空间演化不一致的原因。由于甲烷氢同位素的演化在方向变化上滞后于甲烷碳同位素，因而在确定煤层气井气源方向（煤层气流动的方向）时，还是以甲烷碳同位素的空间变化为依据更加准确。

　　通过对图 4.8 中煤层气中甲烷碳同位素的分布进行分析可知，煤层气流动的方向先由南向北，再偏转为由西向东，然后又变化为由北向南，最后又变为由西向东，碳同位素演化方向多次发生变化。煤层气组分中甲烷同位素演化方向的多变性说明气源的不稳性，反映了不均衡压降期不均衡井间干扰的影响，也表明了井间干扰正处于初步形成阶段，因为从理论上而言，当井网排采条件下形成成熟、稳定的井间干扰时，排采气形成的气相流体场就相对稳定，方向基本稳定；而生产监测区煤层气中甲烷碳同位素演化（展布方向）的多变，只能说明煤层气井间干扰程度较弱，井间干扰正处于形成的初级阶段。

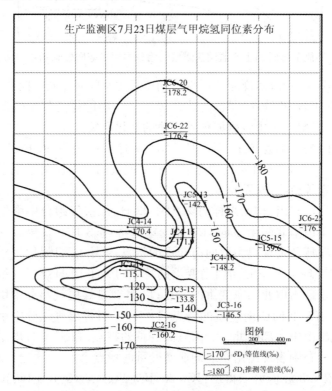

图 4.8　不同采样时刻生产监测区煤层气组分中甲烷氢同位素的空间演化

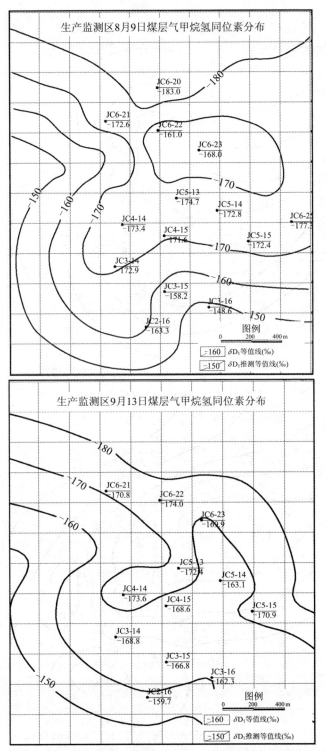

图 4.8 不同采样时刻生产监测区煤层气组分中甲烷氢同位素的空间演化(续)

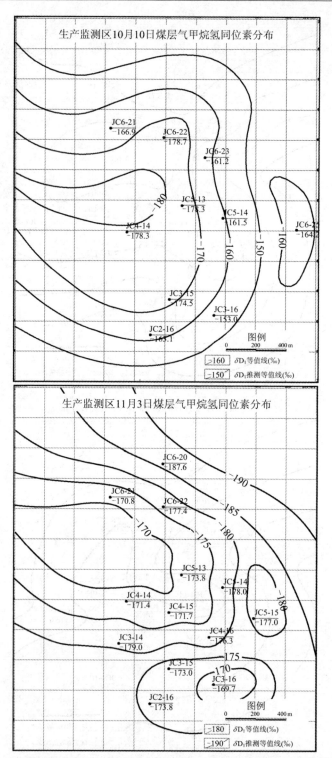

图 4.8　不同采样时刻生产监测区煤层气组分中甲烷氢同位素的空间演化(续)

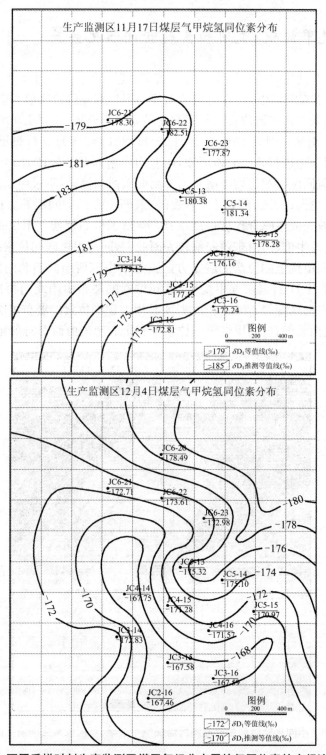

图 4.8 不同采样时刻生产监测区煤层气组分中甲烷氢同位素的空间演化(续)

四、煤层气甲烷碳、氢同位素的空间演化关系

为了比较井网排采条件下煤层气甲烷碳、氢同位素分馏过程及其与井间干扰的关系，将煤层气甲烷碳同位素比值等值线与甲烷氢同位素比值等值线进行叠合，对煤层气井排采气稳定同位素的空间演化关系进行分析，如图 4.9 所示。

由图 4.9，对采样时刻 2010 年 7 月 23 日、2010 年 8 月 9 日煤层气甲烷碳、氢同位素的空间演化进行叠合分析可知，两者均由南向北变轻；2010 年 9 月 13 日煤层气甲烷碳、氢同位素演化均由南北向开始向东西向偏转，不过甲烷碳同位素展布方向偏转幅度更大；2010 年煤层气甲烷碳、氢同位素的空间展布方向均偏转为东西向，两者的叠选关系吻合程度很高；2010 年 11 月 3 日煤层气甲烷碳、氢同位素的展布方向再次发生偏转，由东西向偏转为南北向，同样甲烷碳同位素的展布方向偏转幅度较大，而甲烷氢同位素的展布方向正处于由东西向向南北向偏转的过程之中；2010 年 11 月 17 日煤层气甲烷碳、氢同位素的展布由南北向再次偏转为东西向，表现为由东向西变轻；2010 年 12 月 4 日甲烷碳同位素的展布再次发生偏转，表现为由东南向西北偏轻，而甲烷氢同位素展布则表现为由西南向东北偏轻[24]。

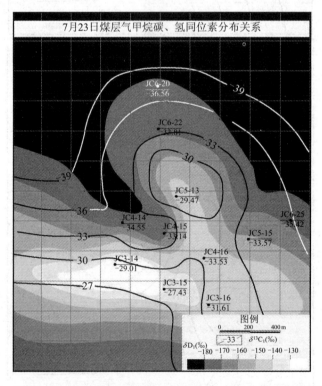

图 4.9　不同采样时刻生产监测区煤层气甲烷碳、氢同位素空间演化的关系

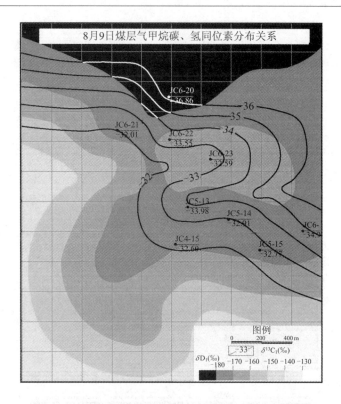

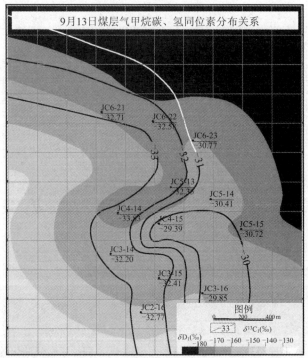

图 4.9　不同采样时刻生产监测区煤层气甲烷碳、氢同位素空间演化的关系(续)

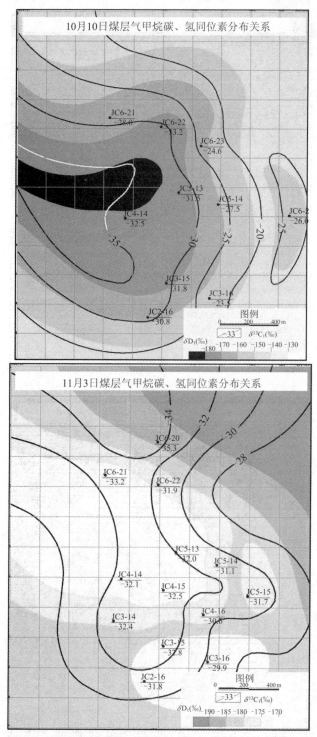

图 4.9　不同采样时刻生产监测区煤层气甲烷碳、氢同位素空间演化的关系(续)

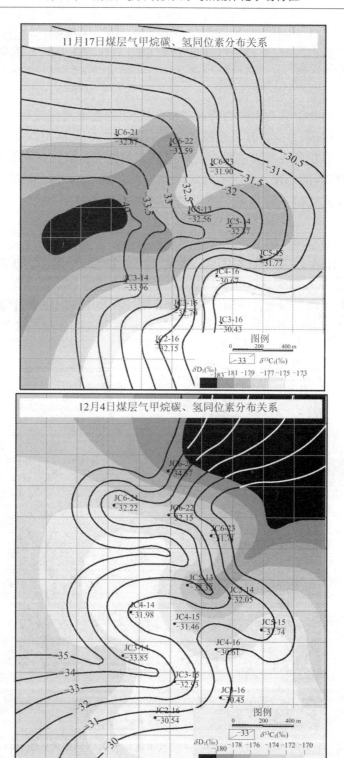

图 4.9　不同采样时刻生产监测区煤层气甲烷碳、氢同位素空间演化的关系(续)

　　由煤层气甲烷碳、氢同位素的演化叠合关系可知，甲烷碳、氢同位素的空间分布及方向演化具有较好的一致性，变化基本同步，只在演化时间上稍有差异。由第三章对煤层气甲烷碳、氢同位素分馏模式的分析可知，甲烷氢同位素分馏滞后于甲烷碳同位素。而本节研究也得到甲烷碳同位素的分布及方向演化与甲烷氢同位素的分布及方向演化上具有相同的特点，只是甲烷氢同位素演化滞后，这也验证了前面章节中对甲烷碳、氢同位素分馏模式的推论。甲烷碳、氢同位素空间演化的叠合分析也表明了煤层气在排采过程中受井网排采条件下区域性井间干扰的影响，即甲烷碳、氢同位素的演化方向的不稳定性反映了煤层气来源方向的变化，同时化学场中稳定同位素比值差异在缩小也反映出井网排采条件下井间干扰在逐步趋于稳定[24]。

五、煤层气组分空间演化与稳定同位素空间演化的关系

　　为了比较井网排采条件下煤层气组分分馏过程和甲烷同位素分馏过程及其与井网排采条件下井间干扰的关系，将煤层气组分中甲烷碳含量的演化与甲烷碳同位素比值的演化进行叠合分析，如图 4.10 所示。

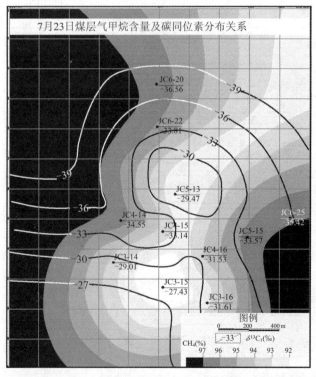

图 4.10　不同采样时刻生产监测区煤层气甲烷组分与碳同位素的空间演化关系

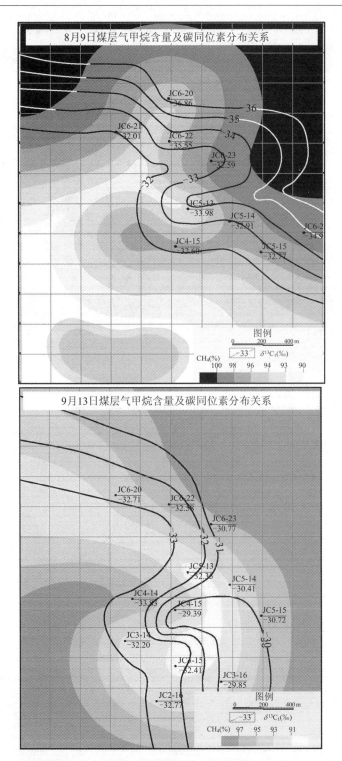

图 4.10　不同采样时刻生产监测区煤层气甲烷组分与碳同位素的空间演化关系(续)

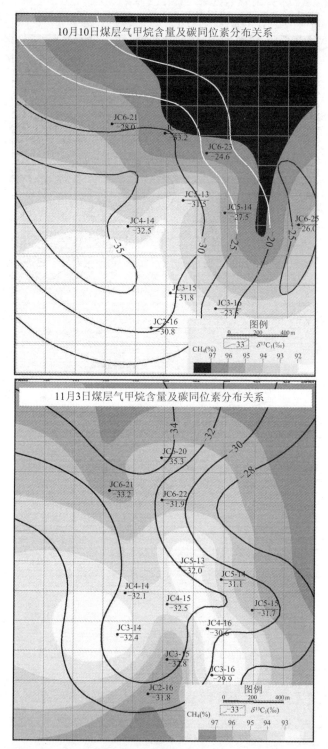

图 4.10　不同采样时刻生产监测区煤层气甲烷组分与碳同位素的空间演化关系(续)

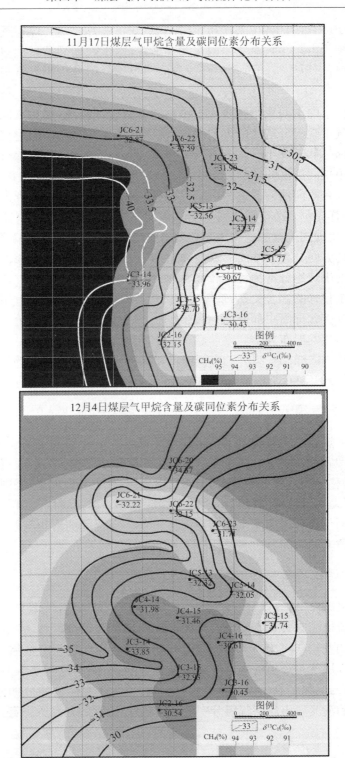

图 4.10　不同采样时刻生产监测区煤层气甲烷组分与碳同位素的空间演化关系(续)

　　由图 4.10 不难看出:在采样初始时刻 2010 年 7 月 23 日,煤层气甲烷组分的空间展布表现为由东、西、南三面向东北逐渐降低,甲烷碳同位素的空间展布表现为由南向北降低,甲烷碳同位素偏轻的方向与煤层气组分中甲烷富集的方向并不一致;采样时刻 2010 年 8 月 9 日,煤层气甲烷组分的展布表现出北高南低的特点,而甲烷碳同位素的空间展布则表现出由南向北变轻的特点,甲烷碳同位素偏轻的方向与煤层气甲烷组分富集的方向一致,说明沿煤层气流动方向甲烷浓度富集程度较高;采样时刻 2010 年 9 月 13 日、10 月 10 日及 11 月 3 日,煤层气甲烷组分的空间展布与甲烷同位素的空间展布并不一致,在这段时间里,组分的空间展布始终处于南北向和东西向偏转的过程,而甲烷同位素的空间展布则表现出东西向和南北向偏转;采样时刻 2010 年 11 月 17 日,煤层气甲烷组分的空间展布表现为由西向东降低,甲烷碳同位素的空间展布表现出由东向西变轻,同位素偏轻的方向与甲烷组分富集的方向具有很好的一致性,即沿煤层气运移的方向,运移的煤层气中含轻碳同位素的甲烷组分富集程度较高,甲烷组分的空间演化与甲烷碳同位素的空间演化表现出很好的耦合关系;采样时刻 2010 年 12 月 4 日,煤层气甲烷组分的空间展布表现为南北部高中部低,而甲烷碳同位素由南向北变轻,组分的空间演化与同位素空间演化的展布并不一致[24]。

　　由生产监测区煤层气组分的空间演化和煤层气甲烷碳同位素的空间演化叠合分析可知,组分的空间演化与同位素的空间演化不同步,分析认为有以下原因:

　　(一) 煤层气组分分馏与同位素分馏的速度不同

　　煤层气从煤储层中解吸出来到运移至井筒过程中分别发生了解吸分馏、扩散分馏、溶解分馏及重力分馏,轻组分的甲烷优先解吸,优先运移,而煤层气中甲烷解吸、溶解及运移分馏过程中伴随碳、氢同位素分馏,分馏表现就是,轻同位素组成的甲烷优先运移,相对较重同位素组成的甲烷后运移。因而煤层气组分因组分分馏速度不同和同位素分馏速度不同在空间上出现一定程度的富集与散逸,组分的空间展布与同位素的空间分布不一致。

　　(二) 井网排采条件下气源的补给多源性

　　井网排采条件下,煤层气井产出煤层气的来源为多源的,气源来源多与生产监测区形成的流体场有关。不同煤层气井产出的煤层气经过运移,各组分浓度均发生一定程度的变化。对于尚未形成稳定井间干扰的煤层气生产区域,运移补给的变化常造成煤层气井产出的煤层气组分波动性变化,而同位素基本上只与煤层气中甲烷有关(乙烷和二氧化碳含量非常低)。因而无论煤层气组分如何变化,同位素空间展布的演变只由煤层气组分中甲烷碳、氢同位素的分馏所决定。

　　(三) 井网排采条件下地下水动力条件的改变

　　井网排采人为地改变了地下水动力条件,地下流体势场发生动态改变,变化的幅度取决于生产监测区各煤层气井的排采强度(排水量的大小)。地下水位的改变一方面改变了地下流体场的演化方向,导致气相流体方向发生改变;另一方面也引起地下水势能改变,从而使得煤储层中压力场发生改变,进而影响到各煤层气井煤层气的解吸程度及产气量的变化,所以井网排采条件下水动力的改变也引起煤层气运移方向和气源补给方向的改变,从而引起煤层气组分的空间演变。

第四节　煤层气气相流体化学场的影响因素分析

为了验证井网排采条件下煤层气气相流体化学场的变化是由井间干扰所引起的,本书除了在前文中分析了气相流体化学场中煤层气的组分及稳定同位素的演化的原因外,还拟对气相流体化学场与煤层构造及煤层压裂的关系进行分析。

一、化学场中煤层气组分变化的影响因素分析

通过前面的分析可知,煤层气组分中二氧化碳的分馏(迁移与富集)对井间干扰更加敏感,故本书以化学场中煤层气组分中的二氧化碳浓度变化为例,分析其演化与煤层构造及煤层压裂是否有关。

将生产监测区煤层顶板标高图与二氧化碳浓度等值线进行叠合,得到图4.11。由图4.11可知:生产监测区为由东、南、北三面向西倾斜的洼地地形,监测区内发育小型东北—西南及东南—西南方向的褶曲,同时发育有高角度的紧闭褶曲。由采样时刻为7月23日、8月9日、9月13日及10月10日的煤层气组分二氧化碳的浓度与煤层顶板标高的关系可知,二氧化碳的展布方向从开始采样时刻7月23日的东北向西南降低,偏转为后来8月9日及9月13日的由东向西降低,10月10日从东北向西南降低,11月3日由南向北降低,再到11月17日由东向西降低及12月4日由东向南、西、北三面降低;而煤层顶板标高表现为从东、南、北三面向西降低,除中间时刻(9月13日和10月10日)展布方向与煤层顶板标高在方向上有一定吻合外,其余采样时刻二氧化碳的展布方向与煤层顶板标高的变化没有相关性。同样对构造位置与二氧化碳的展布分析可知,褶曲构造的位置与二氧化碳浓度的分布没有直接的相关性。因而通过分析可以得知,煤层气组分的空间演化,无论是展布方向的改变还是其本身的分布均与生产监测区构造没有直接关系。

与此同时,为了验证煤层气组分的空间展布方向的改变是否与煤储层本身渗透性及压裂施工所改造的裂缝有关,对不同生产时刻煤层气组分的展布与煤储层压裂的预测缝长的关系进行了叠合分析,如图4.12所示。

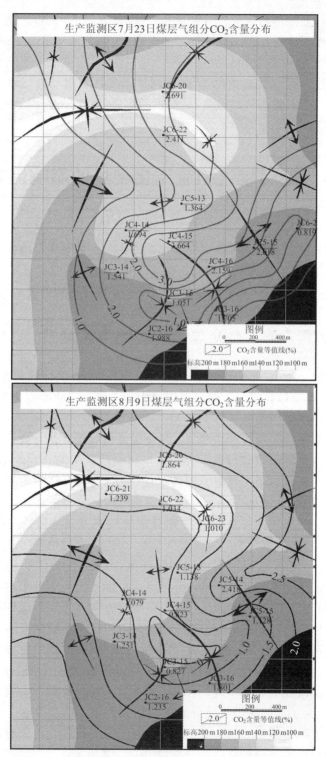

图 4.11　煤层气组分二氧化碳空间演化与煤层构造的关系

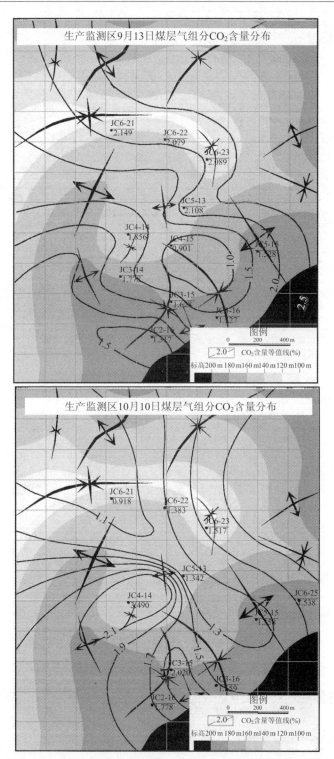

图 4.11　煤层气组分二氧化碳空间演化与煤层构造的关系(续)

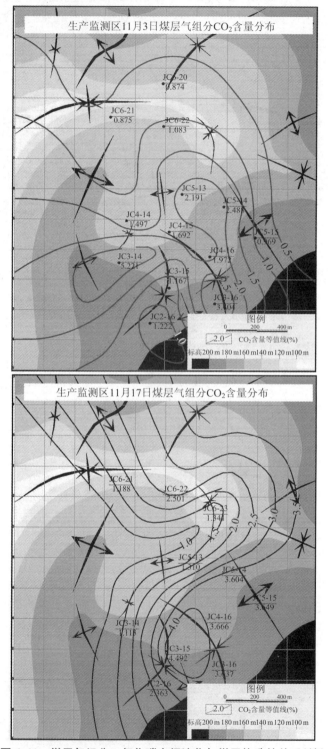

图 4.11　煤层气组分二氧化碳空间演化与煤层构造的关系(续)

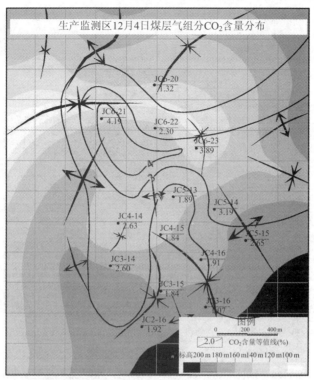

图 4.11　煤层气组分二氧化碳空间演化与煤层构造的关系(续)

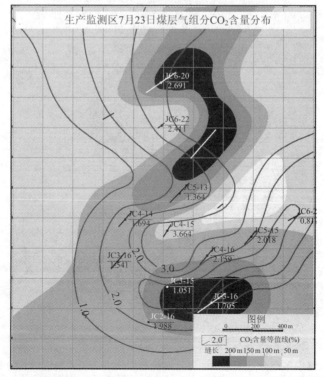

图 4.12　煤层气组分二氧化碳的空间演化与煤储层压裂主裂缝缝长的关系

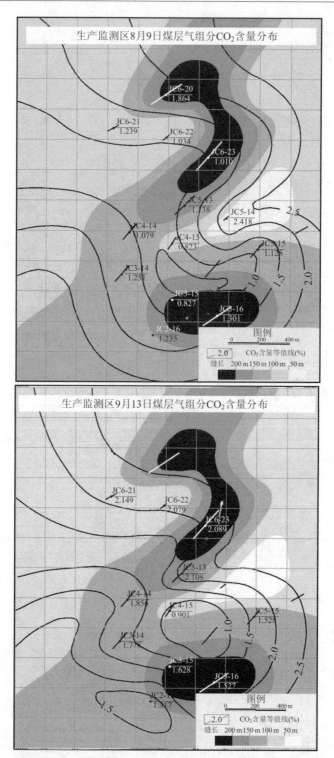

图4.12　煤层气组分二氧化碳的空间演化与煤储层压裂主裂缝缝长的关系(续)

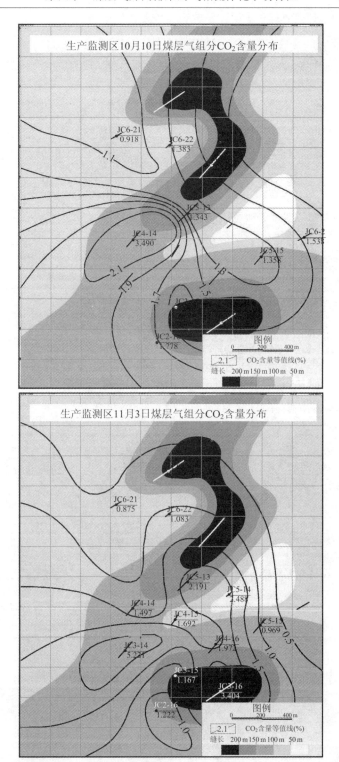

图 4.12　煤层气组分二氧化碳的空间演化与煤储层压裂主裂缝缝长的关系（续）

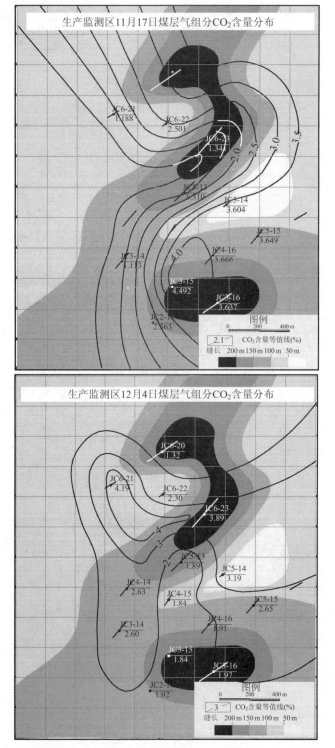

图 4.12 煤层气组分二氧化碳的空间演化与煤储层压裂主裂缝缝长的关系(续)

就煤层气组分中二氧化碳的空间分布与压裂缝缝长的关系而言,它们之间没有直接的关系。从图 4.12 可以看出,压裂缝缝长高值区并不一定表明产出的煤层气组分 CO_2 浓度越高或越低,换而言之,煤层气组分的运移与富集与压裂缝的缝长没有相关性。压裂缝的缝长只是沟通了煤储层裂缝,提高了煤储层的渗透性,有利于煤储层的压降传播,而各个煤层气井所在煤储层的降压与整体压力的下降有关;同样,煤层气组分的运移与压力传播的方向有关,组分的富集与煤层气井间干扰所带来的多源性气源供给有关,即具有稳定的多方向性气源供应的煤层气井煤层气组分在某一特定的时段其浓度会趋于一个稳定值,反之,在不稳定的压力降传播时,井间干扰没有形成或形成初期,煤层气组分均会呈波动型的振荡变化。

二、化学场中煤层气同位素变化的影响因素分析

由煤层气甲烷碳和氢同位素比值等值线的比较分析可知,煤层气甲烷氢同位素的空间演化具有滞后性,因而本书中除了在前文中分析过影响煤层气甲烷碳同位素空间演化的原因外,还拟通过分析不同生产时刻煤层气甲烷碳同位素的空间展布与煤层构造、煤层压裂缝缝长的关系,用来验证煤层气同位素的空间展布方向的变化是否与这些因素有关,从而进一步说明煤层气同位素空间展布方向的变化是由煤层气井的井间干扰所引起的。

将煤层顶板标高图与煤层气甲烷同位素等值线图进行叠合,得到图 4.13。由图 4.13 可知,煤层气甲烷碳同位素的展布方向为由南向北变重与由东向西变重交替变化,这与煤层顶板标高由东、南、北三面向西降低并不吻合。从煤层气甲烷碳同位素反映出的煤层气的流向看,煤层气的流向也与煤层顶板标高的变化不一致。同时从煤层顶板标高反映出的构造位置关系分析,褶曲的分布与煤层气甲烷碳同位素的空间演化没有直接的关系。

与此同时,为了验证煤层气组分中甲烷碳同位素的展布方向的改变是否与煤储层本身渗透性及压裂施工所改造的裂缝有关,对煤层气组分中甲烷碳同位素的展布方向与煤储层压裂的预测缝长的关系进行了分析,如图 4.14 所示。

由甲烷碳同位素比值的演化可知,甲烷碳同位素的演化先由南向北变轻,然后由西南向东北变轻,再继续偏转为由西向东变重,然后继续偏转为由北向南变重,最终又偏转为由西向东变重;而煤储层压裂缝的主缝长表面为由中部向东西两侧降低,与任何时刻的煤层气甲烷碳同位素的演化均不一致,这表明煤层气甲烷同位素的演化与煤储层压裂主裂缝缝长没有直接相关性。

综上分析,认为气相流体化学场与煤层构造、压裂主裂缝的缝长没有直接联系,气相流体化学场的演化可能是由井网排采条件下的井间干扰所引起的。

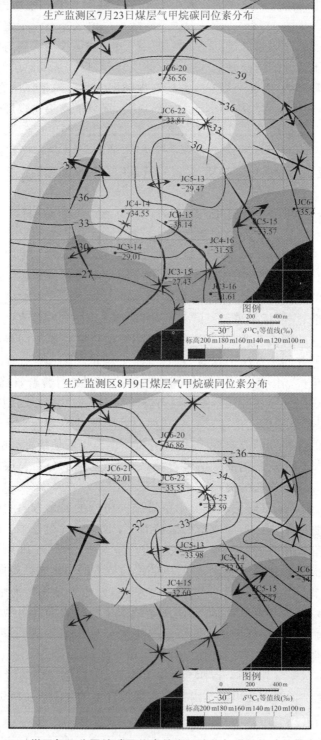

图 4.13　煤层气组分甲烷碳同位素的空间演化与煤层构造的叠合关系

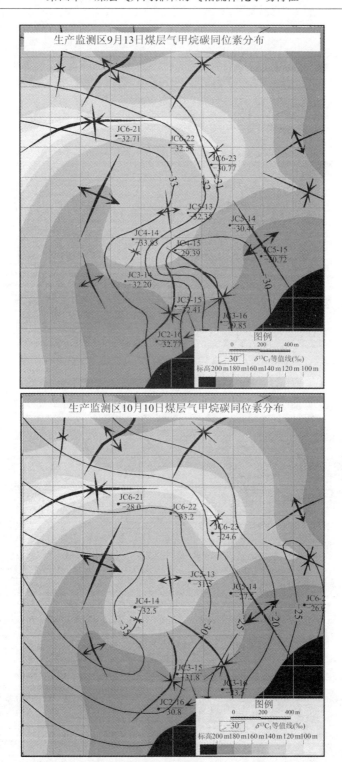

图 4.13　煤层气组分甲烷碳同位素的空间演化与煤层构造的叠合关系(续)

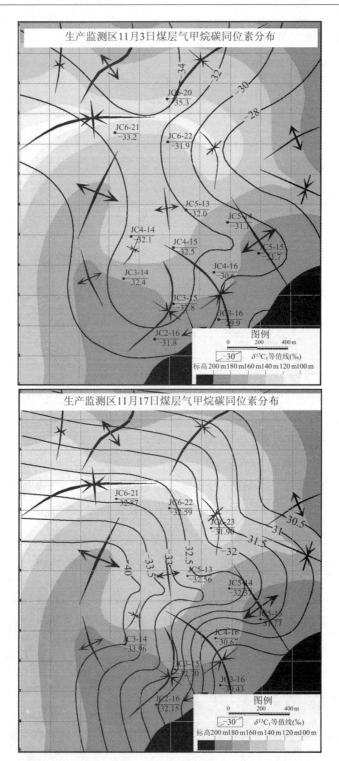

图 4.13　煤层气组分甲烷碳同位素的空间演化与煤层构造的叠合关系(续)

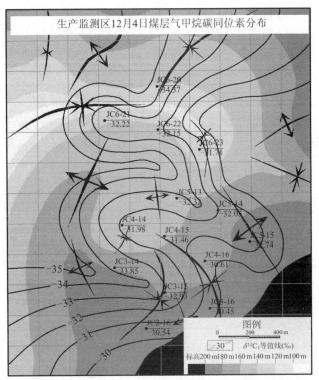

图 4.13 煤层气组分甲烷碳同位素的空间演化与煤层构造的叠合关系(续)

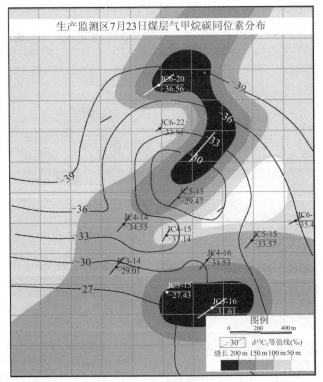

图 4.14 煤层气组分甲烷碳同位素的空间演化与煤储层压裂主裂缝缝长的叠合关系

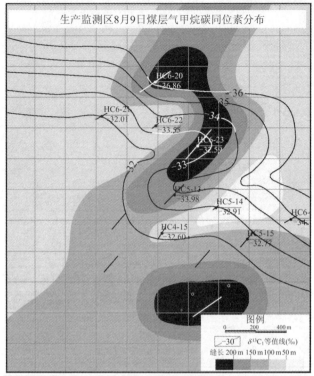

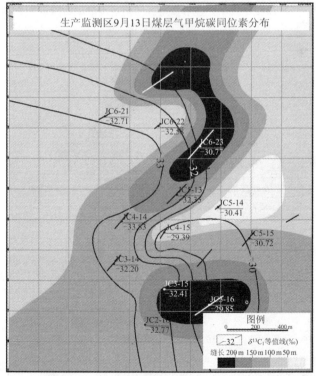

图 4.14　煤层气组分甲烷碳同位素的空间演化与煤储层压裂主裂缝缝长的叠合关系(续)

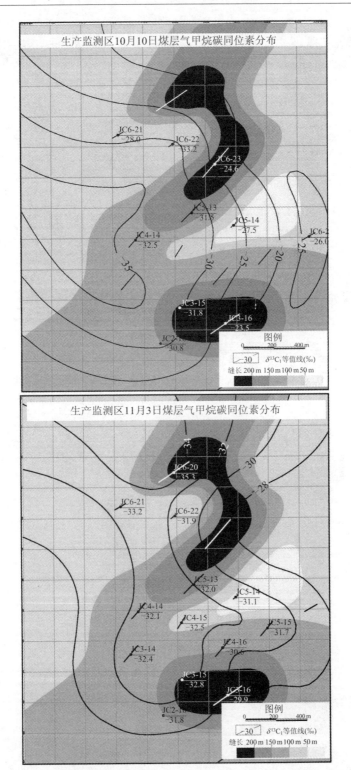

图 4.14　煤层气组分甲烷碳同位素的空间演化与煤储层压裂主裂缝缝长的叠合关系(续)

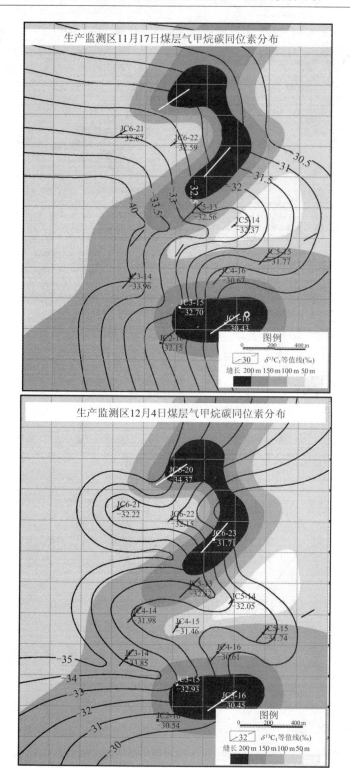

图 4.14   煤层气组分甲烷碳同位素的空间演化与煤储层压裂主裂缝缝长的叠合关系(续)

本 章 小 结

　　本章通过对沁南地区井网排采条件下的煤层气组分、稳定同位素组成、气相流体化学场的变化及演化特点、影响因素及气相流体中组分与稳定同位素空间演化关系的分析，讨论得到以下主要认识：

　　① 生产监测区排采煤层气组分变化整体呈波动性变化。其原因与煤层气组分分馏、排采速率、井网排采条件下井间干扰所处的阶段有关；排采气甲烷碳、氢同位素值总体经历了先变轻再变重后又变轻最后又变重的过程，过程呈现波动性，井网排采过程中煤层气因甲烷碳、氢同位素分馏作用、井间干扰等因素而发生分馏均导致甲烷碳、氢同位素组成发生周期性波动变化。

　　② 采样时段内煤层气甲烷组分的空间展布和二氧化碳组分的空间展布方向均多次改变，同一组分浓度差的缩小反映了煤层气井间干扰的影响，组分浓度的空间展布受局部煤层气产出组分浓度的影响，组分浓度的方向演化反映井网排采过程中井间干扰可能处于初期或井间干扰程度较弱。

　　③ 采样时段内煤层气甲烷碳、氢同位素的空间展布主要经历了南北向展布、南北方向向东西偏转的过程，碳、氢同位素比值的空间展布具有相似性，甲烷氢同位素的空间演化滞后于甲烷碳同位素；甲烷碳、氢同位素比值的空间展布同样受局部井产出甲烷碳、氢同位素比值的影响，碳、氢同位素比值差异缩小反映出井间干扰的影响，同位素的空间展布方向的多变性与井间干扰处于初期或干扰程度较弱有关。

　　④ 甲烷组分的空间演化与二氧化碳组分的空间演化的叠合分析揭示两者的展布及演化基本不同步，不同步的原因主要与排采过程中煤层气发生组分分馏及不均衡井间干扰期不稳定流场产生的气源补给的变化有关；煤层气甲烷碳、氢同位素的空间演化的叠合揭示了两者变化的一致性及甲烷氢同位素的空间演化滞后于甲烷碳同位素；甲烷组分的空间演化与甲烷碳同位素的空间演化的叠合分析表明两者演化并不完全同步，其主要与煤层气组分分馏及同位素分馏速度、井网排采条件气源的补给及地下水动力条件的改变有关。

　　⑤ 对生产监测区煤层气井排采的气相流体化学场与煤层构造、煤储层压裂缝的主缝长的关系的分析揭示了排采的流体化学场与煤层构造及压裂主裂缝的缝长没有直接的联系，进一步揭示了气相流体化学场方向的变化是由排采所形成的井间干扰所引起的。

第五章 煤层气井网排采的液相流体化学场特征

井网排采过程不仅引起煤层气组分及稳定同位素的分馏效应,同样也引起煤储层中液相流体中离子浓度及元素含量的改变,排采过程加速了离子及元素的溶解、运移、富集及散逸,使得离子和元素在空间上时刻进行重新分配,不同生产时刻煤层气井产出的地层水中的离子及元素的分布都在发生演变,而这些离子与元素的空间演变均与井网排采条件下形成的区域性流体场有关。因而,本章通过分析煤层气井网排采的液相流体化学场的空间演化,对煤层气井网排采井间干扰程度进行了判别。

第一节 煤层气井产出水的离子浓度变化特征

在测试的 12 种离子中,阴离子浓度最高的为 HCO_3^-,其次为 Cl^-,最低的为 NO_2^-(未检出);阳离子中,浓度最高的为 Na^+,其次为 K^+、Mg^{2+}、Ca^{2+} 以及 NH_4^+,最低的为 Fe^{3+} 及 Fe^{2+}(均未检出)。以下以生产监测井 JC3-14 排产地层水为例说明井网排采条件下产出地层水中能检测到的离子随时间的变化规律,如图 5.1 所示。

由图 5.1 可以看出:在监测期内,10 种主要离子浓度变化表现出先上升,再下降,后又上升,最后又下降的特点。虽然不同离子浓度的波动性变化在时间上不完全具有同步性,但整体表现出来的变化特点具有相似性。通过对煤层气井产出地层水中离子浓度变化特点的影响因素进行分析,认为:产出地层水中离子浓度变化主要受地层水的来源、离子和矿物性质影响(如方解石的溶解率远大于白云石,地层水中的 Ca^{2+} 的浓度远高于 Mg^{2+}),另一个重要的影响就是在井网排采条件下,区域性水源中的水质及地层水流动过程中地层水与煤系地层相互作用影响到生产监测区中煤层气井产出地层水中离子浓度的高低。

地层水来源证明:Cl^-、Br^-、Na^+ 等含量只受控于地层水的混合,而 SO_4^{2-}、HCO_3^-、K^+、Ca^{2+}、Mg^{2+}、Fe^{2+} 和 Li^+ 等的变化主要受水岩反应控制,因此,地层水

中上述离子的变化可以反映水岩作用的不同[25]。根据 Birklet 等的研究，地层水中 K^+ 的主要来源为钾长石和钾盐的溶解，伊利石化等作用则导致 K^+ 的消耗；Ca^{2+} 的变化主要与方解石、石膏等的溶解和沉淀有关；Fe^{2+} 和 Mg^{2+} 的转化主要与绿泥石、铁方解石（白云石化）以及白云石等含 Fe^{2+} 和 Mg^{2+} 矿物溶解和沉淀有关[26]。因而不同的水岩反应常形成不同的离子组合，同样也反映出地层水的来源及排采时水岩作用机制。

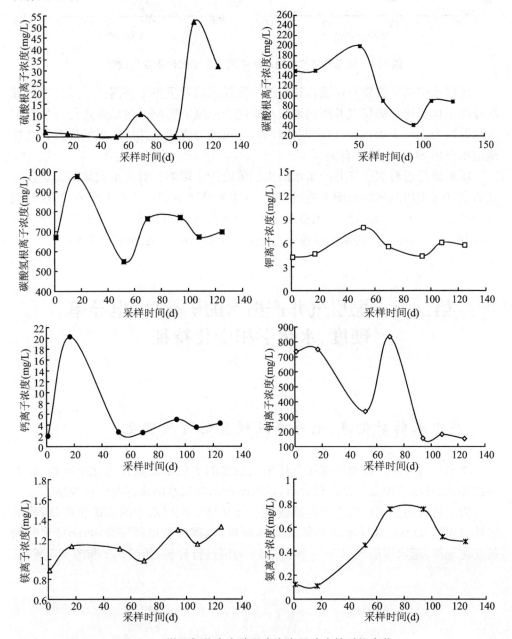

图 5.1　煤层气井产出地层水中离子浓度的时间变化

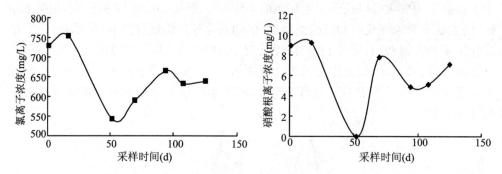

图5.1　煤层气井产出地层水中离子浓度的时间变化(续)

地层水中离子浓度整体变化特点的一致性也同样反映了井网排采条件下区域性井间干扰对每口煤层气井产出地层水中离子浓度的影响。对结果进行分析同时可以发现个别离子如 SO_4^{2-} 浓度变化较大,这可能与煤层气井所在煤储层及顶底板地层水产出 SO_4^{2-} 的浓度有关。

压裂液是否对煤层气井产出水的离子浓度产生影响?对沁水盆地南部樊庄区块煤层气井采用的压裂液配方进行分析,其主要采用 KCl+活性水配方,其设计用量一般在 6 000 m^3,而由产出地层水中 K^+ 和 Cl^- 浓度可以看出,其不在一个数量级,说明压裂液在生产初期已返排殆尽,因而不对产出水的性质产生影响。

第二节　煤层气井产出水的矿化度、电导率、硬度、水化学相变化特征

一、产出水的矿化度、电导率及硬度的时间变化

本书中拟对生产监测区煤层气排采地层水的水化学要素如水化学类型、总溶解固体、电导率及硬度分别进行分析,以判断产出地层水的来源及变化规律。

为了比较明显地反映生产监测区煤层气井排采地层水中的总矿化度(或称溶解性总固体 TDS)、地层水导电率、地层水硬度(以碳酸盐度硬度表示)随排采时间的变化规律,选取煤层气 JC3-14 和 JC3-15 为例进行分析,如图5.2 和图5.3 所示。

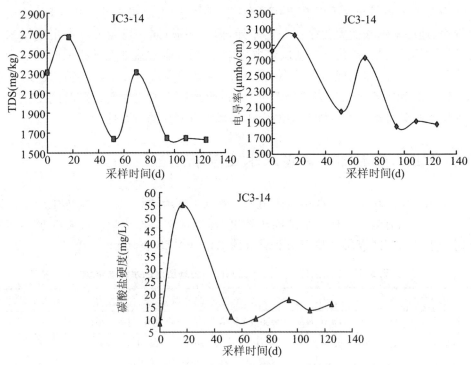

图 5.2　生产监测井 JC3-14 排采地层水化学要素随时间的变化

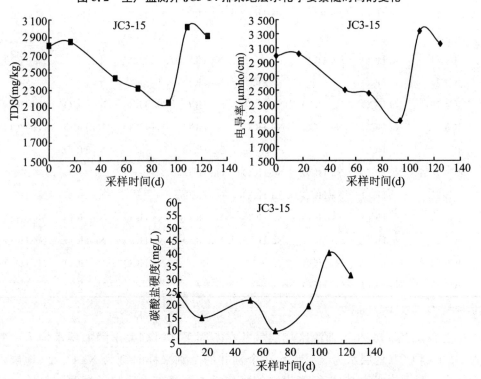

图 5.3　生产监测井 JC3-15 排采地层水化学要素随时间的变化

由图 5.2 和图 5.3 可以看出：不同煤层气井，产出地层水的总矿化度、地层水电导率、地层水碳酸盐硬度存在一定差异，但不明显；同一煤层气井产出地层水的总溶解固体的含量（矿化度）、地层水电导率、地层水碳酸盐硬度随排采时间的变化规律具有一致性，即表现为先升高、再下降，后又升高最后又下降的特点。对比图 5.1、图 5.2 和图 5.3 可以发现，煤层气井产出地层水的化学要素随时间变化特点与地层水中各种离子浓度随时间的变化也都具有明显的一致性。

二、产出水的水化学类型及水化学相

水化类型反映了岩—水相互作用和主要地下水流速和方向。根据生产监测区煤层气井不同时刻产出地层水的离子浓度，运用水文地球化学软件判断了不同采样时刻生产监测区煤层气井产出地层水的水化学类型（表 5.1）。

表 5.1　不同采样时刻生产监测区产出地层水的水化学类型

水化学类型 井号	采样时刻						
	2010-7-23	2010-8-9	2010-9-13	2010-10-10	2010-11-3	2010-11-17	2010-12-4
JC2-16	Na-HCO₃	Na-HCO₃	Na-HCO₃	Na-HCO₃	Na-HCO₃	—	—
JC3-14	Na-Cl	Na-Cl	Na-Cl	Na-Cl	Na-Cl	Na-Cl	Na-Cl
JC3-15	Na-HCO₃	Na-HCO₃	Na-HCO₃	Na-HCO₃	Na-HCO₃	Na-Cl	Na-Cl
JC3-16	Na-Cl	Na-Cl	Na-Cl	Na-Cl	—	—	—
JC4-14	Na-HCO₃	Na-HCO₃	—	Na-HCO₃	Na-HCO₃	—	Na-HCO₃
JC4-15	Na-HCO₃	—	Na-HCO₃	Na-HCO₃	—	—	—
JC4-16	Na-HCO₃	Na-HCO₃	Na-HCO₃	Na-HCO₃	Na-HCO₃	Na-HCO₃	Na-HCO₃
JC5-13	Na-HCO₃	Na-HCO₃	Na-HCO₃	Na-HCO₃	Na-HCO₃	Na-HCO₃	Na-HCO₃
JC5-14	Na-HCO₃	—	—	Na-HCO₃	—	Na-HCO₃	—
JC5-15	Na-HCO₃	Na-HCO₃	Na-HCO₃	Na-HCO₃	—	—	—
JC6-20	Na-HCO₃	Na-HCO₃	Na-HCO₃	Na-HCO₃	—	Na-HCO₃	—
JG6-21	Na-HCO₃	Na-HCO₃	Na-HCO₃	Na-HCO₃	Na-HCO₃	Na-HCO₃	Na-HCO₃
JC6-22	Na-HCO₃	Na-HCO₃	Na-HCO₃	Na-HCO₃	Na-HCO₃	Na-HCO₃	Na-HCO₃
JC6-23					Na-HCO₃	Na-HCO₃	Na-HCO₃
JC6-25	Na-HCO₃	Na-HCO₃				Na-HCO₃	Na-HCO₃

注：标"—"表示没有采到水样。

由表 5.1 可知：生产监测区煤层气井在不同采样时刻采出的地层水绝大多数为 Na-HCO₃ 型（地层水为煤层水），在个别井的个别采样时刻为 Na-Cl 型（地层水为砂岩水或泥岩水）。煤层气产出水的水化学类型基本上反映了水源的补给与排给情况,与地下水流体势的趋势一致。

依据文献资料[27-29],同时应用水文地球化学软件利用地层水中离子浓度资料绘制了生产监测区煤层气井不同采样时刻产出地层水的 Piper 图(三线图),用于判别煤层气井产出水的水化学相,如图 5.4 所示。

由图 5.4 可以得知:生产井 JC2-16 在不同采样时刻排出的地层水基本为煤层水(主要为煤层水,含部分砂岩水或泥岩水);生产井 JC3-14 在不同采样时刻产出的地层水为煤层水和砂岩水及泥岩水的混合水;生产井 JC3-15 在采样时段的前期产出的地层水主要为煤层水和砂岩水及泥岩水的混合水,在采样后期,主要产出砂岩水;生产井 JC3-16 在采样初始时刻产出的地层水主要为煤层水和砂岩水及泥岩水的混合水,在随后的采样时刻,主要产出砂岩水;生产井 JC4-14 和 JC4-15 在不同采样时刻排采的地层水都为煤层水;生产井 JC4-16 在不同采样时刻排采的地层水为接近煤层水的煤层水与砂岩水的混合水;生产井 JC5-13 在不同采样时刻排采的地层水均为煤层水;生产井 JC5-14 在不同时刻排采的地层水为接近煤层水的煤层水与砂岩水的混合水;生产井 JC5-15、JC6-20、JC6-21、JC6-22、JC6-23、JC6-25 在不同采样时刻排采的地层水为煤层水。

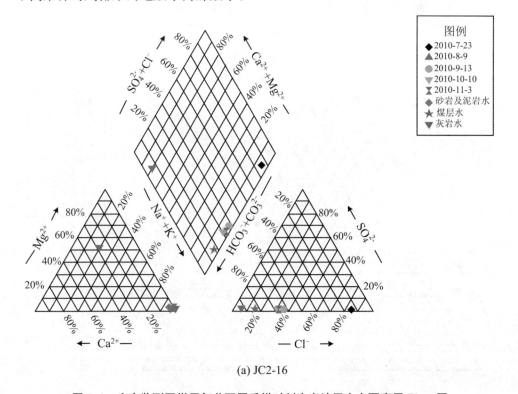

(a) JC2-16

图 5.4　生产监测区煤层气井不同采样时刻产出地层水主要离子 Piper 图

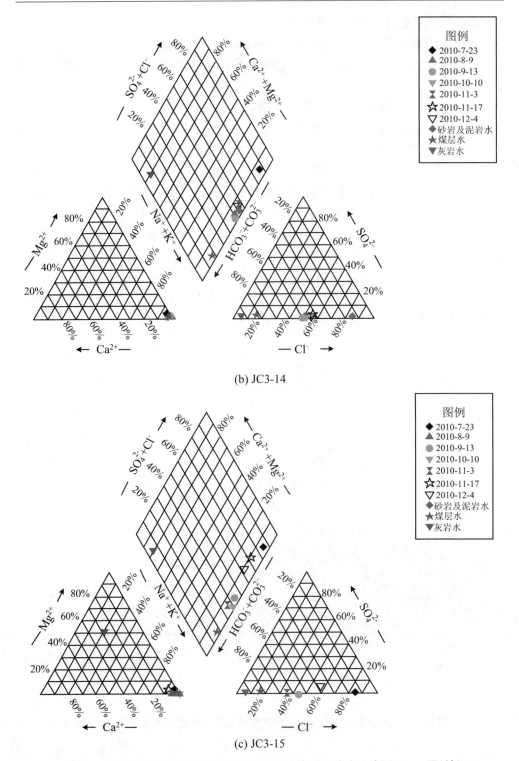

(b) JC3-14

(c) JC3-15

图 5.4　生产监测区煤层气井不同采样时刻产出地层水主要离子 Piper 图(续)

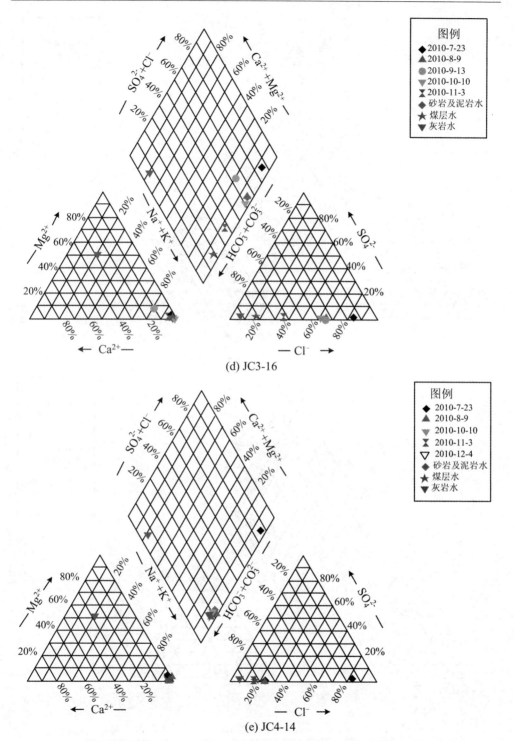

(d) JC3-16

(e) JC4-14

图 5.4　生产监测区煤层气井不同采样时刻产出地层水主要离子 Piper 图(续)

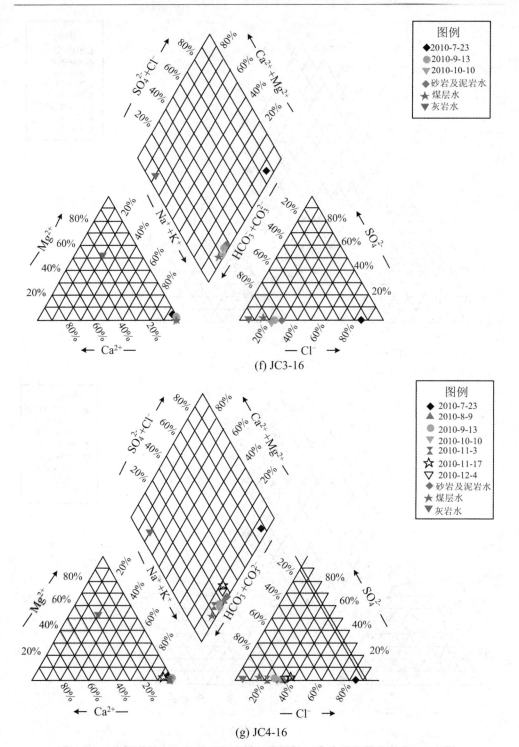

(f) JC3-16

(g) JC4-16

图 5.4　生产监测区煤层气井不同采样时刻产出地层水主要离子 Piper 图(续)

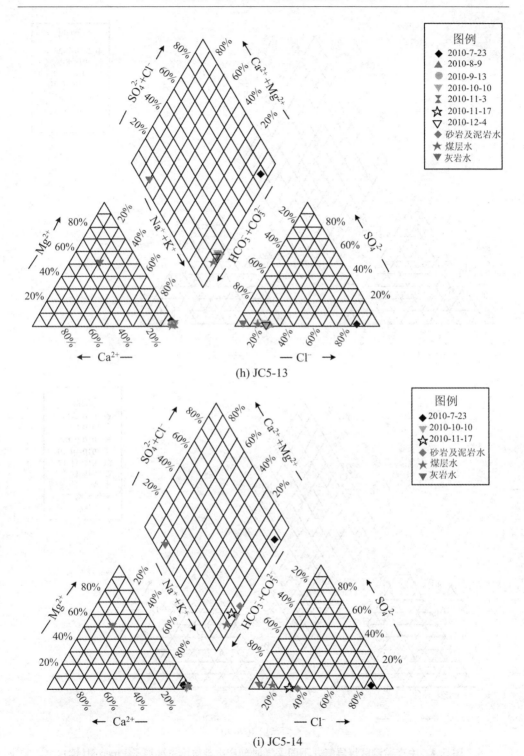

(h) JC5-13

(i) JC5-14

图 5.4 生产监测区煤层气井不同采样时刻产出地层水主要离子 Piper 图(续)

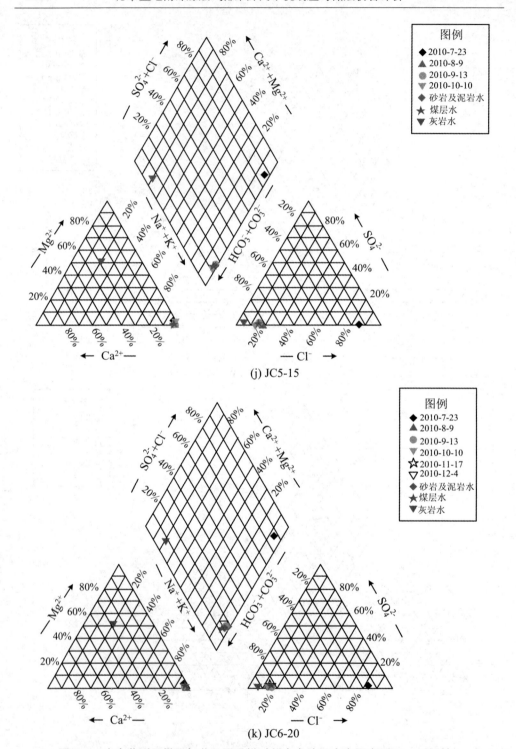

(j) JC5-15

(k) JC6-20

图 5.4　生产监测区煤层气井不同采样时刻产出地层水主要离子 Piper 图(续)

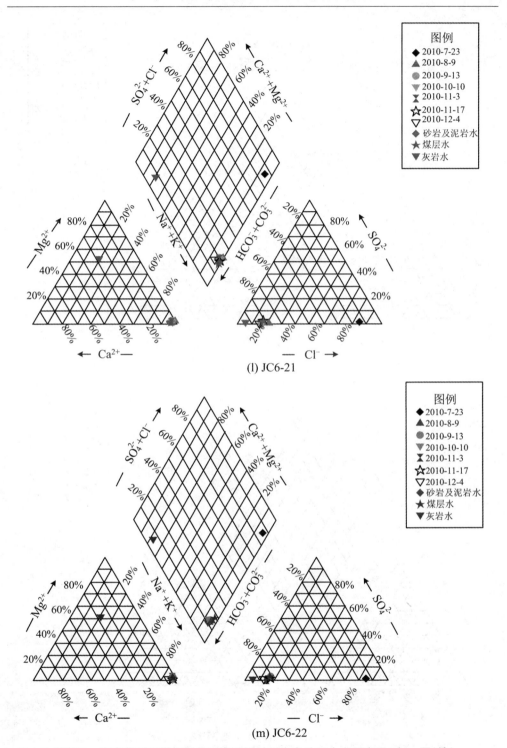

(l) JC6-21

(m) JC6-22

图 5.4 生产监测区煤层气井不同采样时刻产出地层水主要离子 Piper 图(续)

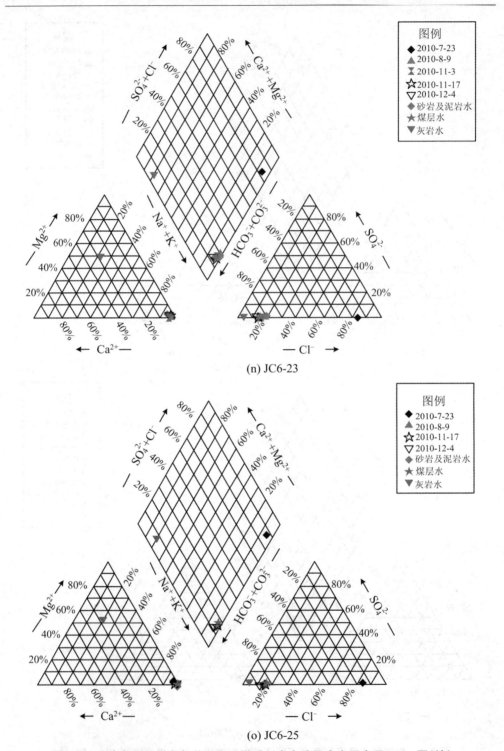

(n) JC6-23

(o) JC6-25

图 5.4　生产监测区煤层气井不同采样时刻产出地层水主要离子 Piper 图（续）

综上,生产监测区煤层气不同采样时刻产出地层水水化学类型及水化学相的变化一方面反映出在生产区地下水流体势作用下煤层气井地层水的主要来源为煤层水,另一方面也反映了区域内局部井之间存在水源的相互补给情况(如来自于JC3-14、JC3-15、JC3-16、JC4-16 的砂岩或泥岩水)。地层水化学类型及水化学相的变化,在一定程度上反映了生产区域内井网排采条件下不均衡井间干扰期不稳定流体场形成过程中流体流向的变化。

第三节　煤层气井产出水的元素地球化学特征

在测试的地层水中的 45 种元素中,元素含量差异很大,其中 Sr、Li、B、Ba、Fe在 100 ppb(100 μg/L)以上,而 Au、Ag、Be、Cd、Co、Cs、In、Se 及 La-Lu 系元素含量极微,均在 1 ppb(1 μg/L)以下。对地层水中元素含量测试精度而言,含量越低,测试存在的误差就越大,因而在研究排采地层水中元素含量变化规律时应尽量选取含量较高的元素进行分析。因此拟选取地层水中 10 种含量较高的元素分析,这 10种元素分别为 As、B、Ba、Cr、Ge、Mn、Pb、Ti、Sc、Sr。

根据选定的 10 种元素,以生产监测井 JC3-14 和 JC3-15 为例,分析井网排采条件下这些元素随时间的迁移变化规律,如图 5.5 和图 5.6 所示。

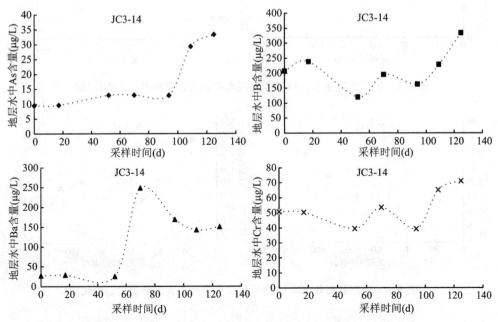

图 5.5　生产监测井 JC3-14 排采地层水中元素含量随时间的变化

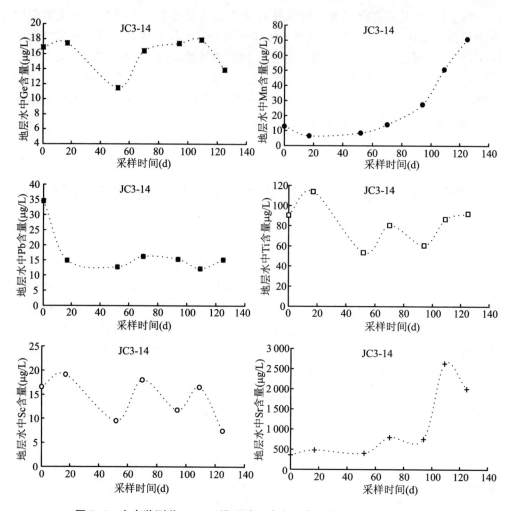

图 5.5　生产监测井 JC3-14 排采地层水中元素含量随时间的变化(续)

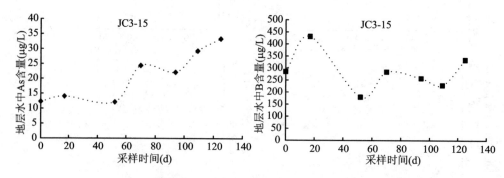

图 5.6　生产监测井 JC3-15 排采地层水中元素含量随时间的变化

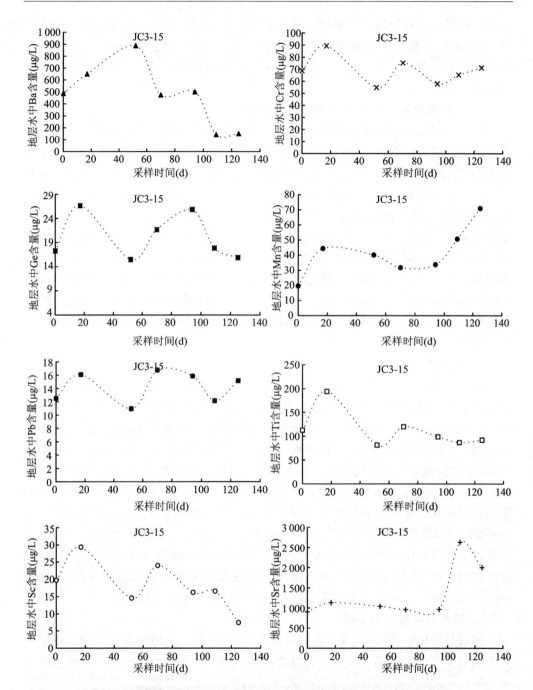

图 5.6　生产监测井 JC3-15 排采地层水中元素含量随时间的变化(续)

由图 5.5 和图 5.6 可知:生产监测区煤层气井产出地层水中的绝大部分元素(如 B、Ba、Cr、Ge、Pb、Ti、Sc)的含量经历了先上升后下降,后又上升再下降的多次反复的波动性变化过程;As 及 Mn 元素含量经历了持续上升的过程;Sr 经历了较长时间的缓慢上升到快速上升再下降的过程。同时,由图5.5和图5.6也可以看出:产出的地层水中绝大部分元素(Mn除外)含量的变化规律表现出一致性。针对生产监测区煤层气井产出地层水中元素含量变化的特点进行分析,研究认为原因可能为以下几个方面:

1. 排采强度及井网排采下井间干扰的影响

对于没有形成井间干扰的煤层气井,产出地层水的快慢在很大程度上受控于排采强度的高低(排水量的大小)。煤层气井的排水量越大,所产生水—岩相互作用越强,容易加速煤层及围岩顶底板中元素的溶解,导致在特定的时刻元素含量升高。对于井网排采条件下形成一定程度的井间干扰的煤层气井而言,在井网排采时,邻井甚至远井产出地层水中元素含量的高低常常对煤层气井产出地层水中元素的含量产生影响,此时在元素含量分布上常表现为某一时刻某口煤层气井产出地层水的某种元素含量升高,周围甚至整个区域的煤层气井产出地层水中的该元素的含量也升高,相反,如果出现某种元素含量下降程度很大,周围甚至远井产出的地层水中的该元素含量也下降。煤层气井产出地层水中元素含量的变化呈现出反复波动性变化特征正是井网排采条件下井间干扰所形成的流体场对地层水中元素含量变化影响的直接反映。

2. 物源的影响

煤层气井产出地层水中元素的含量在很大程度上取决于煤层及顶底板中该元素的溶出行为,煤层及顶底板中该元素的含量高低常常影响着产出地层水中该元素含量的高低。地层水中元素不仅来自于煤层中矿物中元素的溶出,围岩的淋滤作用同样也可以成为地层水大量元素的来源。在生产监测区煤层气井产出的地层水中,常常出现某口煤层气井产出的个别元素含量一直很高或很低,此即是元素来源对地层水中该元素影响的直接反映。物源对煤层气井产出地层水中元素含量的影响还表现在煤层及顶底板本身不同元素含量的差异导致产出地层水中元素含量的差异较大,即有些元素含量较高,而有些元素含量极微(如稀土元素)。如As主要赋存在黄铁矿中,而煤层顶底板黄铁矿含量相对较高,Cr主要赋存于煤层顶底板的伊利石中[30],因而来自于煤层顶板的地层水中这些元素含量相对较高,同样排采过程中这些元素的含量异常也能相对反映出地层水的来源。

3. 元素自身性质的影响

元素自身化学性质,尤其是它的活泼程度、存在形态及溶解度也影响了煤层气井产出地层水中元素随时间溶出的变化特点。对于活泼的元素,在较强的水动力条件下,在强烈的水—岩相互作用强度下溶出越快,元素含量也会在较短时间内上升到较高值,而不活泼的元素相对滞后溶出,同时在排水过程中的水—岩相互作用过程中所发生的矿物的溶解—沉淀、铁锰氧化物和氢氧化物等物质的吸附、有机质的携带(主要是胡敏酸)及黏土矿物等的离子交换都影响着排采产出水中元素的迁移及元素含量。因而有些元素会在较短的时间内含量上升到较高值,而有些元素会经历较长的时间才出现溶出峰值。

为了比较不同煤层气井产出地层水中元素含量受井网排采、物源及元素自身性质影响的程度,本书定义了溶出系数的概念,即在采样时刻内不同煤层气井产出地层水中某种元素含量的最大值与最小值的比值。计算生产监测区 15 口煤层气井产出地层水中 10 种元素的溶出系数,如表 5.2 所示。

表 5.2　生产监测区煤层气井产出地层水中元素溶出系数

井号	溶出系数									
	As	B	Ba	Cr	Ge	Mn	Pb	Ti	Sc	Sr
JC2-16	2.01	1.70	3.62	1.88	1.68	2.62	2.30	3.83	2.13	2.33
JC3-14	3.51	2.78	9.72	1.81	1.56	11.00	2.83	2.14	2.42	5.60
JC3-15	2.75	2.40	6.22	1.30	1.72	3.64	1.34	2.38	3.94	2.90
JC3-16	1.55	2.21	10.68	1.70	1.77	1.62	1.50	2.29	2.21	1.45
JC4-14	4.11	2.35	1.22	1.79	1.37	1.84	2.34	2.35	2.13	1.25
JC4-15	1.86	1.87	1.22	1.45	1.24	2.99	1.15	1.64	1.49	1.26
JC4-16	2.56	2.62	4.39	2.01	1.94	4.69	2.05	2.60	1.78	1.44
JC5-13	4.09	2.55	1.21	1.40	1.48	1.66	1.36	1.99	2.31	1.26
JC5-14	2.62	1.26	2.09	1.53	1.76	3.29	1.35	1.47	2.37	1.51
JC5-15	3.11	2.01	1.25	1.43	1.46	2.07	2.65	2.22	2.02	1.32
JC6-20	10.96	1.46	1.33	1.58	1.61	1.60	1.38	2.36	2.20	1.28
JG6-21	6.59	2.15	1.90	1.53	1.38	1.81	2.69	1.95	1.83	1.34
JC6-22	5.26	2.26	1.73	1.81	1.80	1.91	3.42	2.40	2.33	1.37
JC6-23	3.61	1.55	1.46	1.39	1.41	1.36	3.30	1.78	2.11	1.30
JC6-25	3.59	1.48	1.20	1.15	1.19	1.57	2.56	1.29	1.74	1.20

煤层气井排采地层水中元素溶出系数的差异在一定程度上能够反映出该元素溶出速率的快慢及受排采强度的控制作用。由表 5.2 可以看出:同一煤层气排采地层水中的不同元素溶出系数不同,不同煤层气井排采地层水中的同一元素的溶出系数亦不同。由表 5.2 同时也可以看出,在选定的 10 种元素中,As、Ba、Mn、Sr溶出系数较大。生产监测区 15 口煤层气井中产出地层水中 As 元素溶出系数较高的生产井有 JC6-20、JC6-21、JC6-22;煤层气井产出地层水中 Ba 元素溶出系数较高的生产井有 JC3-14、JC3-15、JC3-16、JC4-16;煤层气井产出地层水中 Mn 元素溶出系数较高的生产井有 JC3-14、JC4-16;煤层气井产出地层水中 Sr 元素溶出系数较高的生产井有 JC2-16、JC3-14、JC3-15。煤层气井排采时产出的地层水中元素含量差异较大,可能与受排采及井网排采形成的区域性的流体场的影响较为显著有关。

由表 5.2 也可以得知,不同煤层气井产出地层水中其他元素溶出系数差异不大,说明不同煤层气井产出地层水中元素含量受区域性流体场影响,从而有逐渐缩小差异的趋势。

第四节　煤层气液相流体化学场及其演化

一、煤层气井产出水中离子的空间演化

根据所采水样测试的离子种类及浓度,剔除了未检出离子及浓度极低离子(如 NO_2^- 和 SO_4^{2-}),利用不同采样时刻的离子浓度数据绘制等值线图,得到不同离子的浓度在不同生产时刻的空间展布图(图 5.7～图 5.15)。

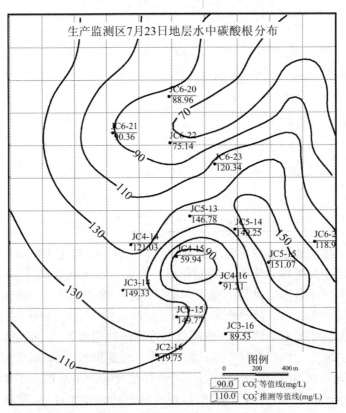

图 5.7　不同采样时刻生产监测区地层水中碳酸根的空间演化

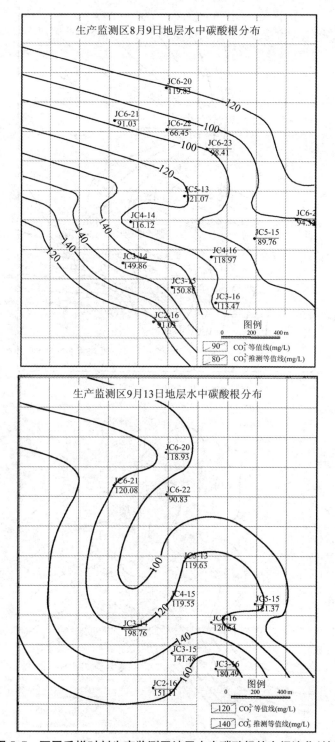

图 5.7　不同采样时刻生产监测区地层水中碳酸根的空间演化(续)

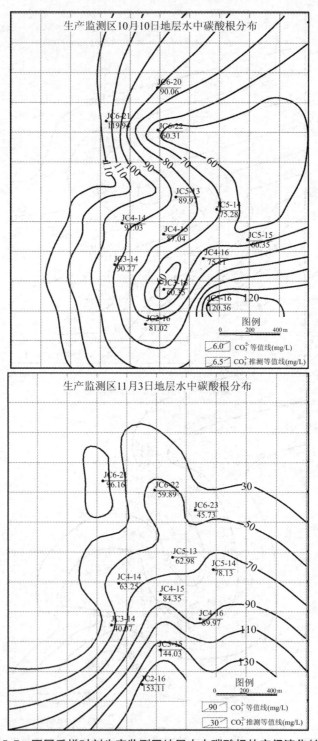

图 5.7　不同采样时刻生产监测区地层水中碳酸根的空间演化(续)

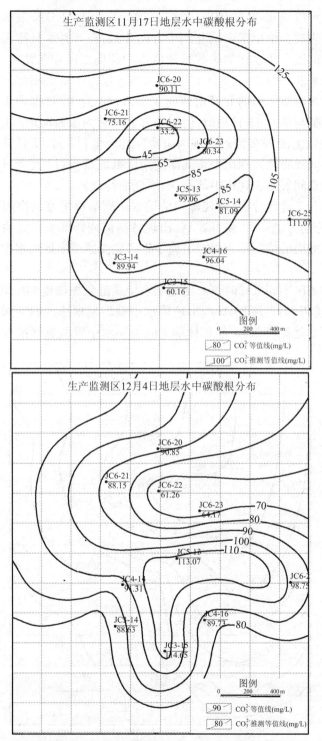

图 5.7 不同采样时刻生产监测区地层水中碳酸根的空间演化(续)

由图 5.7 可以得知:在初始采样时刻 2010 年 7 月 23 日排采的地层水中碳酸根的空间展布表现为由中部向南北两个方向降低;在 8 月 9 日排采的地层水中碳酸根浓度的空间展布仍表现为碳酸根浓度由中部向西南和东北两个方向递减,但方向略偏转为东北—西南向;9 月 13 日排采的地层水中碳酸根浓度的空间展布特征表现为碳酸根浓度由南向北及由西向东递减;10 月 10 日排采水中碳酸根浓度的空间展布特征与 9 月 13 日相似,但展布方向偏转为由西向东;11 月 3 日排采地层水中碳酸根浓度的展布特点表现为由南向北降低;11 月 17 日排采地层水中碳酸根浓度的空间展布则表现出由东北向西南降低的特点;12 月 4 日排采地层水中碳酸根浓度的空间展布表现出中部高、四周低的特点。

通过对图 5.7 进行分析,发现影响地层水中碳酸根浓度的空间展布方向的有两口排采井,分别为 JC6-22 和 JC3-16(出现特高值或特低值),这两口生产井产出的地层水中碳酸根的浓度极大影响了整个生产监测区产出地层水中碳酸根浓度的展布与演化。

对生产监测区不同采样时刻产出地层水中碳酸氢根浓度的空间演化(图 5.8)进行分析,不难得知:7 月 23 日产出地层水中碳酸氢根浓度的空间展布特征表现为由东南向西北逐渐降低;8 月 9 日排采的地层水中碳酸氢根浓度的空间展布表

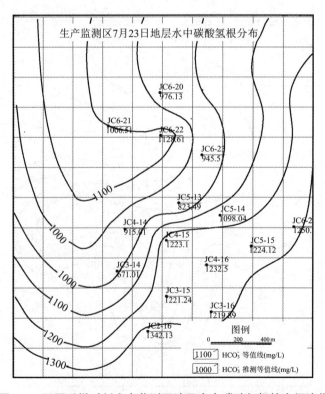

图 5.8　不同采样时刻生产监测区地层水中碳酸氢根的空间演化

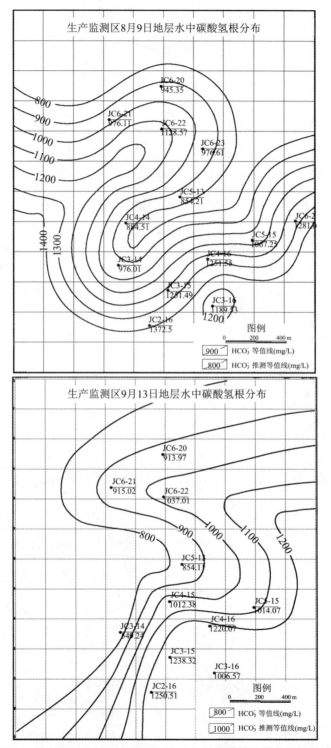

图 5.8 不同采样时刻生产监测区地层水中碳酸氢根的空间演化(续)

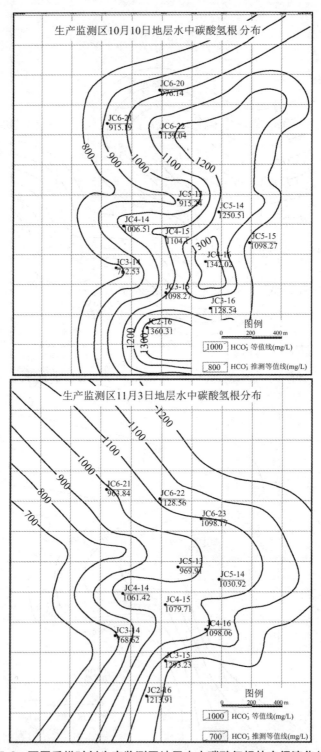

图5.8 不同采样时刻生产监测区地层水中碳酸氢根的空间演化(续)

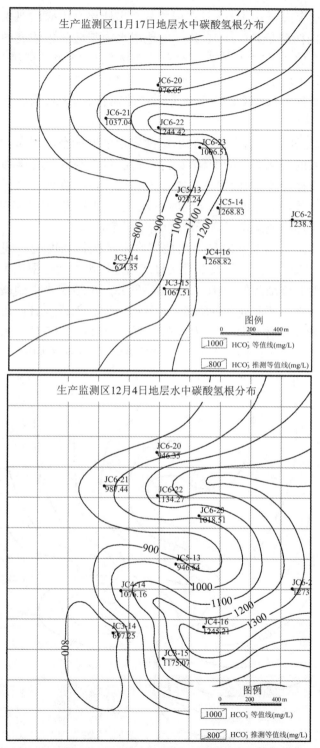

图 5.8　不同采样时刻生产监测区地层水中碳酸氢根的空间演化(续)

现为由南向北逐渐降低；9 月 13 日煤层气井产出地层水中碳酸氢根浓度的空间展布偏转为由东向西降低；10 月 10 日产出地层水中碳酸氢根浓度的空间展布整体仍然表现为由东向西递减，但在东部存在局部异常区；11 月 3 日和 11 月 17 日产出地层水碳酸氢根浓度的空间展布表现出由东向西降低的特点；12 月 4 日煤层气井产出地层水中碳酸氢根浓度的空间展布方向略有偏转，表现为由东向西以及由南向北逐渐降低。

　　对比图 4.8、图 4.7 和图 5.8 可知，碳酸氢根浓度的空间展布方向的变化与煤层气稳定同位素的演化方向的变化具有一致性，可能与二氧化碳参与煤层气井网排采的地层水流动有关，因而更能反映出液相流体场的变化。分析不同采样时刻产出地层水中碳酸氢根浓度的演化同时发现，个别生产井（如 JC6-22）的碳酸氢根浓度的大小直接影响或决定了离子浓度的空间展布。

　　对生产监测区不同采样时刻产出地层水中硝酸根浓度的空间展布进行分析（图 5.9），不难得知：7 月 23 日及 8 月 9 日产出地层水中硝酸根浓度的展布特征表现为由东南向西北逐渐降低；9 月 13 日煤层气井产出地层水中硝酸根浓度的空间展布表现为沿东南—西北向两侧降低；10 月 10 日及 11 月 3 日产出地层水中硝酸根浓度的空间展布整体仍然表现为由东向西递减；11 月 17 日产出地层水中的硝酸根浓度的空间展布主体仍表现为由东向西递减，但展布方向略有偏转，局部偏转

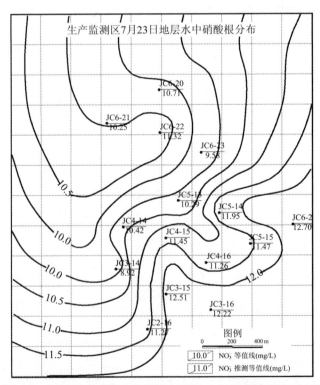

图 5.9　不同采样时刻生产监测区地层水中硝酸根的空间演化

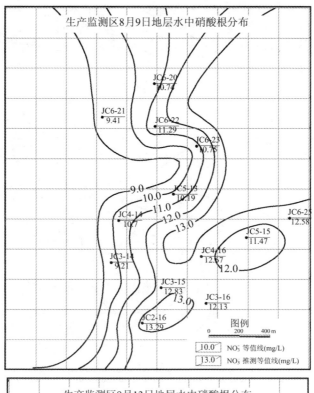

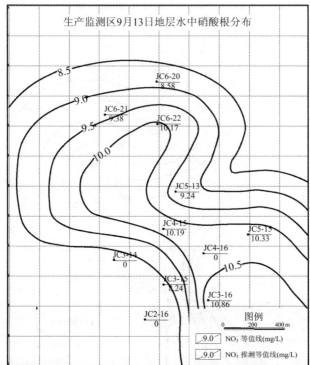

图5.9　不同采样时刻生产监测区地层水中硝酸根的空间演化(续)

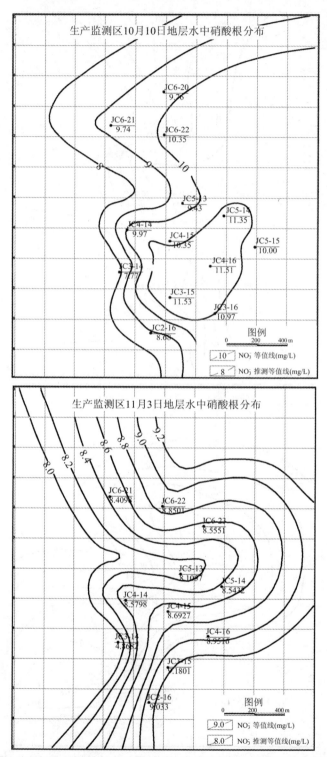

图 5.9 不同采样时刻生产监测区地层水中硝酸根的空间演化(续)

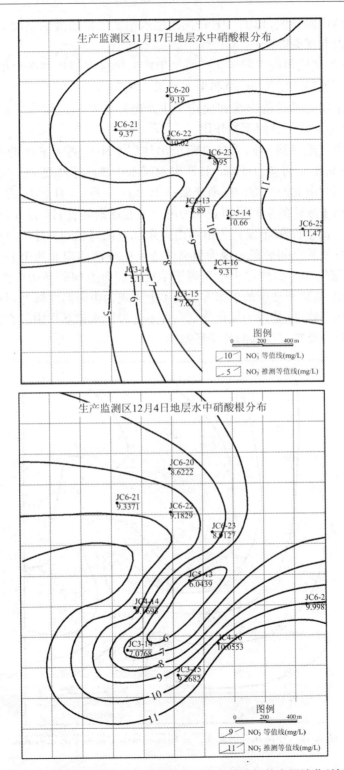

图 5.9　不同采样时刻生产监测区地层水中硝酸根的空间演化(续)

为由东北—西南向降低;12月4日产出地层水中硝酸根浓度的空间展布方向偏转为由东南向西北逐渐降低。

与此同时,硝酸根的空间演化反映了生产监测区煤层气井产出地层水中硝酸根浓度受南部地层水的影响,局部生产井采出地层水(如 JC6-22、JC3-14、JC3-16)中的硝酸根浓度的异常值影响和决定了生产监测区产出地层水中硝酸根演化方向,一定程度地反映了井间干扰作用。

通过对生产监测区不同采样时刻产出地层水中氯离子浓度的空间演化(图5.10)进行分析不难得知:7月23日产出地层水中氯离子浓度的空间展布特征表现为由中南部向南北两个方向逐渐降低;8月9日、9月13日及10月10日排采的地层水中氯离子浓度的空间展布表现为由南向北逐渐降低;11月3日产出地层水中氯离子浓度的空间展布偏转为由西南向东北方向降低;11月17日排采的地层水中氯离子浓度的空间展布表现为氯离子浓度由中部向南北两个方向逐渐升高;12月4日煤层气井产出地层水中氯离子浓度的展布方向偏转为由南向北逐渐降低。由此可知,氯离子浓度的展布方向基本上表现为由南向北降低,与地下水流体势的展布方向一致,这是因为氯化物是一种不受岩—水相互作用的稳定化学物质,其综合流动路径反映了淡水的补给形态。

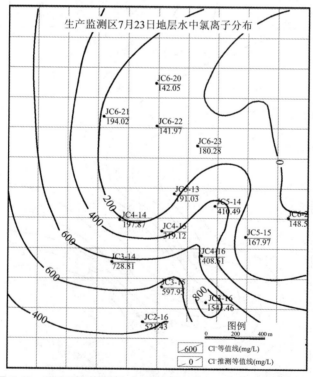

图5.10　不同采样时刻生产监测区地层水中氯离子的空间演化

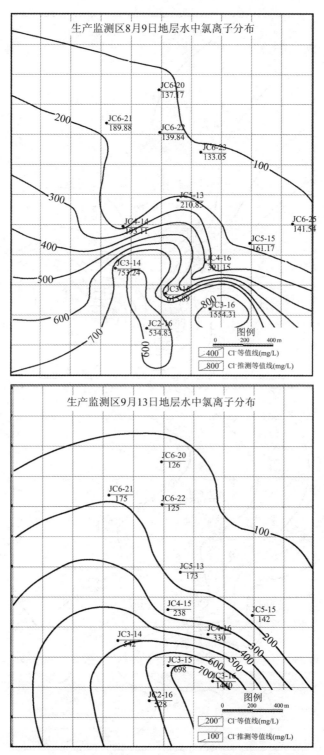

图 5.10 不同采样时刻生产监测区地层水中氯离子的空间演化(续)

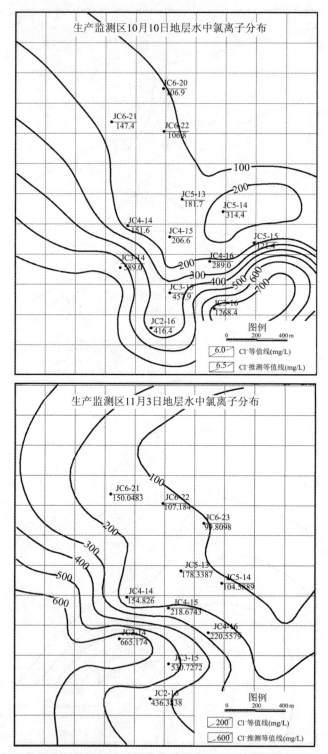

图 5.10　不同采样时刻生产监测区地层水中氯离子的空间演化(续)

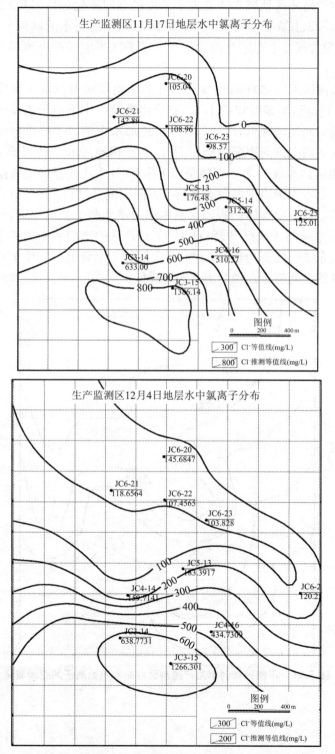

图 5.10　不同采样时刻生产监测区地层水中氯离子的空间演化(续)

　　同样由生产监测区地层水中氯离子浓度的空间演化分析可知,部分煤层气井如 JC6-22、JC6-23、JC3-14、JC3-16 及 JC2-16 等产出地层水的氯离子浓度异常(偏高或偏低)在很大程度上影响和改变了生产监测区煤层气产出地层水中氯离子的展布及演化方向。

　　对生产监测区不同采样时刻煤层气井产出地层水中钠离子浓度的空间演化(图 5.11)进行分析,不难得知:7 月 23 日产出地层水中钠离子浓度的空间展布特征表现为由南向北逐渐降低;8 月 9 日产出地层水中钠离子浓度的空间展布特征表现为由东北向西南方向逐渐降低;9 月 13 日产出地层水中钠离子浓度的空间展布倒转为由西南向东北方向逐渐降低;10 月 10 日生产井排采的地层水中钠离子浓度的空间展布表现为由中部向南北两个方向逐渐升高;11 月 3 日产出地层水中钠离子浓度的展布方向整体仍表现为由中部向南北两个方向逐渐升高,但同时也表现为由西向东钠离子浓度升高;11 月 17 日排采的地层水中钠离子浓度的空间展布表现为以东北—西南为轴线,由中部向两侧逐渐降低;12 月 4 日产出地层水中钠离子浓度的空间展布表现为由西向东降低。

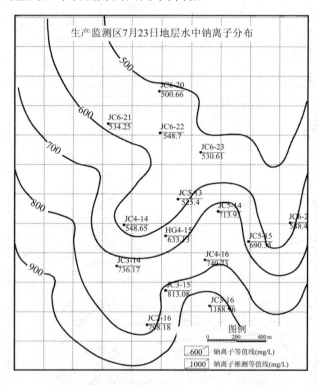

图 5.11　不同采样时刻生产监测区地层水中钠离子的空间演化

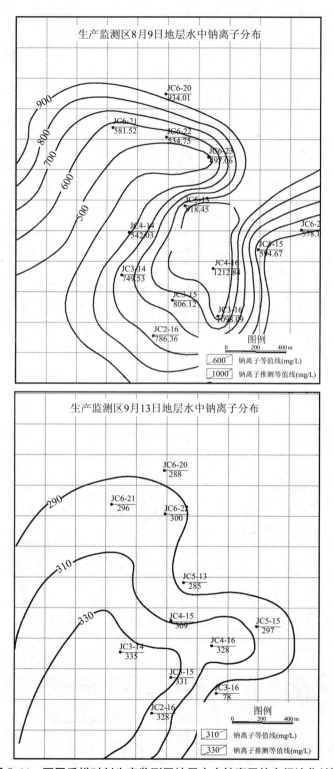

图 5.11 不同采样时刻生产监测区地层水中钠离子的空间演化(续)

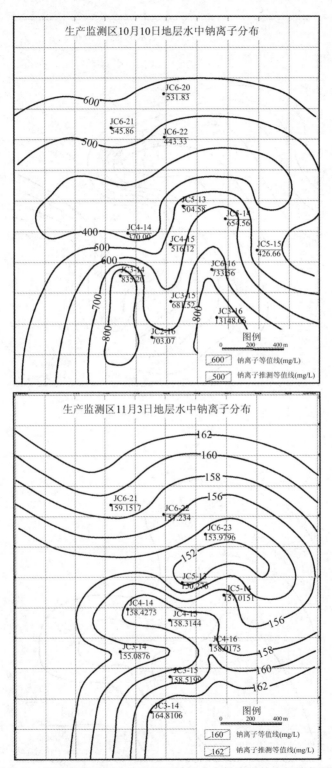

图 5.11   不同采样时刻生产监测区地层水中钠离子的空间演化(续)

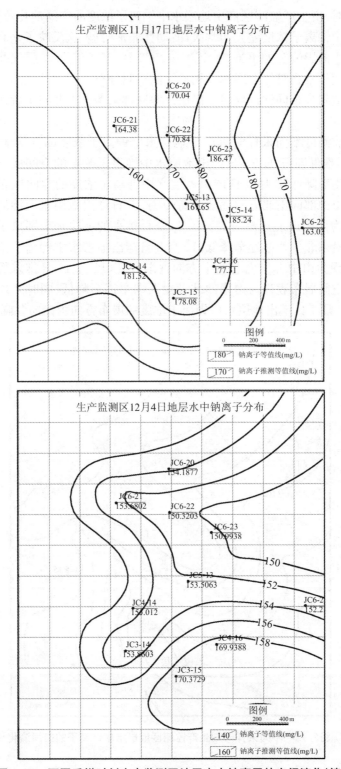

图 5.11　不同采样时刻生产监测区地层水中钠离子的空间演化(续)

与此同时,由生产监测区产出地层水中钠离子浓度的空间演化可知,煤层气井产出地层水中钠离子浓度差异非常大,波动性非常明显,这反映了来自个别煤层气井产出地层水的影响。如 JC6-20、JC3-16、JC2-16、JC3-15 等煤层气井产出地层水中钠离子浓度异常在整体上影响了钠离子的空间分布。局部井钠离子浓度异常影响钠离子的空间分布同样也反映了煤层气井网排采条件下井间干扰对产出水质的影响。

对生产监测区不同采样时刻产出地层水中钾离子浓度的空间演化(图5.12)进行分析,不难得知:7月23日产出地层水中钾离子浓度的空间展布特征表现为由西南向北逐渐降低;8月9日产出地层水中钾离子浓度的空间展布特征表现为钾离子浓度由中部向南北方向逐渐升高;9月13日产出地层水中钾离子浓度的空间展布倒转为由南向北逐渐升高;10月10日排采的地层水中钾离子浓度的空间展布表现为沿东北—西南逐渐降低;11月3日产出地层水中钾离子浓度的展布方向整体仍表现为由中部向南北两个方向逐渐升高;11月17日排采的地层水中钾离子浓度的空间展布表现为由南向北及由西向东逐渐降低,同时表现为由西向东逐渐降低;12月4日产出地层水中钾离子浓度的展布方向由南向北降低。

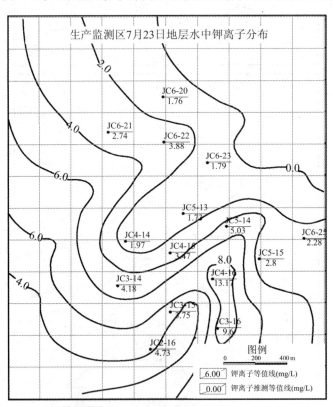

图5.12 不同采样时刻生产监测区地层水中钾离子的空间演化

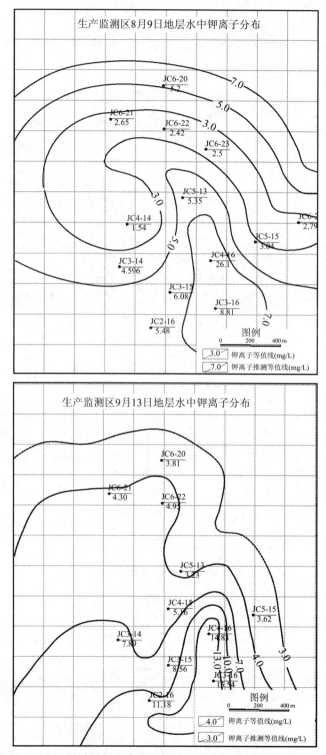

图 5.12 不同采样时刻生产监测区地层水中钾离子的空间演化(续)

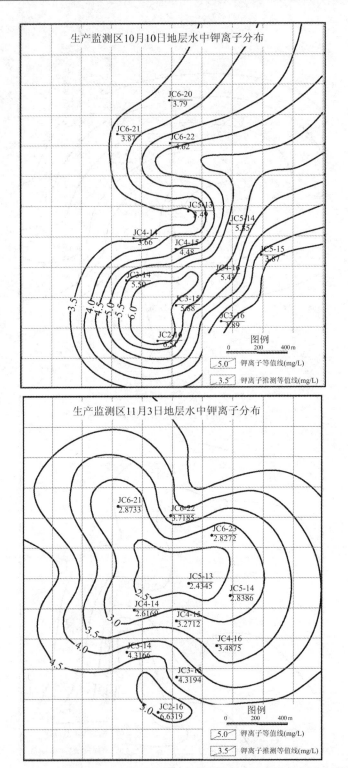

图 5.12　不同采样时刻生产监测区地层水中钾离子的空间演化（续）

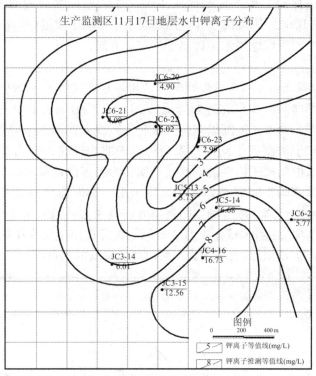

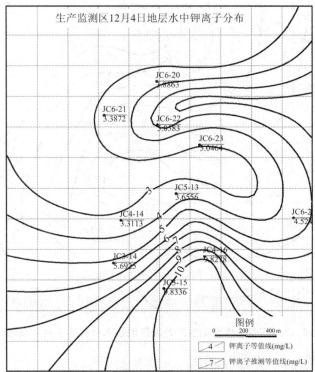

图 5.12 不同采样时刻生产监测区地层水中钾离子的空间演化(续)

分析不同采样时刻生产监测区水中钾离子的空间演化同时发现,部分井如 JC3-16、JC3-15、JC6-23 等煤层气井产出地层水中钾离子浓度(偏高或偏低)影响和决定了整个生产监测区地层水中钾离子的演化方向。

对生产监测区不同采样时刻产出地层水中钙离子浓度的空间演化(图 5.13)进行分析,不难得知:7 月 23 日煤层气井产出地层水中钙离子浓度的空间展布特征表现为由中部向西南和东北逐渐降低;8 月 9 日产出地层水中钙离子浓度的空间展布特征表现为钙离子浓度以东南—西北为轴线向四周逐渐降低;9 月 13 日产出地层水中钙离子浓度的空间展布表现为以南北为轴线由南向北降低;10 月 10 日排采的地层水中钙离子浓度的空间展布偏转为由东向西降低;11 月 3 日产出地层水中钙离子浓度的空间展布整体仍表现出由中部向南北升高的特点;11 月 17 日排采的地层水中钙离子浓度的空间展布方向表现为略偏为东南—西北向,展布整体表现为由南向北逐渐降低;12 月 4 日煤层气井产出地层水中钙离子浓度的空间展布与 11 月 17 日相似,表现出由东南向西北降低的特点。

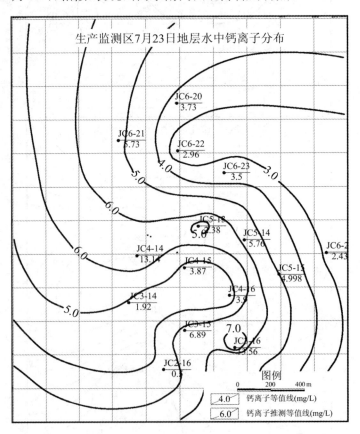

图 5.13 不同采样时刻生产监测区地层水中钙离子的空间演化

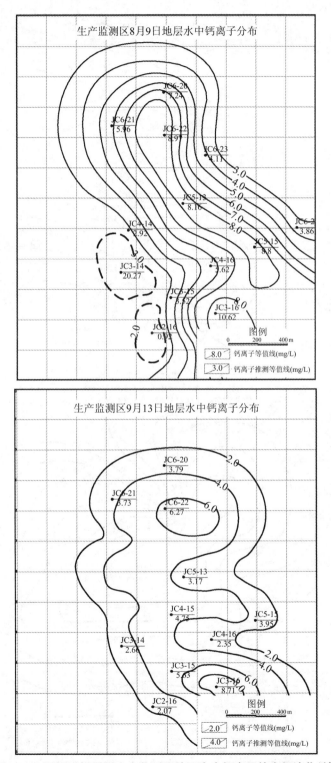

图 5.13　不同采样时刻生产监测区地层水中钙离子的空间演化(续)

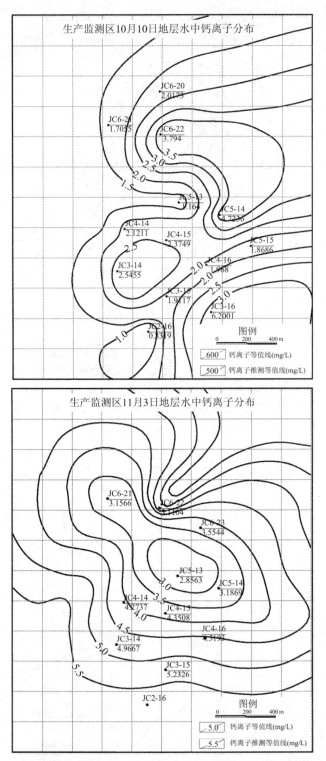

图 5.13   不同采样时刻生产监测区地层水中钙离子的空间演化(续)

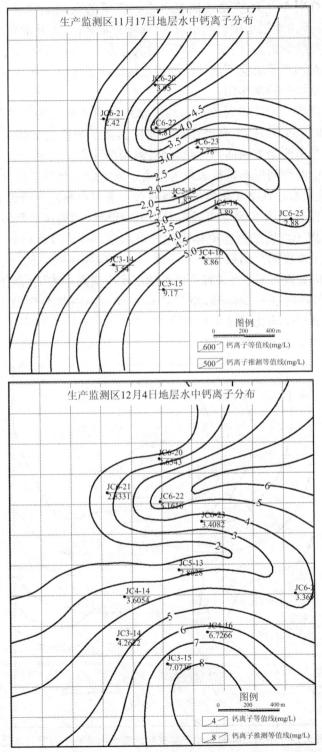

图 5.13　不同采样时刻生产监测区地层水中钙离子的空间演化(续)

　　由不同采样时刻生产监测区地层水中钙离子的空间演化分析可知,生产井 JC6-22,JC3-16 产出地层水中钙离子浓度(前者异常低,后者异常高)极大程度上影响了钙离子等值线的展布,决定了钙离子的演化方向。与此同时,产出地层水中的钙离子异常值对钙离子的空间演化的影响直接反映了煤层气井网排采条件下井间干扰对整个化学场的控制作用。

　　对生产监测区不同采样时刻产出地层水中镁离子浓度的空间演化(图 5.14)进行分析,不难得知:7 月 23 日产出地层水中镁离子浓度的空间展布特征总体表现为由东北及东南两个方向向西逐渐降低,但局部存在异常区;8 月 9 日产出地层水中镁离子浓度的空间展布特征表现为镁离子浓度由南北两个方向向中部降低;9月 13 日产出地层水中镁离子浓度的空间展布表现为由东向西降低;10 月 10 日排采的地层水中镁离子浓度的空间展布表现出中部低、四周高的特点;11 月 3 日产出地层水中镁离子浓度的展布整体表现为由东向西逐渐降低;11 月 17 日排采的地层水中镁离子浓度的空间展布整体表现为由东向西逐渐降低,但空间展布在南部偏转为由南向北降低;12 月 4 日产出的地层水中镁离子浓度的空间展布与 11 月 17 号类似,展布方向进一步偏转,空间展布表现为由南北两侧向中部逐渐降低。由镁离子浓度的空间演化同时可知:JC6-22、JC3-15、JC3-16、JC5-13 等煤层气井产出地层水中镁离子浓度(偏高或偏低)直接影响了镁离子浓度的展布及演化。

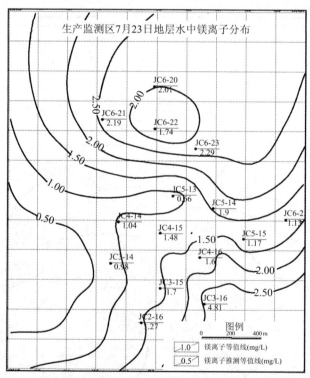

图 5.14　不同采样时刻生产监测区地层水中镁离子的空间演化

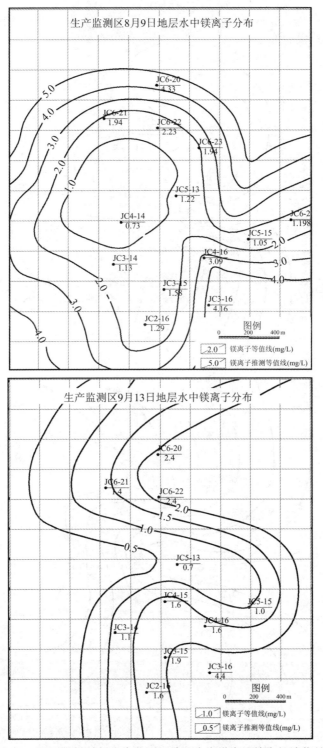

图 5.14　不同采样时刻生产监测区地层水中镁离子的空间演化(续)

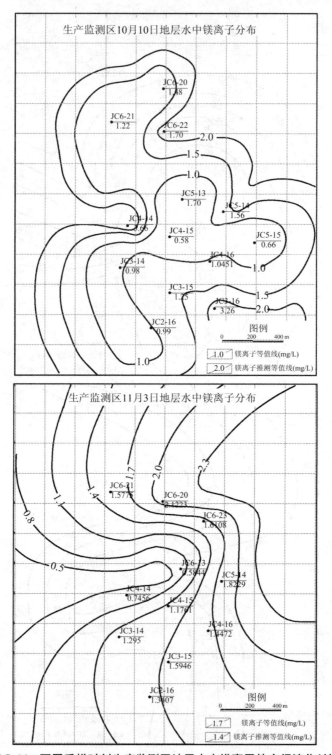

图 5.14　不同采样时刻生产监测区地层水中镁离子的空间演化（续）

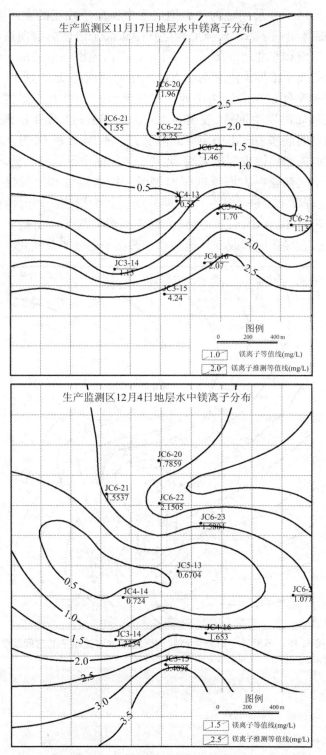

图 5.14　不同采样时刻生产监测区地层水中镁离子的空间演化(续)

　　对生产监测区不同采样时刻产出地层水中铵离子浓度的空间演化(图 5.15)进行分析,不难得知:7 月 23 日产出地层水中铵离子浓度的空间展布特征总体表现为由中部向西南和东北逐渐降低;8 月 9 日产出地层水中铵离子浓度的空间展布特征表现为铵离子浓度由南北两个方向向中部逐渐降低;9 月 13 日产出地层水中铵离子浓度的空间展布表现为由西向东降低;10 月 10 日排采的地层水中铵离子浓度在空间展布时发生倒转,表现为由东向西降低;11 月 3 日排采的地层水中铵离子浓度的空间展布表现出由南向北降低;11 月 17 日和 12 月 4 日产出地层水中铵离子浓度的展布整体表现出向南、北两个方向向中部逐渐降低。

　　铵离子的空间演化一方面反映了监测区不同煤层气井排采强度所带来的差异,另外在一定程度上反映了煤层气井网井间干扰的影响。同时由铵离子的空间演化进一步分析可知:JC2-16、JC3-15、JC3-16 等煤层气井产出地层水中铵离子浓度(偏高或偏低)直接影响和改变了地层水中铵离子的分布及演化。

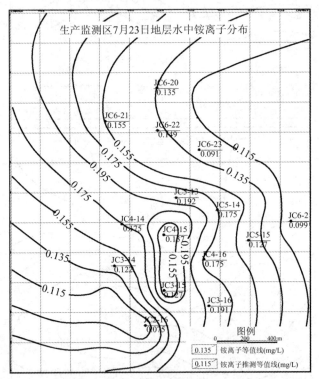

图 5.15　不同采样时刻生产监测区地层水中铵离子的空间演化

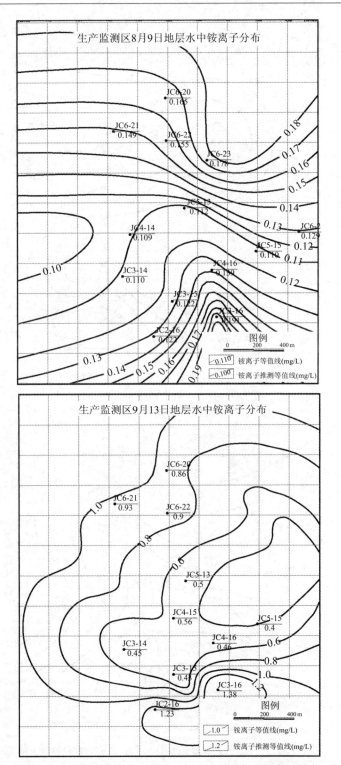

图 5.15　不同采样时刻生产监测区地层水中铵离子的空间演化(续)

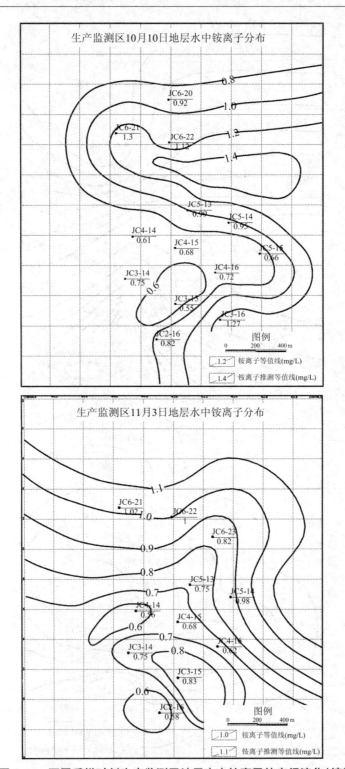

图 5.15　不同采样时刻生产监测区地层水中铵离子的空间演化（续）

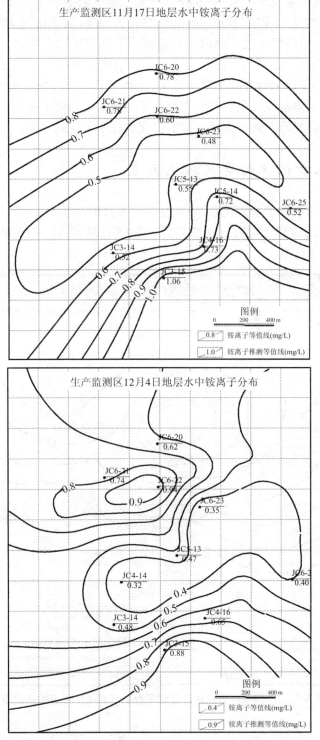

图 5.15 不同采样时刻生产监测区地层水中铵离子的空间演化(续)

综上,通过对采出地层水中 10 种主要离子浓度的空间演化分析,可以发现其具有比较一致的规律,即离子的空间演化整体表现为:先由南向北降低,然后表现为东西向降低,最后再表现为由南向北递减。个别离子的空化演化表现出既受局部排采井所产地层水的影响(往往形成异常高值或异常低值),又在整体上受整体井网的影响,即受排采时井间干扰的影响,从而表现出离子演化的统一变化趋势。离子演化方向的多变性在很大程度上反映了井间干扰程度的影响,干扰程度越强,离子浓度差异就越小。离子演化方向的变化表征了干扰的方向。

二、地层水矿化度的空间演化关系

根据地层水的离子总矿化度,分别绘制了采样时刻为 2010 年 7 月 23 日、8 月 9 日、9 月 13 日、10 月 10 日、11 月 3 日、11 月 17 日及 12 月 4 日的地层水矿化度等值线,如图 5.16 所示。

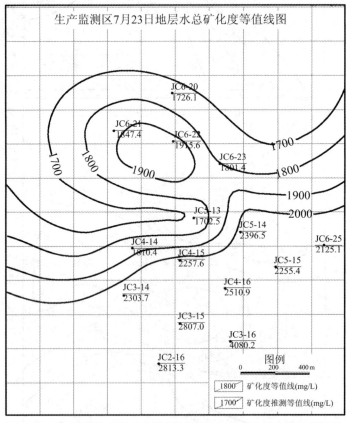

图 5.16　不同采样时刻生产监测区地层水离子矿化度的空间演化

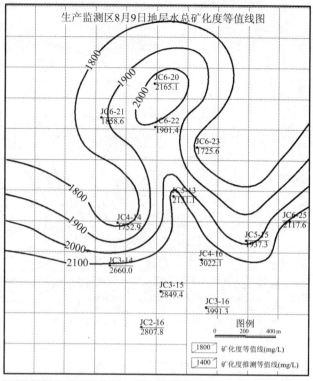

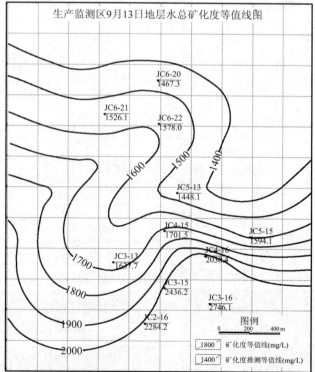

图 5.16　不同采样时刻生产监测区地层水离子矿化度的空间演化(续)

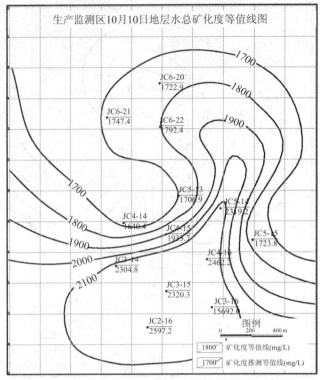

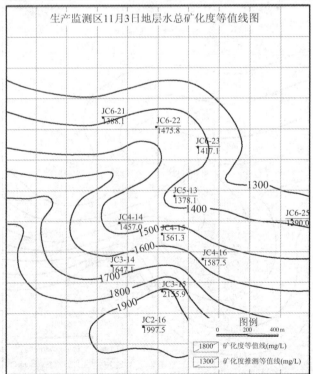

图 5.16   不同采样时刻生产监测区地层水离子矿化度的空间演化(续)

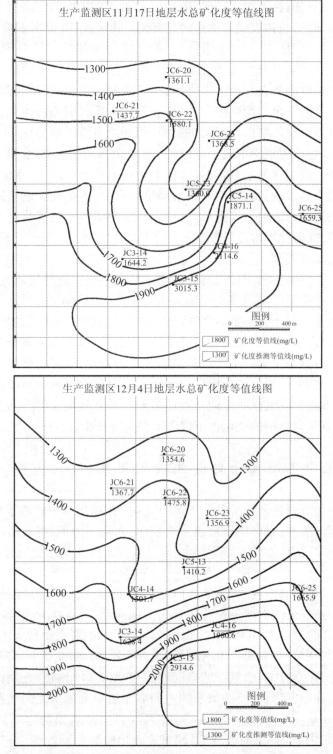

图 5.16　不同采样时刻生产监测区地层水离子矿化度的空间演化(续)

由图 5.16 可知,在不同生产时刻,地层水离子矿化度的空间展布除了个别生产时刻略有偏转外,总体表现为由南向北降低。由图 5.10 分析发现,2010 年 7 月 23 日、8 月 9 日、10 月 10 日的地层水中矿化度均比其他采样时刻高,分析发现 JC3-16 产出地层水的矿化度升高使得生产监测区产出地层水的矿化度值整体升高。将矿化度的空间演化与地下水流体势(图 3.12)相比较可以得知,地下水流向在绝大部分生产时刻由东南向西北流动(在最后的采样时刻由南向北流动),而矿化度的展布基本上呈由南向北降低的特点,因而两者除了在 2010 年 12 月 4 日相吻合以外,其他生产时刻均不同步。由矿化度的展布分析可知,含高本底值的离子的物源位于生产监测区的南部,如果排除其他因素影响,在地下水流的作用下,矿化度的空间展布应表现为由东南向西北降低,而实际上矿化度的空间演化在监测的不同时刻均表现为由南向北降低,这说明产出的地层水的矿化度不仅受到地下水流动的影响,同时受到排采条件下多井之间的水源补给与离子交换的作用,即煤层气井之间的相互作用。

同时将矿化度的空间演化与所有的离子的空间演化进行比较分析,发现离子的空间演化与矿化度的空间演化在绝大多数生产时刻均不吻合,这是因为绝大部分离子除受排采井间干扰的影响之外,还受离子本身性质及来源的影响;离子的演化表现各异,而离子矿化度是所有离子在量上的综合反映,因而矿化度的演化只表现在个别生产时刻与个别离子的演化具有相似的特点;但矿化度的演化又与各种离子的演化息息相关,因为矿化度的高低由不同时刻地层水中离子浓度高低所决定,所以矿化度的空间演化对井间干扰的影响不如各种离子的空间演化对井间干扰那么敏感,其演化方向的变化也不像离子空间展布那么多变。

三、地层水中不同离子的空间演化关系

为了更好地分析井网排采条件下煤层气井产出地层水中的离子空间展布的演化与井间干扰的关系,以产出地层水中典型阴、阳离子为例,将地层水中碳酸氢根空间展布与钠离子的空间展布进行叠合,对两者的耦合关系进行分析,如图 5.17 所示。

由图 5.17 可以看出:在初始采样时刻 2010 年 7 月 23 日,地层水中碳酸氢根的空间展布与钠离子的空间展布均表现为由南向北降低,两者叠合时表现出很好的一致性;采样时刻 2010 年 8 月 9 日,碳酸氢根的空间展布倒转为由北向南降低,而钠离子的空间展布仍表现为由南向北降低,两者在方向变化上不同步;2010 年 9 月 13 日及 10 月 10 日,碳酸氢根的空间展布表现为继续偏转,分别由南向北降低偏转为由四周向中部降低,而钠离子的空间展布由原来的南北向展布偏转为东西向,两者在空间叠选上不吻合;2010 年 11 月 3 日碳酸氢根的空间展布与钠离子的空间展布均表现为由东向西降低,两者表现出较好的一致性。

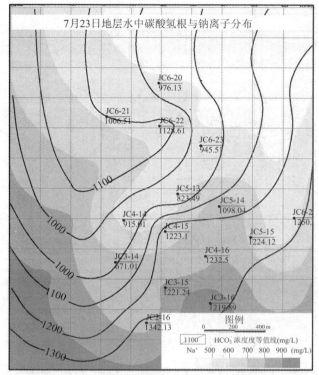

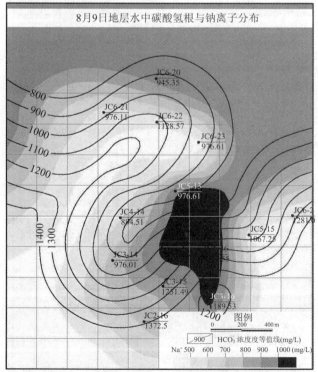

图 5.17　不同采样时刻煤层气产出地层水中碳酸氢根与钠离子空间演化的叠合关系

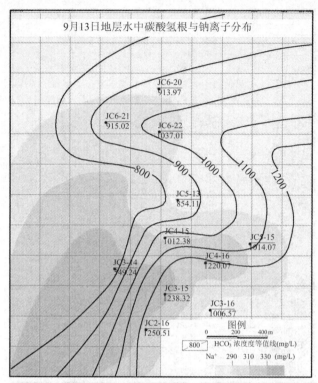

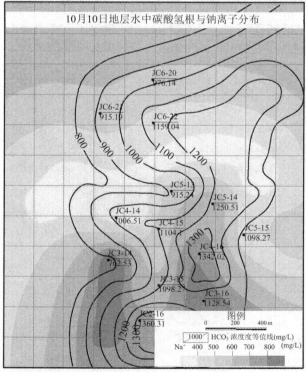

图 5.17　不同采样时刻煤层气产出地层水中碳酸氢根与钠离子空间演化的叠合关系(续)

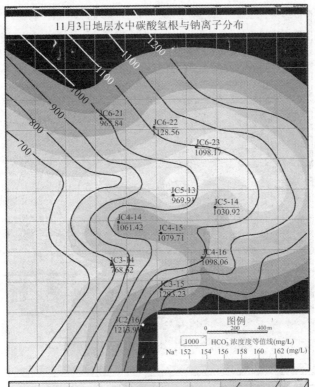

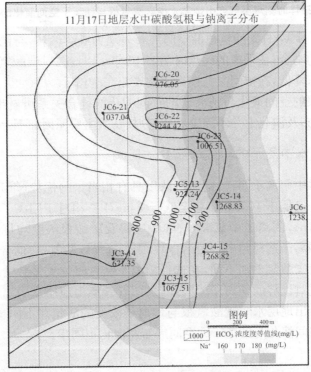

图 5.17 不同采样时刻煤层气产出地层水中碳酸氢根与钠离子空间演化的叠合关系(续)

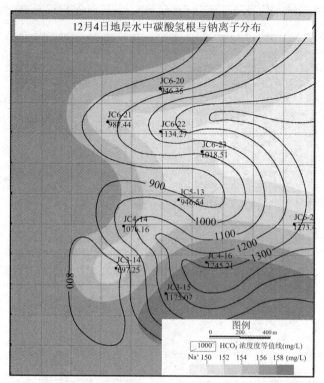

图 5.17　不同采样时刻煤层气产出地层水中碳酸氢根与钠离子空间演化的叠合关系(续)

2010 年 11 月 17 日碳酸氢根的空间展布表现为继续偏转,与钠离子的空间展布有一定程度的吻合;在采样的终点时刻 2010 年 12 月 4 日,碳酸氢根的空间展布偏转为由西向东降低,在空间上与钠离子的展布完全相反。

由碳酸氢根的空间演化与钠离子的空间演化的叠合关系可看出,在不同采样时刻,两者在分布及演化上并不完全一致,分析认为主要原因如下:

(一) 地层水中离子的组成与结合的影响

对于地层水中阳离子而言,钠离子浓度具有相当大的优势,每升达几百毫克,而其他阳离子普遍低于 10 mg/L 甚至低于 1 mg/L。相对于阳离子中钠离子浓度占绝对优势的情形,阴离子中氯离子、碳酸氢根及碳酸根浓度均每升高达数百毫克。地层水中钠离子选择阴离子团结合时,既可选择碳酸氢根,也可以选择氯离子或者碳酸根。而碳酸氢根则不同,在选择阳离子结合时绝大多数情况下只能选择在阳离子中占绝对优势的钠离子。因此,煤层气井产出地层水中离子的组成及结合形式决定了产出地层水时碳酸氢根与钠离子浓度的演化并不同步,进而也导致了碳酸氢根的空间演化与钠离子的空间展布及演化不同步。

（二）井网排采与井间干扰的作用

煤层气组成中二氧化碳在运移过程中发生水溶作用，通常在地层水中发生以下两类反应：

$$CO_2 + H_2O \longrightarrow CO_3^{2-} + 2H^+ \tag{5.1}$$

$$H_2O + CO_3^{2-} \longrightarrow HCO_3^- + H^+ \tag{5.2}$$

煤层气组分中二氧化碳参与水溶作用的快慢取决于地层水的酸碱度及地下水动力条件的强弱。由第二章测试结果可知，不同采样时刻煤层气井产出的煤层水均呈偏碱性，酸碱度相近，因而煤层气组分中二氧化碳参与水溶作用的快慢主要取决于地下水动力条件的强弱。而煤层气井在排采生产时，煤层中地下水动力条件主要受煤层气排采强度的控制，排水量越大，井筒中液面下降越快，地下水流动速度越快（煤储层渗透率也影响煤层水的渗流能力），地下水流动携带二氧化碳的能力越强。同样，排采制度调节频繁的煤层气井，地下水位波动性很大，二氧化碳参与水溶作用的程度也呈波动性变化，极大地影响了煤层气井产出地层水中碳酸氢根的浓度。相对而言，排采稳定、井间干扰稳定的煤层气井产出地层水中碳酸氢根的浓度也相对稳定。但从生产监测区煤层气井排采分析可知，生产监测区井网排采所形成的井间干扰可能处于初级阶段，干扰程度较弱，流体场不稳定，不同煤层气井所在煤储层产出地层水中离子补充、富集及散逸的不稳定性，也引起碳酸氢根的空间演化更具复杂性。

（三）地层水来源及水—岩相互作用

如果产出地层水多为煤层水，则主要为 Na-HCO$_3$ 型水，如果产出地层水为砂岩水或砂质泥岩水，则很有可能为 Na-Cl 型水，如果产出地层水是灰岩水（可能顶底板沿断层贯穿进入到煤层的），则很有可能为 Ca-HCO$_3$ 型或 Mg-HCO$_3$ 型水。由第五章第二节可知，生产监测区煤层气井产出地层水多为煤层水，但不排除个别煤层气井在某个生产时段产出砂岩水、砂质泥岩水。因而煤层气井产出地层水的水质类型影响到煤层气井产出地层水中碳酸氢根浓度的高低，进而也影响到碳酸氢根的展布与演化特征。判读出地层水的来源也在一定程度上反映出排采地层水在流动过程中所发生的水—岩相互作用。

四、煤层气井产出水中元素的空间演化

根据选取的地层水中 10 种元素的测试含量，分别绘制了采样时刻为 2010 年 7 月 23 日、8 月 9 日、9 月 13 日、10 月 10 日、11 月 3 日、11 月 17 日及 12 月 4 日的地层水中元素含量等值线图，如图 5.18～图 5.27 所示。

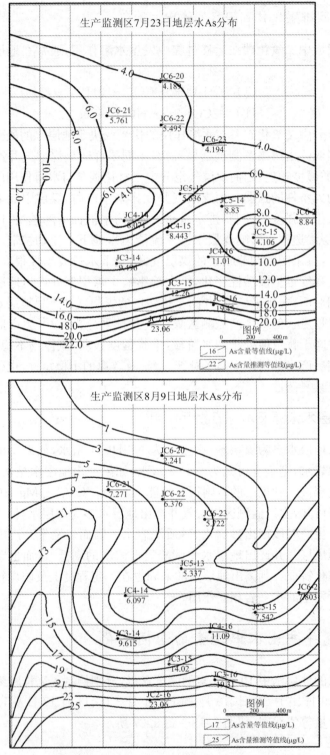

图 5.18　不同采样时刻生产监测区地层水中 As 元素的空间演化

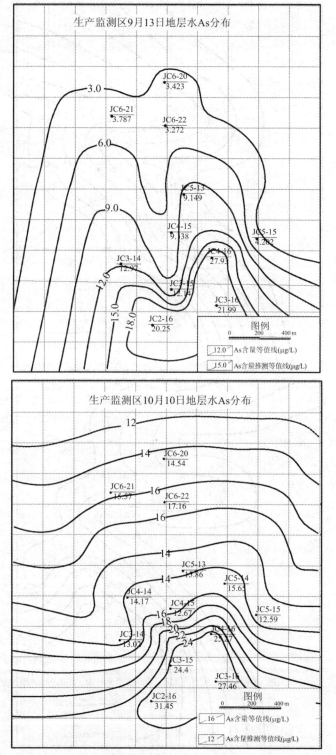

图 5.18 不同采样时刻生产监测区地层水中 As 元素的空间演化(续)

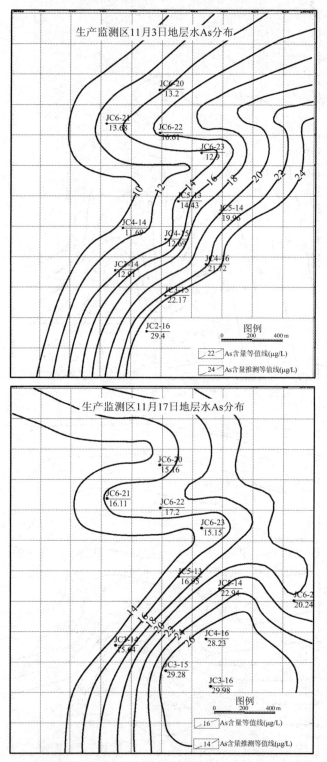

图 5.18 不同采样时刻生产监测区地层水中 As 元素的空间演化(续)

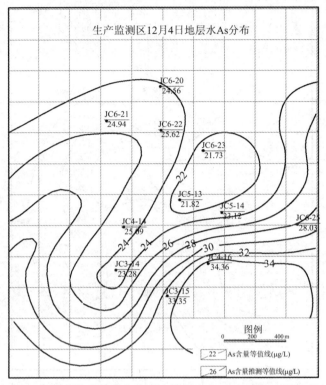

图 5.18　不同采样时刻生产监测区地层水中 As 元素的空间演化(续)

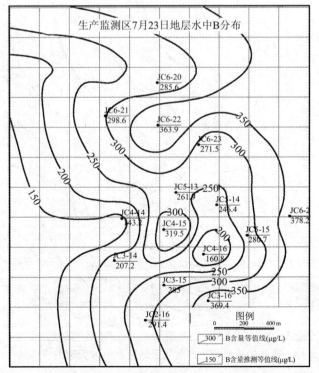

图 5.19　不同采样时刻生产监测区地层水中 B 元素的空间演化

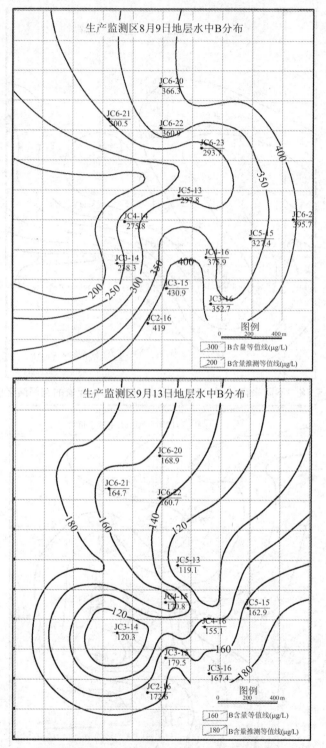

图 5.19 不同采样时刻生产监测区地层水中 B 元素的空间演化(续)

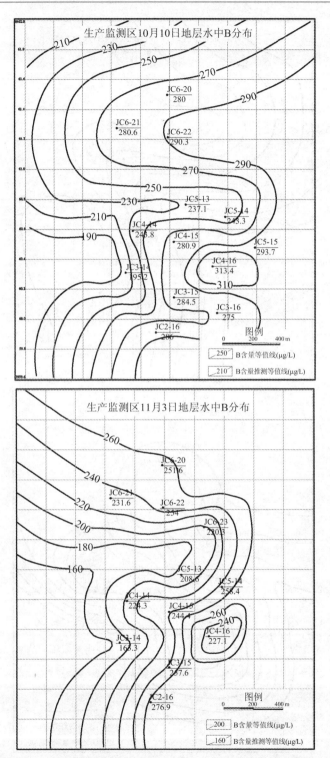

图 5.19　不同采样时刻生产监测区地层水中 B 元素的空间演化(续)

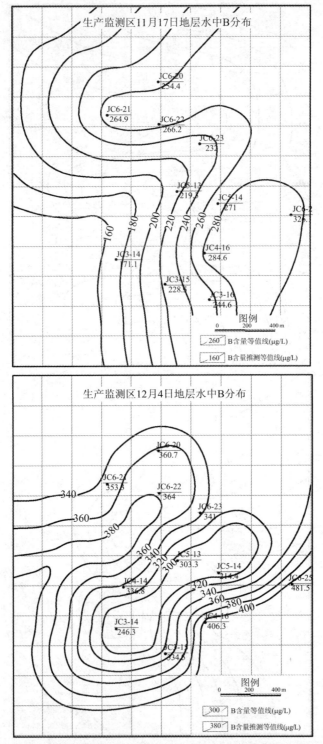

图 5.19 不同采样时刻生产监测区地层水中 B 元素的空间演化(续)

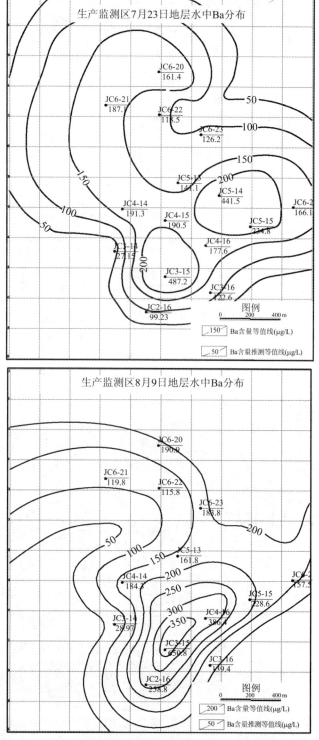

图 5.20　不同采样时刻生产监测区地层水中 Ba 元素的空间演化

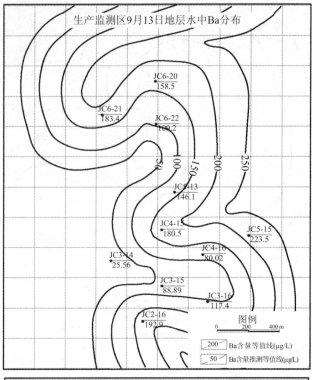

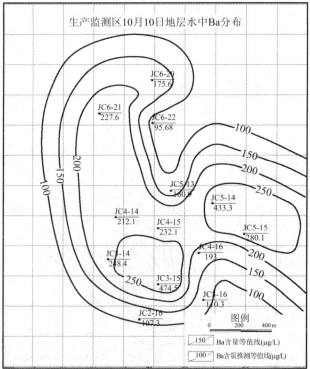

图 5.20　不同采样时刻生产监测区地层水中 Ba 元素的空间演化(续)

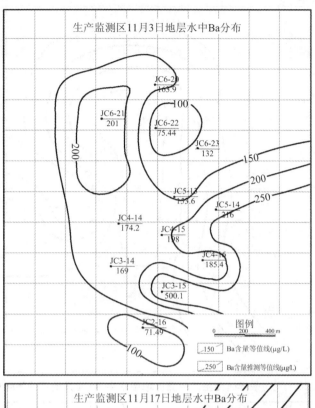

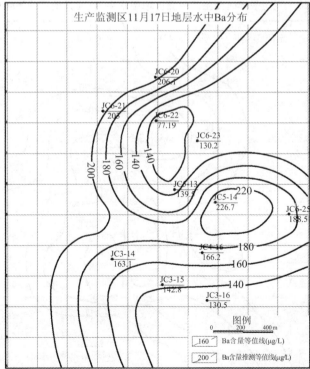

图 5.20　不同采样时刻生产监测区地层水中 Ba 元素的空间演化(续)

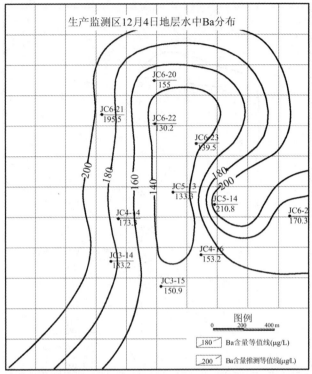

图 5.20　不同采样时刻生产监测区地层水中 Ba 元素的空间演化(续)

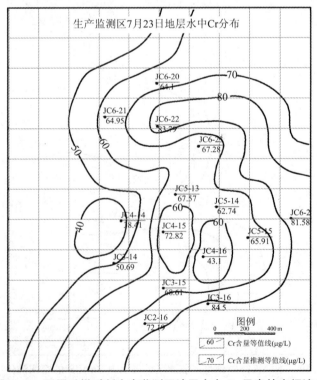

图 5.21　不同采样时刻生产监测区地层水中 Cr 元素的空间演化

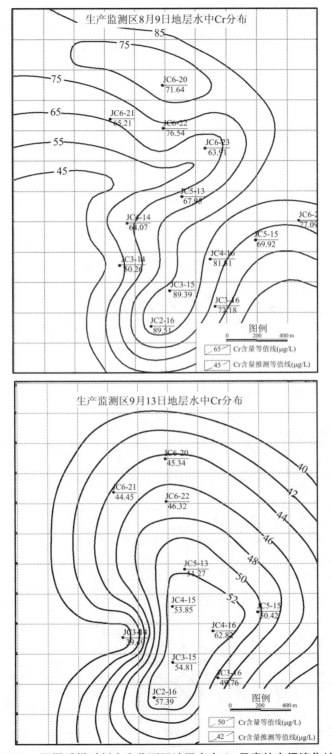

图 5.21 不同采样时刻生产监测区地层水中 Cr 元素的空间演化(续)

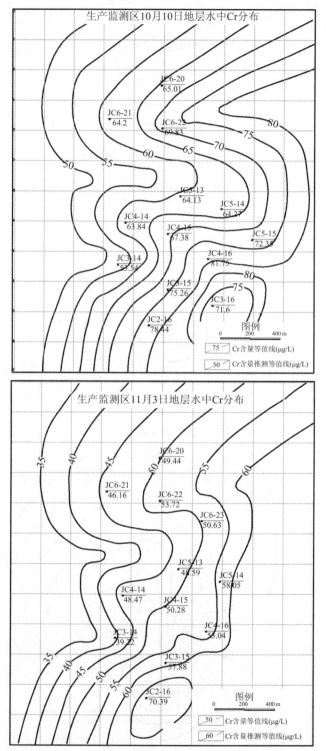

图 5.21　不同采样时刻生产监测区地层水中 Cr 元素的空间演化(续)

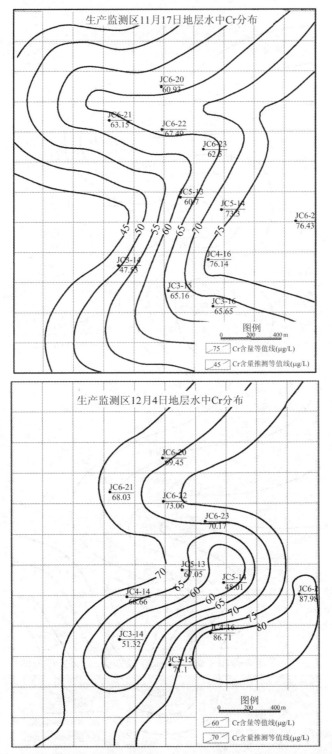

图 5.21　不同采样时刻生产监测区地层水中 Cr 元素的空间演化（续）

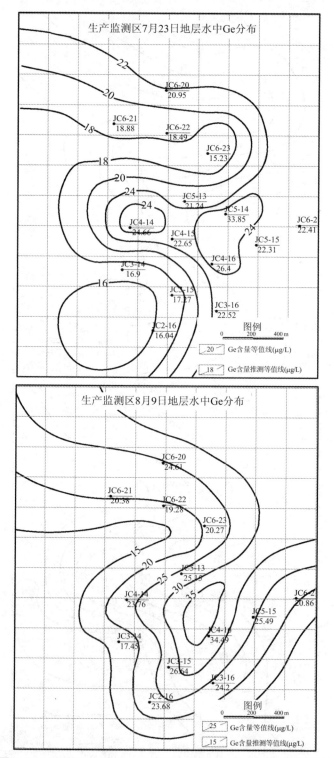

图 5.22 不同采样时刻生产监测区地层水中 Ge 元素的空间演化

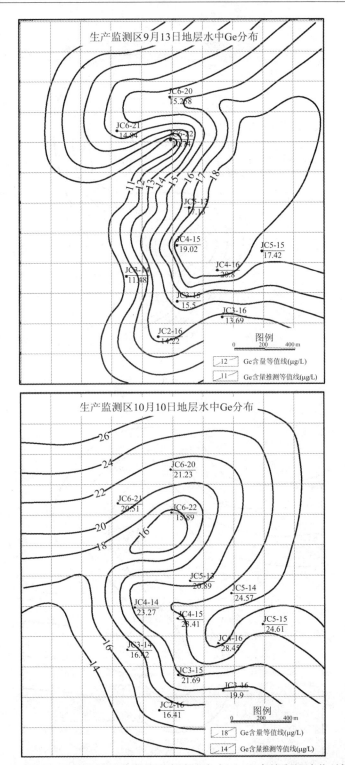

图 5.22　不同采样时刻生产监测区地层水中 Ge 元素的空间演化(续)

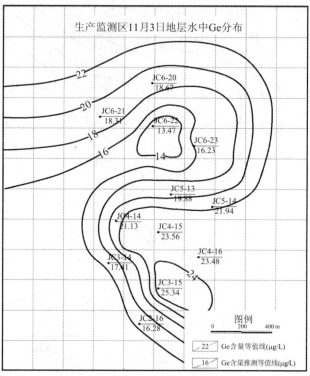

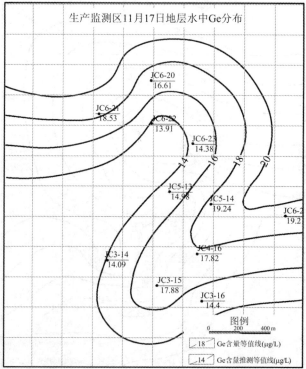

图 5.22　不同采样时刻生产监测区地层水中 Ge 元素的空间演化（续）

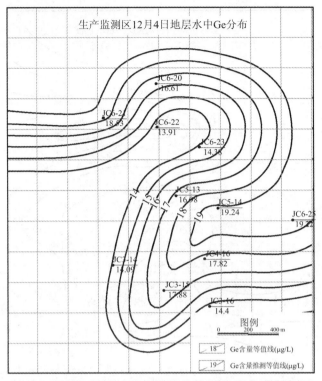

图 5.22　不同采样时刻生产监测区地层水中 Ge 元素的空间演化(续)

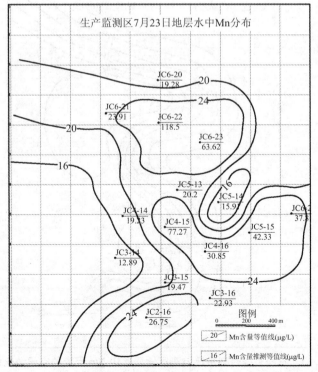

图 5.23　不同采样时刻生产监测区地层水中 Mn 元素的空间演化

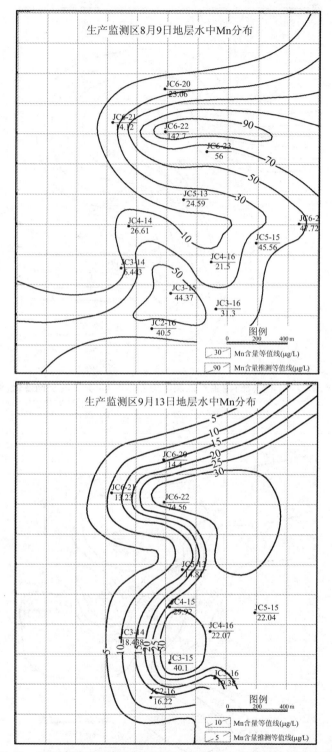

图 5.23　不同采样时刻生产监测区地层水中 Mn 元素的空间演化(续)

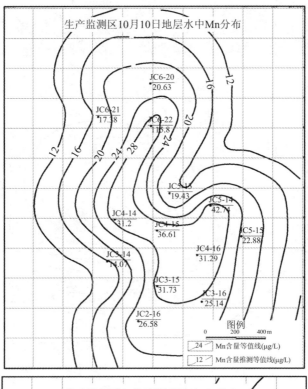

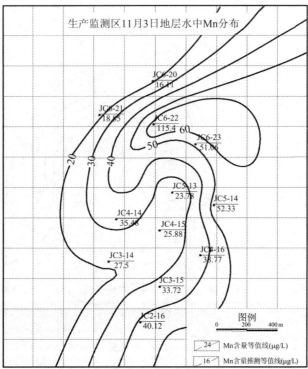

图 5. 23 不同采样时刻生产监测区地层水中 Mn 元素的空间演化(续)

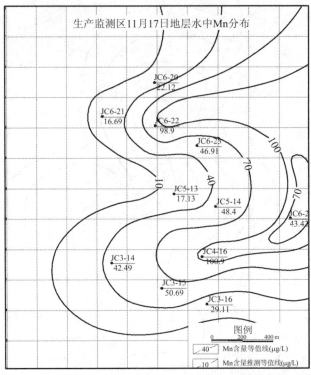

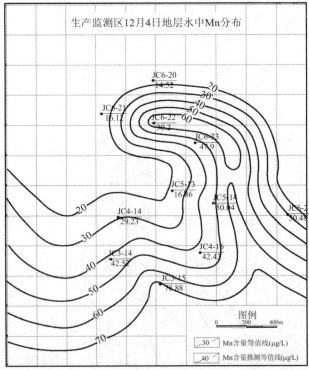

图 5.23　不同采样时刻生产监测区地层水中 Mn 元素的空间演化(续)

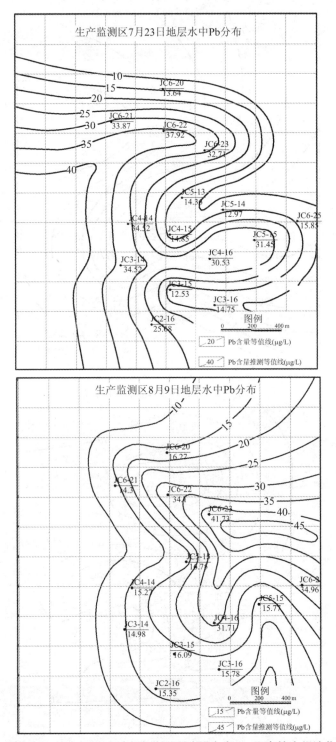

图 5.24 不同采样时刻生产监测区地层水中 Pb 元素的空间演化

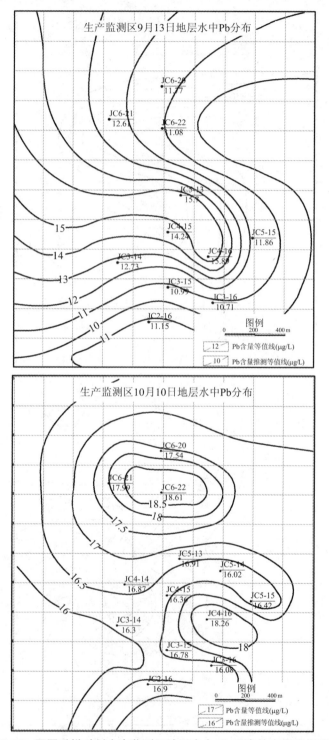

图 5.24　不同采样时刻生产监测区地层水中 Pb 元素的空间演化(续)

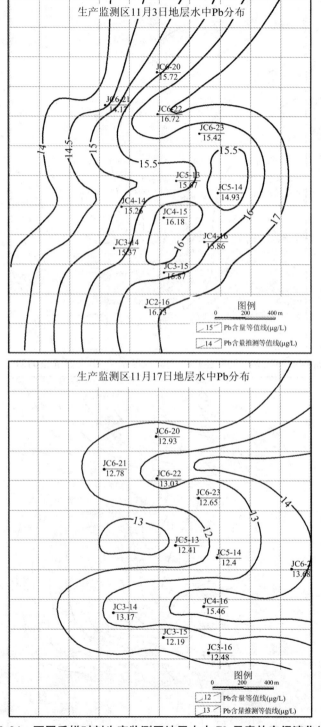

图 5.24　不同采样时刻生产监测区地层水中 Pb 元素的空间演化(续)

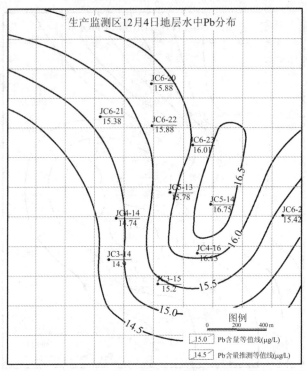

图 5.24　不同采样时刻生产监测区地层水中 Pb 元素的空间演化（续）

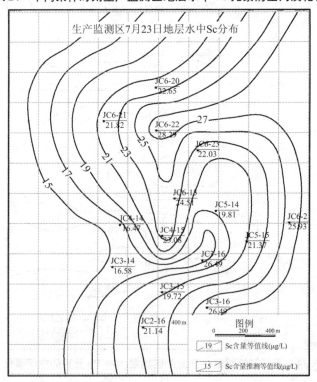

图 5.25　不同采样时刻生产监测区地层水中 Sc 元素的空间演化

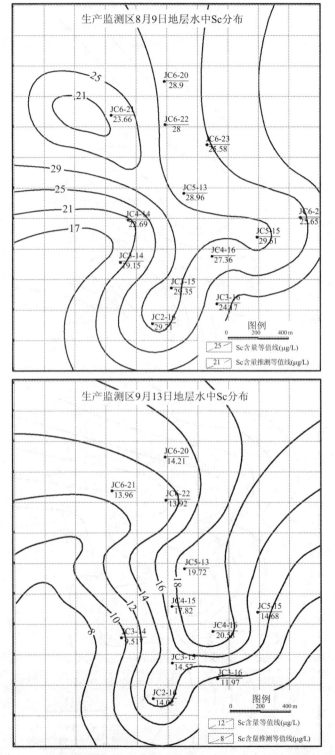

图 5.25　不同采样时刻生产监测区地层水中 Sc 元素的空间演化(续)

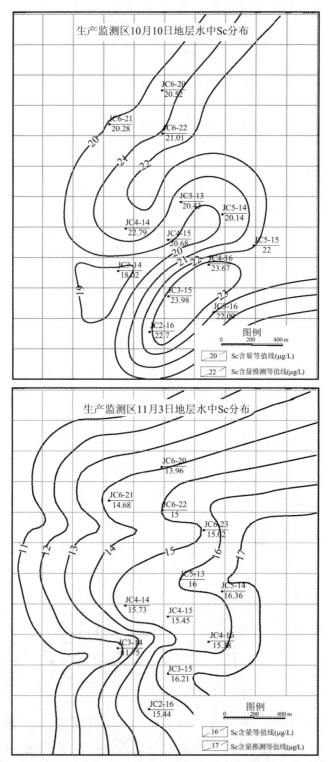

图 5.25 不同采样时刻生产监测区地层水中 Sc 元素的空间演化 (续)

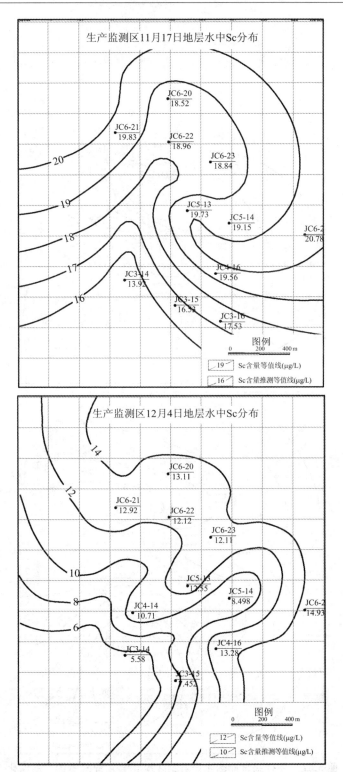

图 5.25 不同采样时刻生产监测区地层水中 Sc 元素的空间演化（续）

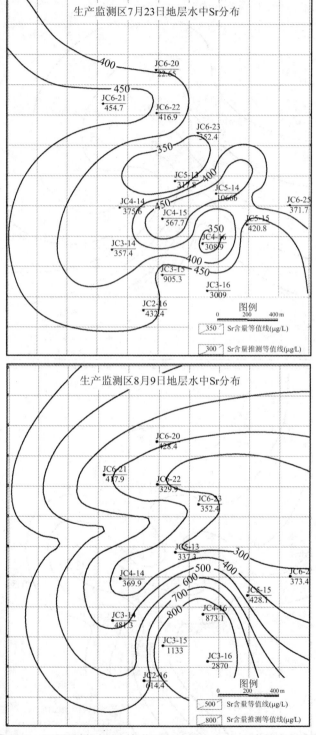

图5.26　不同采样时刻生产监测区地层水中 Sr 元素的空间演化

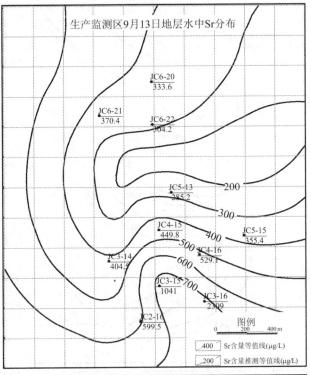

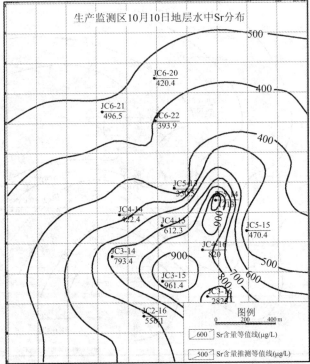

图 5.26　不同采样时刻生产监测区地层水中 Sr 元素的空间演化（续）

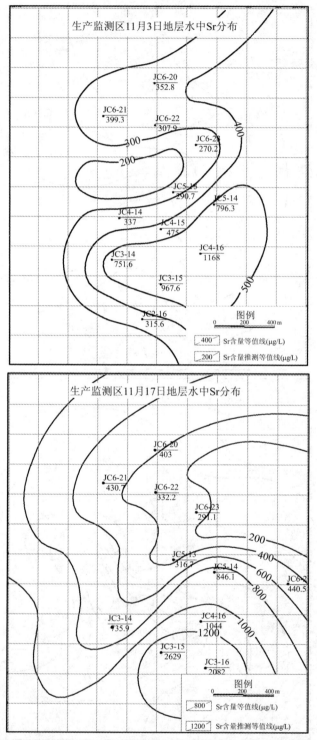

图 5.26　不同采样时刻生产监测区地层水中 Sr 元素的空间演化 (续)

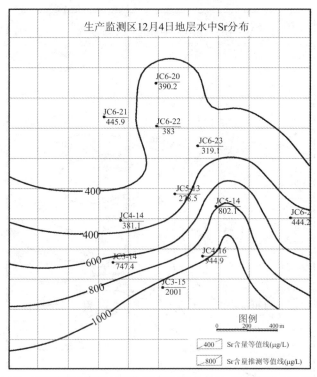

图 5.26 不同采样时刻生产监测区地层水中 Sr 元素的空间演化(续)

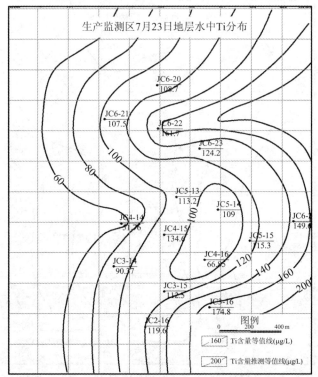

图 5.27 不同采样时刻生产监测区地层水中 Ti 元素的空间演化

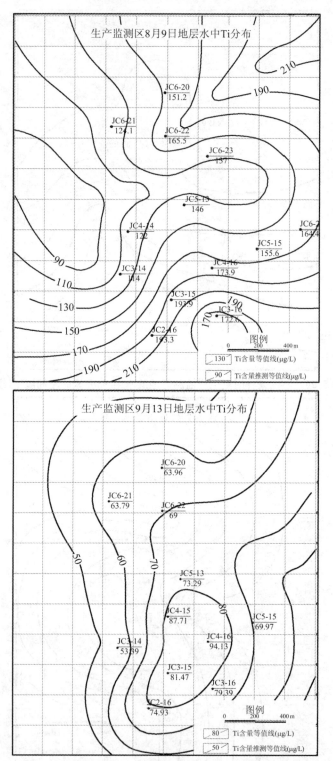

图 5.27 不同采样时刻生产监测区地层水中 Ti 元素的空间演化(续)

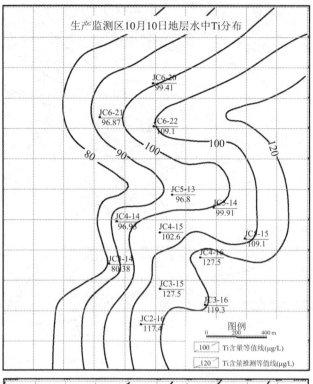

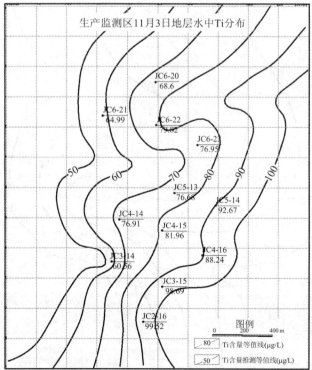

图 5.27　不同采样时刻生产监测区地层水中 Ti 元素的空间演化(续)

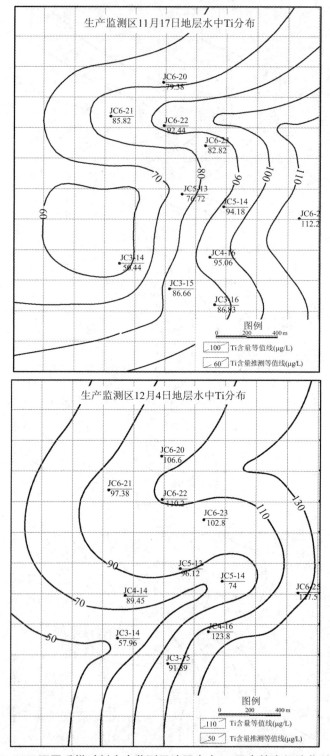

图 5.27　不同采样时刻生产监测区地层水中 Ti 元素的空间演化(续)

对生产监测区不同采样时刻产出地层水中 As 元素的空间演化(图 5.18)进行分析,不难得知:7 月 23 日、8 月 9 日、9 月 13 日、10 月 10 日生产监测区煤层气井产出地层水中 As 元素的空间展布特征总体表现为由北向南逐渐降低;11 月 3 日煤层气井产出地层水中 As 元素展布方向偏转为由东向西降低;11 月 17 日生产井排采的地层水中 As 元素的展布与 11 月 3 日类似,As 元素的空间展布主体方向表现为由东向西逐渐降低,但在南部偏转为由南向北降低;12 月 4 日煤层气井产出地层水中 As 元素的空间展布与 11 月 17 日类似,但 As 元素的展布方向进一步偏转,空间展布表现出由南向北逐渐降低的特点。

由 As 元素的演化同时可知:JC2-16、JC3-15、JC3-16、JC4-16 等煤层气井产出地层水中 As 元素含量(偏高或偏低)直接影响了 As 元素的空间展布及方向变化。同时地层水中 As 含量差异在缩小,反映了产出地层水中 As 含量受井网排采条件下井间干扰的影响。

对生产监测区不同采样时刻产出地层水中 B 元素的空间演化(图 5.19)进行分析,不难得知:7 月 23 日煤层气井产出地层水中 B 元素的空间展布特征总体表现出为东北向西南逐渐降低;8 月 9 日煤层气井产出地层水中 B 元素的空间展布特征总体表现为由东向西逐渐降低;9 月 13 日煤层气井产出地层水中 B 元素的空间展布发生倒转,表现出由西向东逐渐降低;10 月 10 日、11 月 3 日、11 月 17 日煤层气井产出地层水中 B 元素的空间展布特征总体表现出由东向西逐渐降低的特点;12 月 4 日煤层气井产出地层水中 B 元素的空间展布特征总体表现为由南向北逐渐降低。

由 B 元素的空间演化分析同时可知:JC2-16、JC3-15、JC3-16、JC4-16、JC6-22 等煤层气井产出地层水中 B 元素含量(偏高或偏低)直接影响了 B 元素的空间展布及演化方向的变化。不同时刻不同煤层气井产出地层水中 B 元素含量对 B 元素展布特征的影响反映了井间干扰形成过程对元素含量分布的影响。

对生产监测区不同采样时刻产出地层水中 Ba 元素的空间演化(图 5.20)进行分析,不难得知:7 月 23 日煤层气井产出地层水中 Ba 元素的空间展布特征总体表现为由中部向南北两个方向逐渐降低;8 月 9 日煤层气井产出地层水中 Ba 元素的空间展布特征表现为沿西北—东南向逐渐升高;9 月 13 日煤层气井产出地层水中 Ba 元素的空间展布特征表现为由东向西逐渐降低;10 月 10 日煤层气井产出地层水中 Ba 元素的空间展布表现为由中部向南北逐渐降低;11 月 3 日煤层气井产出地层水中 Ba 元素的空间展布表现为由南向北逐渐降低;11 月 17 日煤层气井产出地层水中 Ba 元素的空间展布特征总体表现为由西向东逐渐降低;12 月 4 日煤层气井产出地层水中 Ba 元素的展布特征总体表现为由北向南逐渐降低。

由 Ba 元素的空间演化分析同时可知:JC2-16、JC3-15、JC3-16、JC4-16、JC6-22 等煤层气井产出地层水中 Ba 元素含量(偏高或偏低)直接影响了 Ba 元素的空间展布及演化方向的变化。不同时刻不同煤层气井产出地层水中 Ba 元素含量对 Ba 元素展布的影响反映了井间干扰形成过程对元素含量分布的影响。

对生产监测区不同采样时刻产出地层水中 Cr 元素的空间演化(图 5.21)进行分析,不难得知:7 月 23 日煤层气井产出地层水中 Cr 元素的空间展布特征总体表现为由东向西逐渐降低;8 月 9 日煤层气井产出地层水中 Cr 元素的空间展布特征表现为由东北向西南逐渐降低;9 月 13 煤层气井产出地层水中 Cr 元素的空间展布特征均表现出中部高、四周低的特点;10 月 10 日、11 月 3 日、11 月 17 日及 12 月 4 日生产监测区煤层气井产出地层水中 Cr 元素的空间展布特征均表现出由东北向西南逐渐降低的特点。

由 Cr 元素含量的空间展布分析同时可知:JC2-16、JC3-16、JC4-16、JC6-22 等煤层气井产出地层水中 Cr 元素含量(偏高或偏低)直接影响了 Cr 元素的空间展布及演化方向的变化。不同时刻不同煤层气井产出地层水中 Cr 元素含量对 Cr 元素的空间演化的影响反映了井间干扰形成过程对元素含量分布的影响。

对生产监测区不同采样时刻产出地层水中 Ge 元素的空间演化(图 5.22)进行分析,不难得知:不同采样时刻生产监测区煤层气井产出地层水中 Ge 元素的空间演化除了局部区域存在偏转外,整体均表现出由东向西逐渐降低的特点。

同时对 Ge 元素的空间演化进行分析,发现局部区域发生偏转与下列煤层气井产出地层水中 Ge 元素含量的偏高或偏低有关:JC2-16、JC3-15、JC4-16、JC6-22。分析同时发现,生产监测区煤层气井产出地层水中 Ge 元素含量差异在减小,表明井间干扰形成过程对生产监测区煤层气井产出的地层水中 Ge 元素含量分布的影响。

对生产监测区不同采样时刻产出地层水中 Mn 元素的空间演化(图 5.23)进行分析,不难得知:7 月 23 日煤层气井产出地层水中 Mn 元素的空间展布特征总体表现为由东北向西南逐渐降低;8 月 9 日及 9 月 13 日煤层气井产出地层水中 Mn 元素的空间展布特征均表现为由东向西逐渐降低;10 月 10 煤层气井产出地层水中 Mn 元素的空间展布特征表现出中部高、四周低的特点;11 月 3 日、11 月 17 日煤层气井产出地层水中 Mn 元素的空间展布特征均表现出由东向西逐渐降低的特点;12 月 4 日煤层气井产出地层水中 Mn 元素的空间展布特征均表现出由南向北逐渐降低的特点。

由 Mn 元素的空间演化分析同时可知:JC3-15、JC4-16、JC6-22 等煤层气井产出地层水中 Mn 元素含量异常直接影响 Mn 元素的演化。不同时刻不同煤层气井产出地层水中 Mn 元素含量对 Mn 元素的空间的影响反映了井间干扰形成过程对元素含量分布的影响。

对生产监测区不同采样时刻产出地层水中 Pb 元素的空间演化(图 5.24)进行分析,不难得知:2010 年 7 月 23 日煤层气井产出地层水中 Pb 元素的空间展布特征总体表现为由西向东逐渐降低;8 月 9 日煤层气井产出地层水中 Pb 元素的空间展布特征总体表现为由东向西逐渐降低;9 月 13 日煤层气井产出地层水中 Pb 元素空间展布特征表现出由西北向东南逐渐降低的特点;10 月 10 煤层气井产出地层水中 Pb 元素的空间展布特征表现出由东向西降低的特点;11 月 3 日、11 月 17日煤层气井产出地层水中 Pb 元素的空间展布特征均表现出由东向西逐渐降低的特点;12 月 4 日煤层气井产出地层水中 Pb 元素的空间展布特征表现出由东北向西南逐渐降低的特点。

由 Pb 元素的空间演化分析同时可知:JC4-16、JC5-14、JC6-22 等煤层气井产出地层水中 Pb 元素含量异常直接影响 Pb 元素的展布及演化。不同时刻不同煤层气井产出地层水中 Pb 元素含量对 Pb 元素的空间演化的影响反映了井间干扰形成过程对元素含量分布的影响。

对生产监测区不同采样时刻产出地层水中 Sc 元素空间演化(图 5.25)进行分析,不难得知:7 月 23 日煤层气井产出地层水中 Sc 元素的空间展布特征总体表现为由东向西逐渐降低;8 月 9 日煤层气井产出地层水中 Sc 元素的空间展布特征总体表现出由西北向东南逐渐降低的特征;9 月 13 日煤层气井产出地层水中 Sc 元素的空间展布特征表现出以东北—西南为轴线向南逐渐降低的特点;10 月 10 日、11月 3 日、11 月 17 日煤层气井产出地层水中 Sc 元素的空间展布特征表现出由东向西降低的特点;12 月 4 日煤层气井产出地层水中 Sc 元素的空间展布偏转为由东北向西南逐渐降低。

由 Sc 元素的空间演化分析同时可知:生产监测区中 JC3-14、JC4-16、JC6-22 等煤层气井产出地层水中 Sc 元素含量(偏高或偏低)直接影响 Sc 元素的空间展布及演化。不同时刻不同井产出地层水中 Sc 元素含量对 Sc 元素的空间演化的影响,反映了井间干扰形成过程对元素含量分布的影响。

对生产监测区不同采样时刻产出地层水中 Sr 元素的空间演化(图 5.26)进行分析,不难得知:7 月 23 日煤层气井产出地层水中 Sr 元素的空间展布特征总体表现出由南向北和由西向东降低的特征;8 月 9 日煤层气井产出地层水中 Sr 元素的空间展布特征总体表现出由西向东逐渐降低同时由南向北降低的特征;9 月 13 日与 8 月 9 日相类似,煤层气井产出地层水中 Sr 元素的空间展布特征均表现出由西向东逐渐降低同时由南向北降低的特点;10 月 10 日煤层气井产出地层水中 Sr 元素的空间展布特征表现为由南北两个方向向中部降低;11 月 3 日煤层气井产出地层水中 Sr 元素的空间展布特征表现出由东向西降低的特点;11 月 17 日煤层气井产出地层水中 Sr 元素的空间展布特征表现出由西向东降低的特点;12 月 4 日煤层气井产出地层水中 Sr 元素的演化偏转为由南向北逐渐降低。

由 Sr 元素的空间演化分析同时可知:JC3-14、JC3-16、JC4-16、JC6-22 等煤层气井产出地层水中 Sr 元素含量(偏高或偏低)直接影响 Sr 元素的空间展布及演化方向。不同时刻不同煤层气井产出地层水中 Sr 元素含量对 Sr 元素的空间演化的影响反映了井间干扰形成过程对元素含量分布的影响。

对生产监测区不同采样时刻产出地层水中 Ti 元素的空间演化(图 5.27)进行

分析,不难得知:7 月 23 日煤层气井产出地层水中 Ti 元素的空间展布特征总体表现为由东向西逐渐递减;8 月 9 日煤层气井产出地层水中 Ti 元素的空间展布特征总体表现为由东向西逐渐降低,同时 Ti 元素的分布南部发生偏转,表现出由南向北降低的特征;9 月 13 日煤层气井产出地层水中 Ti 元素的空间展布发生偏转,展布特征表现为由中南部向四周逐渐降低;10 月 10 日、11 月 3 日、11 月 17 日、12 月 4 日煤层气井产出地层水中 Ti 元素的空间展布特征均表现出由东向西降低的特点。

Ti 元素的展布方向绝大部分时刻表现为由东向西变化,演化过程中存在局部偏转或变化,这与个别煤层气井产出地层水中 Ti 异常有关,同时也反映了异常井产出地层水中 Ti 的含量通过井间干扰对区域 Ti 空间展布的影响。由 Ti 元素的空间演化分析同时可知:JC3-14、JC6-22 等煤层气井产出地层水中 Ti 元素含量异常直接影响 Ti 元素的展布及演化。

通过对选定的地层水中的 10 种元素的空间演化进行分析,可以得知,化学场中元素的空间展布大致经历了南北变化(由南向北降低或由北向南降低)、东西向变化(由东向西降低)以及后阶段的南北向变化。分析发现绝大多数元素的空间展布方向的变化经历了较长时间的由东向西递减的过程,在时间上元素的空间展布滞后于离子的空间演化。同时与离子的空间展布方向变化相比,元素的空间演化存在较多的不一致的地方,如大多数离子的浓度在采样初期主要由南向北降低,而元素的空间演化只有部分元素是这样,通过分析认为,主要有以下 3 个方面的原因:

① 元素本身的性质,如元素的赋存状态、溶出及迁移性质决定了其迁移富集速率的快慢;

② 局部煤层气井所在煤储层或岩层所含某些元素的本底值很高,即使在没有其他地层水补给的情况下,产自该煤层气井的地层水的元素含量就很高,从而出现异常;

③ 排采井间干扰的影响;

④ 工程采样的缺失导致生产监测区的某些采样点的数据缺失,从而有可能导致元素含量等值线的绘制失真。

五、地层水中不同元素的空间演化关系

为了更好地分析井网排采条件下煤层气井产出地层水中的不同元素的空间演化与井网排采条件下井间干扰的关系,以产出地层水中 As 和 B 为例,将地层水中 As 元素含量等值线与 B 元素含量等值线进行叠合,对两者的叠合关系进行分析,如图 5.28 所示。

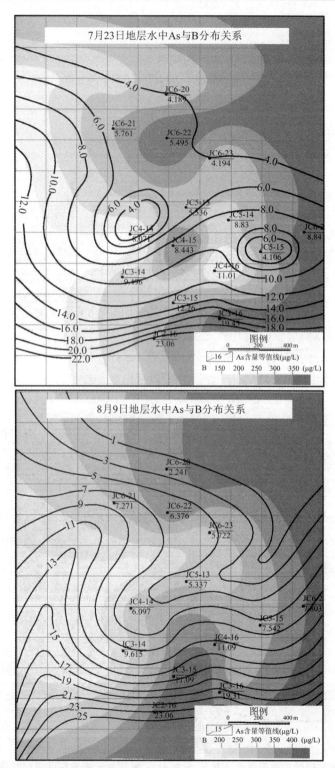

图 5.28 不同采样时刻煤层气产出地层水中 As 元素与 B 元素的空间演化的叠合关系

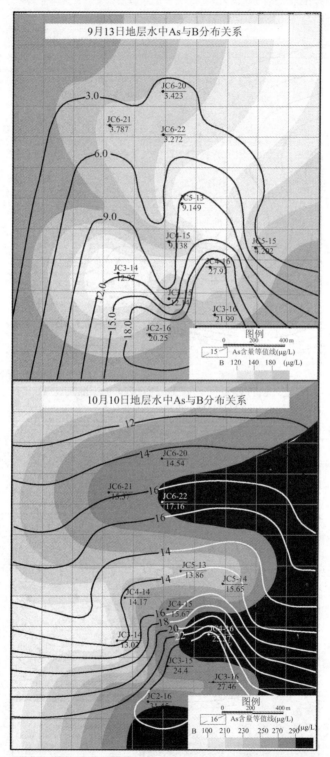

图 5.28　不同采样时刻煤层气产出地层水中 As 元素与 B 元素的空间演化的叠合关系(续)

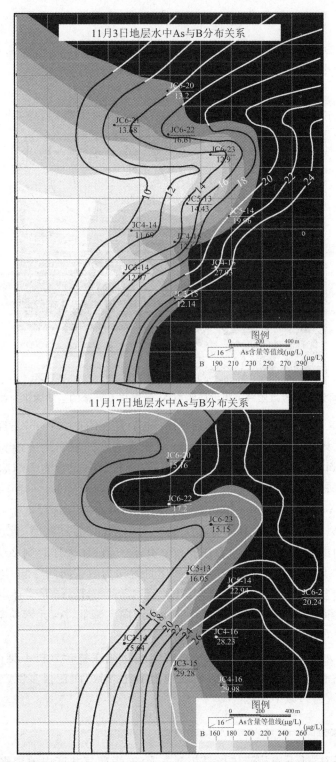

图 5.28　不同采样时刻煤层气产出地层水中 As 元素与 B 元素的空间演化的叠合关系(续)

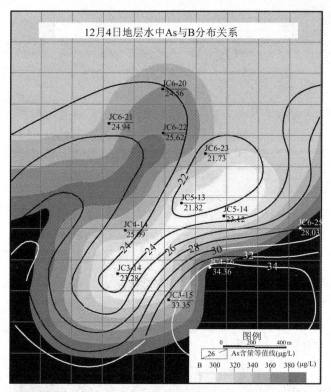

图 5.28　不同采样时刻煤层气产出地层水中 As 元素与 B 元素的空间演化的叠合关系(续)

由图 5.28 不难看出:在采样时刻 2010 年 7 月 23 日、2010 年 8 月 9 日,As 元素的空间展布均表现为由南向北降低,而 B 元素的空间展布均表现为由东向西降低,两者在空间叠合时并不同步;2010 年 9 月 13 日,As 元素的空间展布仍表现为由南向北降低,而 B 元素在空间演化时发生偏转,表现为沿东北—西南轴线从西和南向东降低,As 元素的空间展布与 B 元素的空间展布在一定程度上吻合;2010 年 10 月 10 日,As 元素在空间演化时继续偏转为由南向北降低,而 B 元素在空间演化时则偏转为由东向西降低,两者在展布上并不一致;在采样时刻 2010 年 11 月 3 日、2010 年 11 月 17 日,As 元素在空间演化时偏转为由东向西降低,与 B 元素的展布在空间叠迭上表现出很好的吻合度;2010 年 12 月 4 日,As 元素在空间演化时与 B 元素在空间演化时均发生偏转,均表现为由南向北降低,As 元素的空间展布与 B 元素的空间展布规律一致。

根据 As 元素的空间演化和 B 元素的空间演化在叠合分析不难得知,不同元素空间展布在不同生产时刻局部时段表现为演化一致,而在很多生产时段演化并不同步,分析认为有以下原因。

(一) 井网排采及井间干扰的影响

井网排采时,地下液相流体场是相互连通的,煤层气井产出地层水受到区域性流体场中元素含量的影响,由于生产监测区处于不均衡井间干扰期,井间干扰程度较弱,流体场不稳定,如流体场的方向、不同煤层气井所在煤层及围岩产出流体的量不同均影响到产出地层水中不同元素的含量。

(二) 元素来源(物源)不同

不同煤层气井的上覆岩层及底板的岩性是变化的,根据生产监测区的岩性资料可知,顶底板的岩性分泥岩、细砂岩、粉砂岩、砂质泥岩及泥质砂岩等。不同岩性及煤储层本身所含矿物及元素的丰度不同,在强烈的水—岩相互作用时溶出的元素也不同,进而也导致煤层气产出地层水中不同元素的变化规律不同。

(三) 元素自身的性质

元素的活泼程度及其存在的形态决定了元素溶出的快慢与程度。由第三章的分析可知,不同煤层气井不同元素的溶出系数不同,也说明元素自身的性质在一定程度上影响到生产区域元素的空间演化。

综上分析,在稳定的流场条件下,煤层气井产出地层水如果仅受物源及元素自身性质的影响,那么不同元素的空间展布在叠合时将可能表现出稳定的空间叠选关系,而对目前监测资料的分析反映出不同元素在空间演化时的叠选关系在不断变化,这说明在井网排采条件下形成了不稳定的流体场,此为排采形成的不稳定的井间干扰所致。

六、地层水中离子与元素的空间演化关系

为了更好地分析井网排采条件下煤层气井产出地层水中的离子的空间演化与元素的空间演化在叠合时是否与井网排采条件下的井间干扰相关,以产出地层水中的碳酸氢根与 B 元素为例,将地层水中碳酸氢根浓度等值线与 B 元素含量等值线进行叠合,对两者的叠合关系进行分析,如图 5.29 所示。

由图 5.29 可知:在初始采样时刻 2010 年 7 月 23 日,碳酸氢根的空间展布由东南向西北降低,而 B 元素的空间展布为由东向西降低,两者有一定程度的吻合;2010 年 8 月 9 日,碳酸氢根在空间演化时偏转为由南向北降低,而 B 元素的空间展布仍表现为由东向西降低,两者在空间叠选上并不吻合;2010 年 9 月 13 日,碳酸氢根的空间展布偏转为由东向西降低,而 B 元素的空间展布偏转为沿西、南、北三面向东降低,两者在空间叠选上并不吻合;采样时刻 2010 年 10 月 10 日、2010 年 11 月 3 日、2010 年 11 月 17 日,碳酸氢根的空间展布与 B 元素的空间展布均表现为由东向西降低,两者在空间叠选上吻合很好;2010 年 12 月 4 日,碳酸氢根的空间展布仍表现为由东向西降低,而 B 元素在空间演化时发生偏转整体表现为由南向北降低,两者在空间叠选上并不吻合。

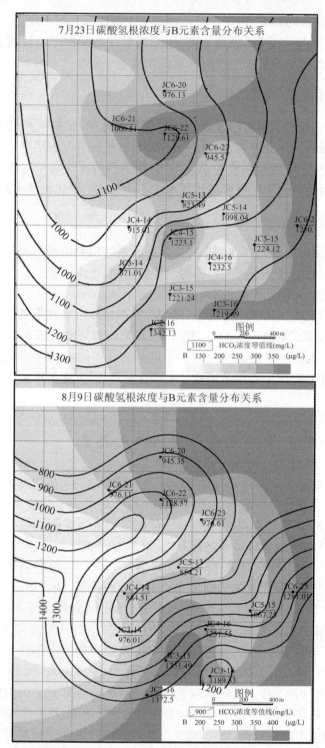

图 5.29　不同采样时刻煤层气井产出地层水中碳酸氢根的空间演化与 **B** 元素的空间演化的耦合关系

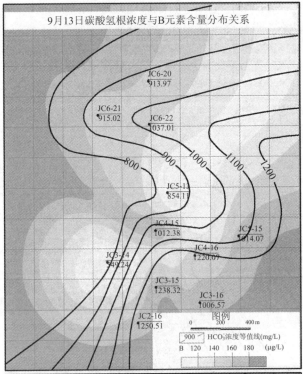

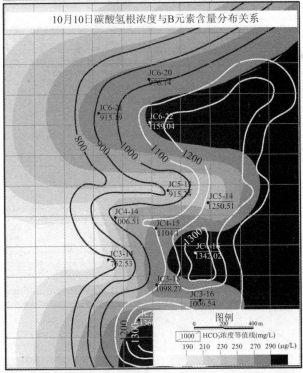

图5.29　不同采样时刻煤层气井产出地层水中碳酸氢根的空间演化与 B 元素的空间演化的耦合关系(续)

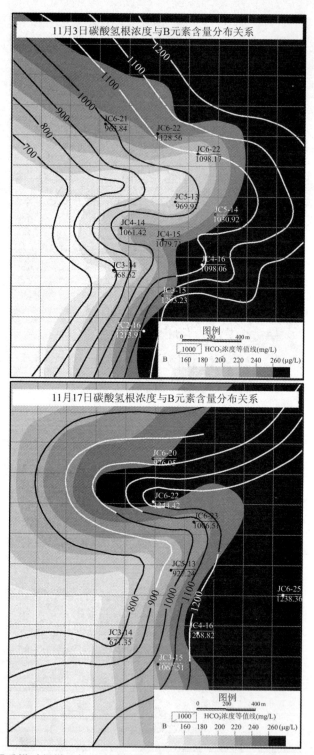

图 5.29　不同采样时刻煤层气井产出地层水中碳酸氢根的空间演化与 **B** 元素的空间演化的耦合关系(续)

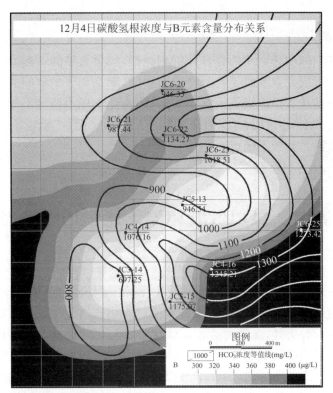

图 5.29　不同采样时刻煤层气井产出地层水中碳酸氢根的空间演化与 B 元素的空间演化的耦合关系(续)

由对碳酸氢根的空间展布与 B 元素的空间展布在叠合时的分析可知,不同生产时刻,离子的空间展布与元素的空间展布在空间叠迭上既存在吻合较好的情况,也存在不吻合的情况。分析认为,离子的空间展布与元素的空间展布在叠合时并不完全同步的原因如下:

（一）离子、元素自身性质影响

对于离子而言,浓度的高低与所处的溶液环境有关,如碳酸根、碳酸氢根能在偏碱性环境中与其他不易形成沉淀的活泼阳离子共存,而元素的溶出受其存在形态的影响,可移动态(如形成离子化合物)的存在形态有利于溶出,相反,以络合(如铵络合和有机酸络合)、螯合等残渣态形式存在的元素不利于溶出。

（二）物源的影响

煤层气井产出地层水的来源、煤层气井所在煤储层及顶底板中元素的含量也影响到产出地层水中离子及元素的浓度或含量高低。

(三) 井网排采条件下井间干扰的影响

与元素的空间演化之间的叠合分析相类似,如果离子的空间演化及元素的空间演化只受物源或元素和离子自身性质的影响,那么离子的空间展布与元素的空间展布的空间叠迭关系应该是固定不变的,因而化学场中两种不同化学参数的空间演化与叠合关系受井网排采条件下井间干扰的影响,而且影响非常显著,表现出两者演化的方向具有较不稳定的特点。

第五节　煤层气液相流体化学场影响因素

为了验证煤层气井网排采条件下煤层气液相流体化学场的演化是由煤层气井网排采形成的井间干扰所引起的,本书除了对液相流体化学场中不同参数的空间演化的原因进行分析外,还将对液相流体化学场与煤层构造及煤层压裂的关系进行分析。因元素的空间演化与离子的空间演化相比,在方向变化上因受多种因素的影响而具有一定的滞后性,因此本书拟通过分析地层水中离子的空间演化的影响因素来验证液相流体化学场的方向变化是否与煤层构造及煤储层压裂有关,借此说明煤层气井网排采条件下液相流体化学场的变化是由井间干扰所引起的。

在第五章第一节中分析得出地层水中离子的空间演化方向基本一致,因此这里以碳酸氢根为例,分析其浓度的空间演化与煤层构造与煤储层压裂主裂缝缝长的关系。

将生产监测区目标煤储层构造图与不同采样时刻地层水中碳酸氢根等值线进行叠合,得到图 5.30。

由图 5.30 可知:地层水中碳酸根的空间展布经历了由南向北降低,然后再由西向东降低,最后由东向西降低,虽然在某个时段碳酸氢根的演化方向变化上与煤层顶板标高变化由东、南、北三面向西降低有一定的吻合性,但从碳酸氢根浓度的具体展布特征及总体变化看,与标高呈现的中北部形成紧密向斜相对应,自然状态下地层水从三面流向紧闭向斜的特征不相吻合。离子的空间展布与煤层构造的这种关系说明地层水中碳酸氢根浓度的变化不受天然条件下构造因素的影响,而是来自其他因素,比如由排采所形成的井间干扰所导致。

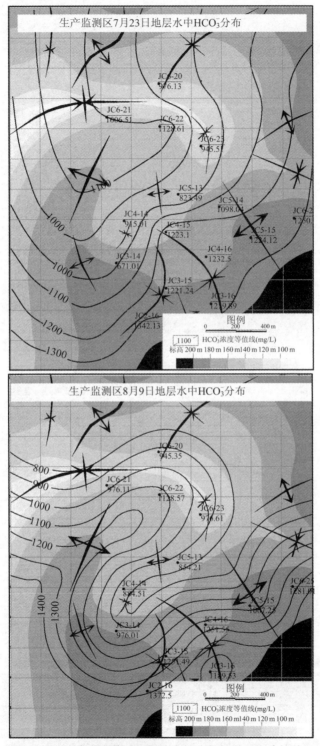

图 5.30 地层水中碳酸氢根的空间演化与煤层构造的关系

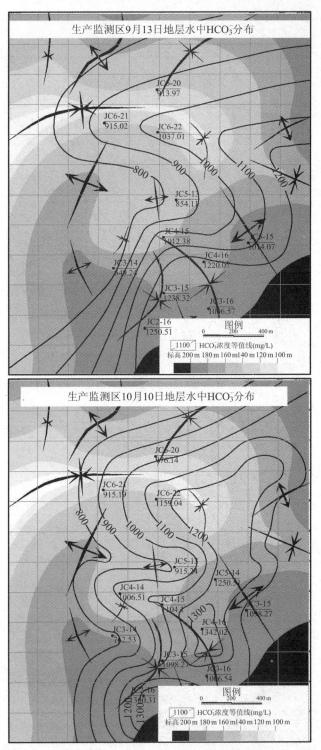

图 5.30 地层水中碳酸氢根的空间演化与煤层构造的关系(续)

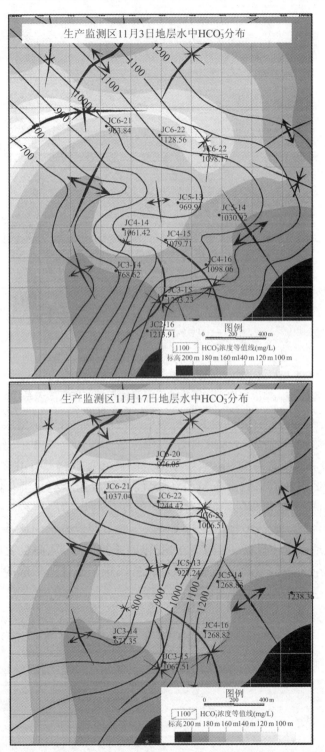

图 5.30 地层水中碳酸氢根的空间演化与煤层构造的关系(续)

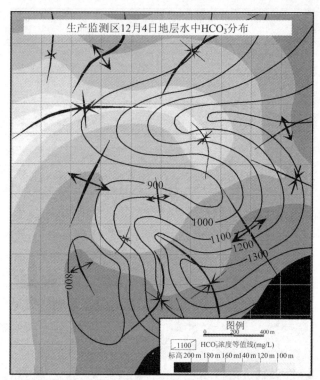

图 5.30   地层水中碳酸氢根的空间演化与煤层构造的关系(续)

将生产监测区煤储层压裂缝主缝长等值线图与不同采样时刻煤层气产出地层水中碳酸氢根浓度等值线叠合,得到图 5.31。

由图 5.31 可知:地层水中碳酸氢根的空间展布方向经历了由南向北降低,然后由西向东降低以及后来的由东向西降低,而煤储层压裂缝主缝长的变化由中部向东西两侧降低,碳酸氢根的空间演化方向的变化与煤储层压裂主裂缝缝长的变化没有任何吻合性。碳酸氢根浓度与煤储层压裂主裂缝缝长的这种关系说明煤储层压裂并不是地层水中碳酸氢根浓度的变化的主控因素,从而也说明地层水中碳酸氢根浓度的空间演化可能主要是由煤层气井网排采条件所形成的井间干扰所引起的。

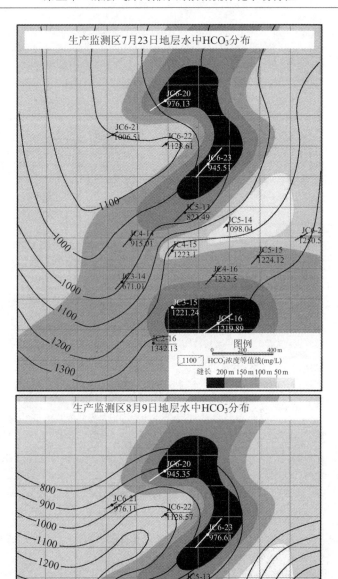

图 5.31　地层水中碳酸氢根的空间演化与煤储层压裂缝主缝长的关系

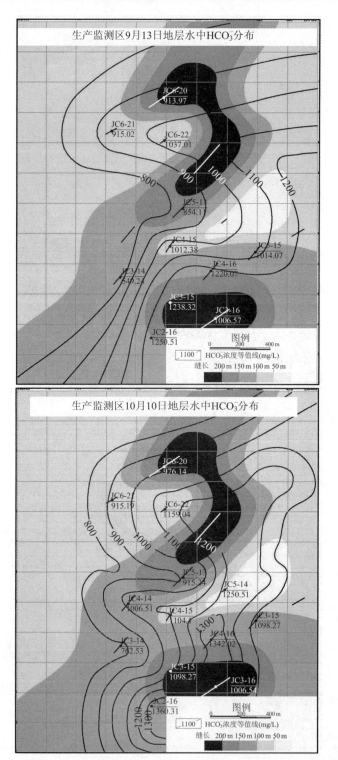

图 5.31　地层水中碳酸氢根的空间演化与煤储层压裂缝主缝长的关系(续)

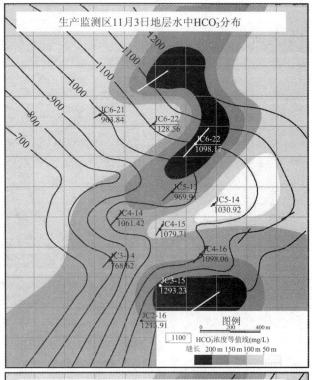

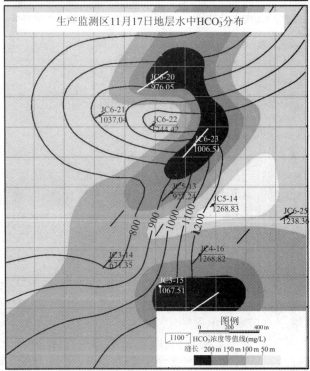

图 5.31　地层水中碳酸氢根的空间演化与煤储层压裂缝主缝长的关系(续)

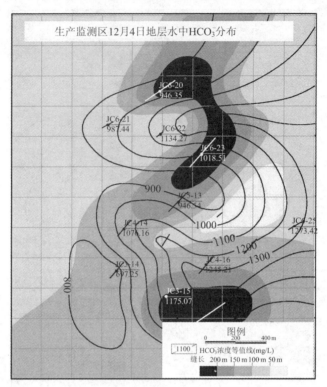

图5.31　地层水中碳酸氢根的空间演化与煤储层压裂缝主缝长的关系(续)

本 章 小 结

　　本章通过对沁南地区井网排采的地层水中离子浓度、矿化度、电导率、硬度、元素含量的时间变化特征的讨论,对离子浓度、地层水矿化度、元素含量的空间演化特征、影响因素及与不同液相流体空间演化的叠合关系的讨论,以对气相流体化学场与液相流体化学场的耦合进行分析,得出以下主要认识:

　　第一,煤层气井产出地层水中主要离子浓度变化表现为先上升,再下降,后又上升,最后又下降的特点,其变化主要受排采地层水的来源、离子性质的影响。离子浓度整体变化特点的一致性也同样反映了井网排采条件下区域性井间干扰对每口煤层气井产出地层水中离子浓度的影响。

　　第二,煤层气井产出地层水的总矿化度、地层水电导率、地层水碳酸盐硬度随排采时间的变化规律具有一致性,即表现为先升高、再下降,后又升高最后又下降的特点;生产监测区排采地层水化学类型主要为 Na-HCO$_3$ 型,部分井在局部生产时段产出地层水为 Na-Cl 型;生产监测区煤层气井在不同采样时刻排出地层水的来源主要为煤层水,局部为煤层水与砂岩水的混合水。

第三,生产监测区煤层气产出地层水中绝大部分元素的含量经历了先上升再下降,后又上升再下降的多次反复的波动性变化过程,局部元素含量变化表现为持续上升或缓慢上升后下降的过程,产出地层水中元素含量变化与煤层气井排采强度、井网排采条件下的井间干扰、物源及元素自身的性质有关。

第四,生产监测区煤层气井在采样时段产出的地层水中离子的空间演化整体表现为先由南向北降低,后由东向西降低,最后由南向北递减的特点,离子的空间分布表现出既受局部排采井产出地层水的影响,又受井网排采的影响,离子的空间展布方向的多变性反映出受井间干扰程度的影响,离子的空间展布方向的变化表征了井间干扰的方向;矿化度的空间展布表现为由南向北降低,但不如离子的空间演化对井间干扰敏感。

第五,排采井在采样时段内产出地层水中元素的空间展布表现出先南北向变化,后由东向西降低,最后南北向变化的特点;元素的空间演化滞后于离子的空间演化,其变化与离子的空间演化不完全一致,原因可能来自 3 个方面:① 元素本身的性质;② 物源影响;③ 排采井间干扰的影响。

第六,对不同液相流体化学参数之间的叠合分析揭示了不同液相流体化学参数的空间演化在空间叠迭上并不完全一致(或同步)。

不同离子的空间演化在叠合时不完全一致的主要原因可能为:① 地层水中离子组成与结合形式不同;② 井网排采过程与井间干扰的作用;③ 地层水来源的不同。

不同元素的空间演化在叠合时不完全一致的原因可能为:① 井网排采及井间干扰的影响;② 元素的来源(物源)不同;③ 元素自身的性质不同。

离子的空间演化与元素的空间演化在耦合时不完全一致的原因可能为:① 离子、元素自身性质影响;② 物源影响;③ 井间干扰的影响。

不同液相流体化学参数的空间演化之间的叠合分析揭示了不同液相化学参数空间演化叠合不同步的真正原因为井网排采条件下井间干扰处于初级阶段,井间干扰具有不稳定性。

第七,生产监测区煤层气井排采的液相流体化学场与煤层构造、煤储层压裂缝的主缝长的关系揭示了排采的液相流体化学场与煤层构造及压裂主裂缝的缝长没有直接的联系,进一步揭示了液相流体化学场方向的变化是由排采所形成的井间干扰所引起的。

第六章　地球化学响应的煤层气排采井间干扰机理

煤层气井排采时,在煤储层中由流体形成的流体场是化学场与动力场的统一体,井网排采过程既改变了流体的化学性质,也改变了其动力性质,导致流体的随时间变化及空间演化;井网排采形成的井间干扰的形成过程既通过煤储层中动力场的变化来体现,也通过流体化学场来响应。本章通过对煤层气排采气相、液相流体化学场的耦合分析和对煤层气排采动力场、流体化学场的耦合分析,建立了煤层气排采井间干扰的地球化学响应模式,并确立了煤层气排采井间干扰评价的方案。

第一节　煤层气排采气相、液相流体化学场的耦合关系

为了验证气相流体化学场对井网排采井间干扰的响应关系与液相流体化学场对井网排采井间干扰之间的响应关系是否具有一致性,本书对气相流体化学场与液相流体化学场的耦合关系进行了分析。由第四章第三节分析可知,气相流体化学场以煤层气同位素的空间演化最为敏感,而在稳定同位素的空间演化中,氢同位素的空间演化具有滞后性,因而在耦合验证分析时以煤层气甲烷碳同位素的空间演化作为实例进行分析。同时,由第五章第四节分析可知,在液相流体化学场中,元素的空间演化受多重因素的影响,不如离子的空间演化对井间干扰更加敏感,因为在离子的空间演化过程中由于煤层气组分中的二氧化碳参与了煤层气井排采的地层水的流动过程,地层水中碳酸氢根(重碳酸根)的空间演化能更实际地反映受排采影响的井间干扰形成及变化过程,所以在耦合时,离子的空间演化将以碳酸氢根的演化为例进行分析。

将煤层气组分中甲烷碳同位素比值等值线图与地层水中碳酸氢根浓度等值线图进行叠合,得到图 6.1。由图 6.1 可知,随着排采的进行,煤层气组分中甲烷碳同位素的演化特征与地层水中碳酸氢根的演化特征具有明显的相关性。

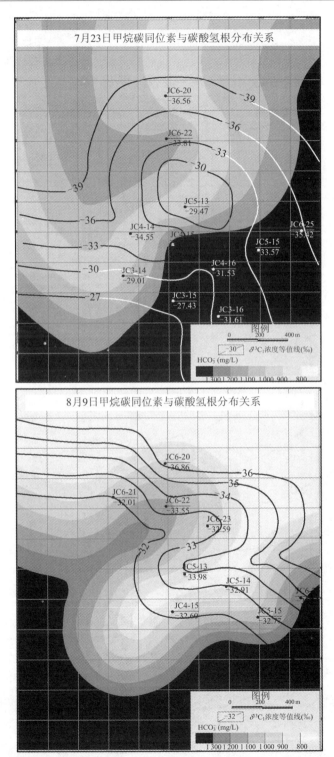

图 6.1　不同采样时刻煤层气甲烷碳同位素的空间演化与地层水中碳酸氢根的空间演化的耦合关系

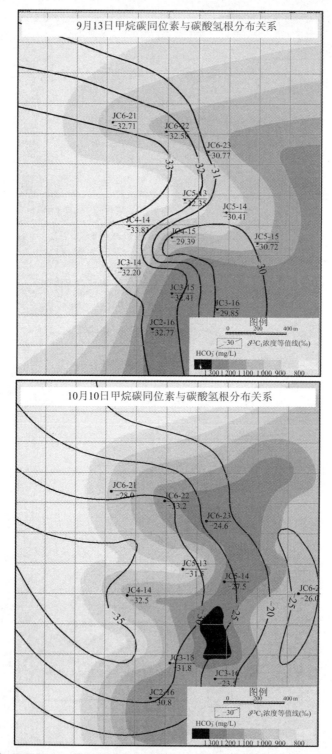

图 6.1　不同采样时刻煤层气甲烷碳同位素的空间演化与地层水中碳酸氢根的空间演化的耦合关系(续)

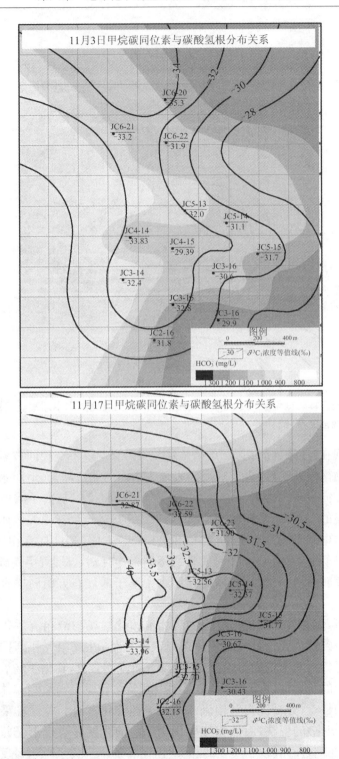

图 6.1　不同采样时刻煤层气甲烷碳同位素的空间演化与地层水中碳酸氢根的空间演化的耦合关系(续)

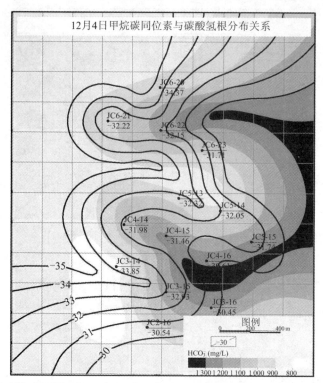

图 6.1　不同采样时刻煤层气甲烷碳同位素的空间演化与地层水中碳酸氢根的空间演化的耦合关系(续)

　　具体表现在:在采样时刻 2010 年 9 月 23 日,煤层气甲烷碳同位素空间展布的方向表现为由南向北变轻,煤层气流向表现为由南向北流动,而地层水中碳酸氢根的空间展布方向表现为由南向北降低,煤层气同位素变轻与离子浓度降低的变化方向具有明显的一致性;采样时刻 2010 年 8 月 9 日的煤层气甲烷碳同位素的空间展布与地层水中碳酸氢根的空间展布和 2010 年 7 月 23 日具有相同的特征;从 2010 年 9 月 13 日至 2010 年 12 月 4 日的不同采样时刻,煤层气甲烷碳同位素的展布方向逐渐偏转为由东向西变轻,而地层水中离子的展布方向同样也转变为由东向西降低。

　　综上分析,煤层气井网排采过程中气相流体化学场与液相流体化学场的演化具有明显的一致性。无论是气相流体还是液相流体,在煤层气井网排采过程中均能体现受煤层气井间干扰的影响,只是针对不同流体参数,其化学场展布和方向可能具有时间上的差异性(可能滞后)。针对气相流体化学场与液相流体化学场具有明显一致性的特点,分析认为气相流体化学场的演化本身为井网排采条件下井间干扰(压力场变化)的反映,而液相流体化学场的演化明显表现出受井间干扰的影响,因而两者在耦合时表现出明显的相关性,两者的耦合关系也明显反映出对井间干扰的响应。

第二节　煤层气排采流体动力场与
流体化学场的耦合关系

在对煤层气排采的流体动力场与流体化学场耦合时,以排采的流体势作为动力场的参数与流体化学场进行耦合分析,原因是在排采生产较长时间后,生产监测区的煤储层压力基本都下降到 1 MPa 以下,如果在生产监测区范围内没有足够多的监测井数,所获得静水压力数据不充分,所得到储层压力场可能不够准确。而生产监测区的流体势(地下水位)展布格局是基本不变的,排采过程中只引起生产区内局部区域的流体势方向发生改变,同时地下流体势也在一定程度上代表了气、水的流向,能够反映气、水的来源,对井间干扰有明显的指示意义。

同样,在进行煤层气排采流体动力场与流体化学场的耦合分析时,选择对井网排采条件下对井间干扰较为敏感的气相流体参数和液相流体参数参与耦合。由第四章和和第五章的分析讨论可知,气相流体化学场以煤层气甲烷同位素的空间演化对井间干扰更为敏感,液相流体化学场以碳酸氢根的空间演化对井间干扰更为敏感,因而选择煤层气甲烷碳同位素与碳酸氢根的空间演化与流体动力场进行耦合分析。

一、煤层气排采流体动力场与气相流体化学场的耦合分析

将不同采样时刻的地层水地下水位等值线图(流体势等值线图)与煤层气甲烷碳同位素比值等值线进行叠合,如图 6.2 所示。

由图 6.2 可知,在采样时刻 2010 年 7 月 23 日,煤层气甲烷碳同位素的分布表现为由北向南变重,煤层气偏轻方向(煤层气流向)由南向北,而地层水流体势表现为由东向西降低,煤层气甲烷碳同位素的空间展布与流体势的展布并不吻合;在采样时刻 2010 年 8 月 9 日,煤层气甲烷碳同位素的空间展布主体表现为由南向北偏轻,同时略向东西向偏转,而地下水流体势主体表现为由东向西降低,同时略有南北偏转;煤层气甲烷碳同位素的空间演化与流体势的空间演化并不一致;在采样时刻 2010 年 9 月 13 日,煤层气甲烷碳同位素的空间展布表现为由东向西偏转,而地层水流体势的展布表现为中部向南、北降低,煤层气甲烷碳同位素的空间展布与地层水流体势的展布不相吻合;在采样时刻 2010 年 10 月 10 日,煤层气甲烷碳同位素在空间展布时偏转为由东向西偏轻,与此时地层水流体势的展布有很大程度的吻合;在采样时刻 2010 年 11 月 3 日,煤层气甲烷碳同位素的展布表现为由南向北

偏轻,而地层水流体势的展布表现为由南向北及由东向西降低,煤层气甲烷碳同位素的展布与流体势的展布在很大程度上一致;在采样时刻 2010 年 11 月 17 日,煤层气甲烷碳同位素的展布表现为由东向西偏轻,而地层水流体势的展布表现为由东南向西北降低,煤层气甲烷碳同位素的分布与地层水流体势的展布在一定程度上吻合。

由图 6.2 对煤层气甲烷碳同位素的空间演化与地层水流体势的耦合分析可知:煤层气甲烷碳同位素的空间分布与地层水流体势的空间分布只在个别生产时刻有一定程度的吻合,分析两者演化不完全同步的原因,可能如下:

（一）煤层气解吸漏斗变化与井间干扰的变化并不完全一致

压降漏斗的变化受原始储层压力、排采强度、煤储层导水能力、水源供给能力所影响,而解吸漏斗的半径由解吸压力、泄流半径(压降漏斗径)、井筒半径共同影响。欠饱和煤层气藏的解吸半径小于泄流半径,在排采过程中压降在平面上扩展较快,垂向上变化传播较慢,导致解吸气的产量变化并不如压力变化那样敏感,换而言之,压降扩大到足以产生井间干扰时,在气源上并不一定表现出急剧增加,因而对煤层气井产出的煤层气在影响上表现为动力场的变化与气相流体场的变化并不完全一致,进而导致煤层气甲烷碳同位素的空间演化与动力场的演化不完全吻合。

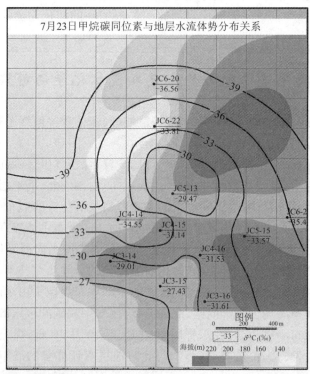

图 6.2　不同采样时刻煤层气甲烷碳同位素的空间演化与地层水流体势的耦合关系

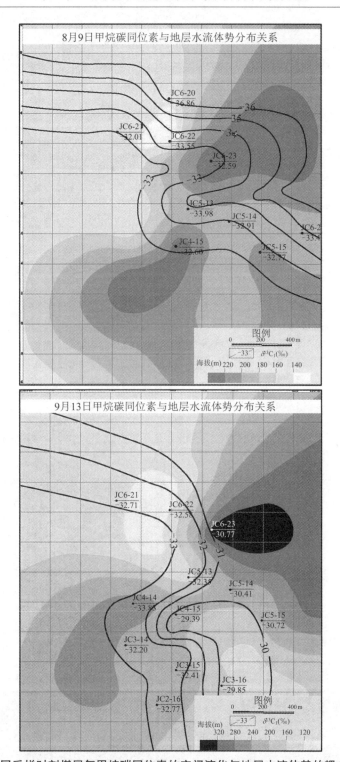

图 6.2　不同采样时刻煤层气甲烷碳同位素的空间演化与地层水流体势的耦合关系(续)

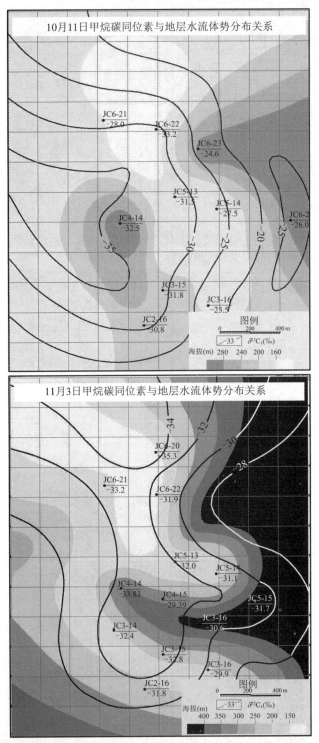

图 6.2　不同采样时刻煤层气甲烷碳同位素的空间演化与地层水流体势的耦合关系（续）

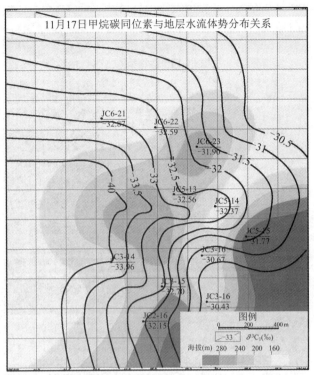

图 6.2　不同采样时刻煤层气甲烷碳同位素的空间演化与地层水流体势的耦合关系(续)

(二) 煤层气组分及稳定同位素分馏导致的延时效应

对于煤层气组分和煤层气甲烷碳、氢同位素而言,其解吸、运移过程中的分馏相对于动力场本身的变化具有时间的滞后性(延时效应),即煤层气气相流体化学场的演化滞后于动力场的演化。

(三) 煤层气产出对井间干扰响应的延时效应

井间干扰是地层中动力场演化的实时表现,而煤层气产出则要经过解吸、扩散、渗流等运移过程,即使在形成井间干扰解吸漏斗充分扩展的区域,煤层气产出的变化与动力场的变化并不能完全在时间上对应起来,煤层气产出的过程相对于动力场的演化过程在时间上滞后。

二、煤层气排采流体动力场与液相流体化学场的耦合分析

将不同采样时刻的地层水地下水位等值线图(流体势等值线图)与地层水中碳酸氢根浓度等值线进行叠合,如图 6.3 所示。

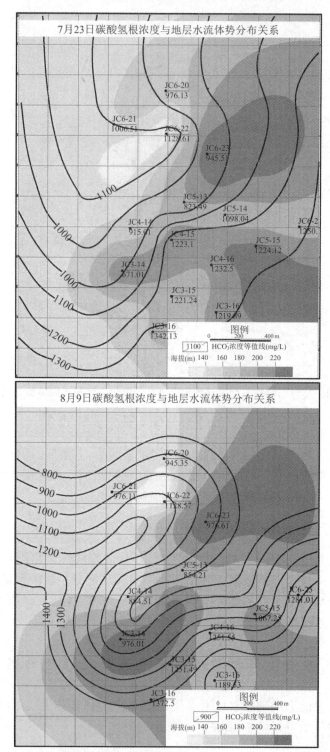

图 6.3　不同采样时刻地层水中碳酸氢根的空间演化与地层水流体势的耦合关系

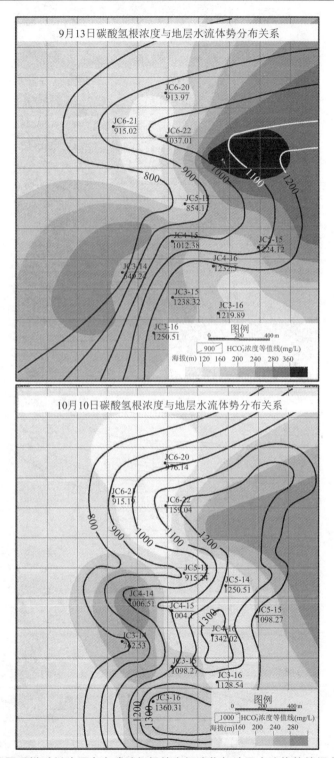

图 6.3　不同采样时刻地层水中碳酸氢根的空间演化与地层水流体势的耦合关系(续)

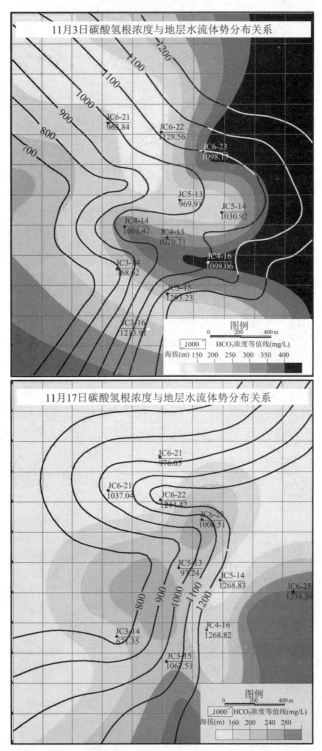

图 6.3 不同采样时刻地层水中碳酸氢根的空间演化与地层水流体势的耦合关系(续)

由图 6.3 可知,在采样时刻 2010 年 7 月 23 日,地层水中碳酸氢根的分布表现为由东南向西北降低,而地层水流体势表现为由东向西降低,地层水中碳酸氢根的空间展布与流体势的空间展布在很大程度上相吻合;在采样时刻 2010 年 8 月 9 日,地层水中碳酸氢根的空间展布表现为由南向北降低,而地下水流体势主体表现为由东向西降低,同时略有向南北偏转,地层水中碳酸氢根的空间演化与流体势的空间演化同样在一定程度上相吻合;在采样时刻 2010 年 9 月 13 日、2010 年 10 月 10 日、2010 年 11 月 3 日、2010 年 11 月 17 日,地层水中碳酸氢根的展布均表现为由东向西降低,而地层水流体势的展布表现为发生了一定程度偏转但主体表现为由东向西降低,地层水中碳酸氢根的空间分布与地层水流体势的展布在很大程度上相一致。

由图 6.3 所示的地层水中碳酸氢根的空间演化与地层水流体势的耦合分析可知:地层水中碳酸氢根的空间演化与地层水流体势的空间演化在绝大多数生产时刻均有很大程度的吻合,两者在空间叠迭上略有不吻合。分析地层水中碳酸氢根的空间演化与地层水流体势的耦合特征认为,其原因可能如下。

(一) 地层水来源方向与地下水流向的一致

地层水中碳酸氢根的空间演化在很大程度取决于地层水的来源,同时地层水的来源受井间干扰下形成的流体场中液相流体流向的控制。煤层气井产出地层水中碳酸氢根除受自身煤层气井所在煤储层及顶底板矿物与水的水—岩相互作用、离子溶出程度影响外,很大程度上受补给的地层水中离子浓度影响。因而地层水中碳酸氢根的空间演化在很大程度上与地层水流体势的演化相一致。

(二) 产出地层水中离子浓度的变化对井间干扰的延时效应

产出地层水离子浓度的变化并不实时反映地层中流动的地下水中离子浓度的变化,与此同时,地层水在产出的过程中离子发生的溶解与沉淀、吸附与脱附的过程也在一定程度上改变了实际煤层气所在煤储层(地层)中离子的浓度。而反映压力扩展、降落形成的井间干扰的动力场的变化为实时变化,所以产出地层水中离子浓度的变化对井间干扰的延时效应也使得碳酸氢根的空间分布与地层水流体势存在局部不吻合。

综上,通过对气相流体中煤层气甲烷碳同位素的空间演化与流体势的空间演化的耦合分析及对地层水中碳酸氢根的空间演化与流体势的空间演化的耦合分析表明,气相流体化学场与动力场的演化并不完全同步,原因与气相流体的产出过程、产出时的延时效应有关,而液相流体化学场与动力场的演化在很大程度上同步,原因主要是地层水的来源方向与地下水流向具有一致性,局部不同步的原因与产出液相流体的化学参数对井间干扰的延时效应有关。

第三节　煤层气排采井间干扰的地球化学响应模式

煤层气井排采的流体对井网排采下井间干扰的响应通过流体的各种参数的规律性变化体现出来。煤层气排采井间干扰控制着煤层气组分及甲烷碳氢同位素的分馏、运移富集,这些对地层水中元素含量、离子浓度、地层水总矿化度、导电率等地球化学参数的时间演化产生影响。

一、煤层气排采井间干扰的气相流体化学响应

煤层气井网排采下井间干扰对气相流体(煤层气)的影响分别通过气相流体的两个方面的变化来体现:一是气相流体浓度(或同位素比值)差异的变化;二是气相流体浓度(或同位素比值)本身的变化。

(一) 煤层气组分的变化

煤层气井在实施井网排采的初期,各个煤层气井在煤储层形成的压降漏斗为独立的压降漏斗,煤层气解吸漏斗(常小于压降漏斗)也为独立的单个漏斗,煤层气井产出的煤层气为独立的煤层气井井筒周围煤储层所解吸出来的煤层气。此时煤层气组分的变化完全服从煤层气组分分馏的规律,即轻的组分先产出,导致富集,煤层气中轻组分变化表现出升高的特点。同时煤层气各组分的变化遵从此消彼长的过程,初期轻组分富集,而重组分相对降低。随着排采的进行,单个煤层气井产出煤层气中的轻组分(甲烷)含量下降,而煤层气中重组分的体积浓度上升。

当各个煤层气井排采一段时间(产气后)之后,不同煤层气井所在煤储层所形成的压降漏斗会有一定程度的重叠(即形成井间干扰)。此时,对于单个煤层气井而言,煤层气井产出煤层气的来源发生了变化,煤层气井不但产出该井井筒周围自身煤储层所解吸运移出的煤层气,同时接纳来自邻井甚至远井煤储层解吸运移过来的煤层气。在这个时期,单个煤层气井产出煤层气组分中轻组分(甲烷)由于先接受邻井甚至远井煤储层解吸运移过来的煤层气中轻组分(甲烷)的补充,在经历初期的上升、下降过程后会再次上升;相反,该煤层气井产出煤层气中重组分(如二氧化碳)在经历先下降后上升的过程之后,因邻井或远井煤储层解吸运移的轻组分的优先补充,该井产出煤层气中重组分的比例(体积浓度)再次表现出下降的特点。

与此同时,在煤层气井之间形成井间干扰之后,各个煤层气井产出煤层气组分的变化因受组分分馏的控制,对不同煤层气井之间的煤层气中不同组分的补给同

样也表现出随时间变化的特点。由于不同煤层气井煤层气解吸、运移速度受煤储层压力、煤储层渗透率、排采时间及排采强度等多重因素的影响,解吸运移速度不同。对单个煤层气井而言,由于受到不稳定的产自其他煤层气井运移过来的煤层气补充的影响,煤层气组分的变化更具复杂性。在煤层气生产区域逐步形成稳定的井间干扰之后,可以推断煤层气井产出煤层气组分的变化将会具有同步性,即相同的生产时刻,煤层气井产出煤层气相同的组分变化规律将会一致。

煤层气排采井间干扰对煤层气组分变化的影响的另一个重要的方面,还表现在煤层气生产区域煤层气产出的各组分的整体差异在变小。在煤层气井排采的初期,由于不同煤层气井煤储层排水降压的幅度不同、煤储层物性不同导致的煤层气解吸、运移分馏的快慢不一致,此时,不同煤层气井产出煤层气组分随时间的浓度变化亦有差异,因时间上的差异,在生产监测区不同煤层气井产出煤层气中不同组分的浓度出现差异,甚至此差异会非常大。但当生产监测区煤层气井实行井网排采一段时间以后,单个煤层气井产出煤层气由于受到其他煤层气所在煤储层解吸运移煤层气的补充影响,不同煤层气井产出煤层气中组分的差异将逐渐降低。一般而言,在产生井间干扰之前,不同煤层气井产出煤层气不存在越流补给的可能,因为煤层气产出的煤层气随排采地下水流动,不可能越过流动的地下水向地下水位较高的区域流动,去补给地下水位较高的煤层气井。因而可以推论生产监测区煤层气井产出煤层气组分浓度差异的逐步减小是煤层气井在井网排采条件下已经产生井间干扰在地球化学因素上最直接的响应结果,也是生产监测区井间干扰形成的最直接的证据。这个结论也被本书中第四章和第五章中相关研究结果所证明。根据煤层气井排采时煤层气组分浓度的变化,同样可以推知,在生产监测区煤层气井间实现稳定的井间干扰之后,煤储层中必将形成一个稳定的气相流体场,各个煤层气产出煤层气组分因气源来源趋于稳定,因而产出煤层气组分随时间的变化将会更加有规律,不同煤层气井产出煤层气同一组分的差异将会非常小,具有趋同趋势。

(二) 煤层气甲烷碳、氢同位素比值的变化

煤层气甲烷碳、氢同位素比值的变化在煤层气井排采时对井间干扰响应最敏感,尤其是煤层气甲烷碳同位素的变化对此最为敏感,因为产出的煤层气以甲烷为主,同时因为煤层气甲烷氢同位素分馏滞后于煤层甲烷碳同位素(在第四章已经证实),而煤层气中甲烷碳同位素随时间的变化是反映煤层气排采井间干扰最为直接的证据。生产监测区煤层气井在排产的初期的煤层气甲烷碳、氢同位素在煤层气解吸、运移过程中因解吸、扩散、水溶及重力等分馏原因偏轻,轻同位素的煤层甲烷先产出。随着排采的进行,轻同位素甲烷偏轻达到峰值后,残留重同位素甲烷比例上升,因而煤层气甲烷碳、氢同位素比值在排采产气初期表现为先偏轻再偏重的过程。

事实上,当生产监测区煤层气井在经过一段时间的排采之后,煤层气井与井之间的压降漏斗局部开始出现重叠,产生了井间干扰,煤层气井产出煤层气的来源发生了变化,由煤层气井自身产出的单一煤层气来源变为由其他煤层气井煤储层解吸、运移的煤层气参与的多种来源,同时因为来自其他煤层气井(邻井或远井)的煤层气运移补给过程中轻同位素的甲烷优先分馏进行运移补给。对于单个煤层气井而言,产出的煤层气中碳、氢同位素甲烷在经历了先偏轻再偏重的过程后,再进入新一轮的偏轻后再偏重的过程。需要说明的是,因煤层甲烷碳、氢同位素本身分馏的时间差异性(氢同位素滞后碳同位素),煤层气中甲烷氢同位素在经历先偏轻、再偏重,后又偏轻、再偏重所需要的时间长于煤层气中甲烷碳同位素比值变化的时间。根据生产监测区煤层气井间干扰下煤层甲烷碳、氢同位素分馏的规律,可以进一步推知,在将来生产监测区实现稳定的井间干扰时,不同煤层气井产出的煤层甲烷碳(或氢)同位素在相同的生产时间偏轻或偏重的规律也将具有同步性。

虽然煤层气井在排采实现井间干扰后煤层气来源多样化,但煤层气甲烷碳、氢同位素的总体变化仍呈现出规律性,即生产监测区同一生产时间煤层气产出的煤层甲烷碳、氢同位素比值的差异在逐步缩小,关于这一点同样也被第四章同位素的空间演化分析所证实。煤层甲烷碳、氢同位素的整体差异变小是井网排采条件下井间干扰形成的最直接的证据,也是生产监测区煤层气井产出煤层甲烷碳、氢同位素对井网排采条件下产生井间干扰的地球化学因素的响应的最直接证据。依据本书分析的结果,可认为在煤层气生产区域在井网排采条件下产生稳定的井间干扰时,形成了稳定的气相流体场之后,各煤层气井在同一生产时间产出的煤层甲烷的碳、氢同位素比值的差异将进一步缩小,碳、氢同位素比值(或含量)的变化有趋同趋势。

综上分析,煤气井从排采初期到井网排采实现井间干扰后直至到后期形成稳定的井间干扰,产出煤层气组分及煤层甲烷碳、氢同位素地球化学演化将遵守以下地球化学模式,如图 6.4 所示。

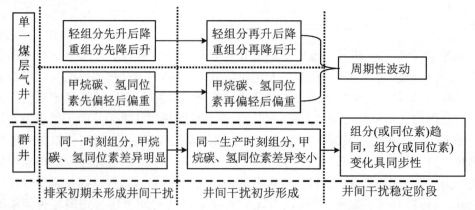

图 6.4　井网排采条件下煤层气组分及煤层甲烷碳、氢同位素对井间干扰的地球化学响应模式

二、煤层气排采井间干扰的液相流体化学响应

煤层气井排采对液相流体变化的影响也主要通过两个方面来反映：一是液相流体化学参数（如离子浓度、元素含量、总矿化度及电导率等）本身的变化；二是液相流体化学参数差异的变化。

（一）地层水中离子浓度、离子矿化度、电导率及元素含量的变化

煤层气井排采地层水中离子浓度、离子矿化度、电导率及元素含量本身受离子或元素自身的化学习性、物源的影响，但剔除这些自身因素的影响外，同样受煤层气井井网排采的影响（在第五章中不同液相流体化学场的耦合分析时已证实这个结论）。

煤层气井在排采的初期，生产监测区域未形成井间干扰，煤层气井产出的地层水来自于该煤层气井由近及远的煤储层及煤岩顶底板，产出地层水中离子浓度的变化、元素含量的变化、地层水的总矿化度及电导率受离子或元素自身化学性质及来源的影响显著，大部分变化表现为先上升后下降，部分表现为持续上升。在煤层气井与井之间初步形成井间干扰之后，在生产区域里煤储层中的原来的液相流体场的流动方向被打破（从第三章生产监测区排采的流体势可以看出这种表现），生产区域内地下水的流向在总体不变的情况下呈现出多样化，此时对于单井产出的地层水而言，由于补给的水源的多变性，不同来源的地层水改变了原来产出地层水的性质，包括改变了产出地层水中的离子浓度，进而改变了总矿化度及地层水的电导率，同时也改变了地层水中元素的含量。因而由于井网排采条件下井间干扰的影响，煤层气井产出地层水的离子浓度、元素含量、总矿化度及电导率大部分出现再次上升然后下降，但部分煤层气井产出的煤层水中离子浓度、元素含量、总矿化及电导率有可能继续下降，也有可能上升，下降与上升取决于补给来源的地层水中离子浓度、元素含量、总矿化度及电导率的值。

在煤层气井之间形成稳定的井间干扰之后，在生产区域的煤储层中将形成稳定液相流体场，流体场的方向将趋于稳定，此时煤层气井产出地层水中离子浓度、元素含量、总矿化度及电导率将受补给来的地层水中离子浓度、元素含量、离子总矿化度及电导率的影响，随排采时间的变化表现出一定的规律。在这个阶段，相邻的井产出的地层水中离子浓度、元素含量、总矿化度及电导率的变化将具有同步性，即在此时刻可能上升，在彼时刻可能下降，这些化学参数随时间发生同步变化，具有很好的相关性，相距较远的煤层气井产出的地层水中的离子浓度、元素含量、离子总矿化度及电导率的变化具有相似性，但在生产时间上将会错动，变化的幅度有差异，离不同物源的远近决定了距离相差很远的煤层气井产出的煤层水中离子浓度、元素含量、总矿化度及电导率的高低。离高本底值物源较近的煤层气井，产出的地层水中离子（或元素）浓度升高，因而产出地层水中离子（或元素）也较高；而

受此物源影响的较远的煤层气井,产出的地层水中离子(或元素)浓度在此时刻升高幅度较小。

（二）地层水中离子浓度、元素含量、总矿化度及电导率差异的变化

相对而言,地层水中离子浓度、元素含量、总矿化度及电导率是对煤层气井间干扰响应较不敏感的因素,因为这些因素受元素或离子自身化学性质及来源的影响较大,同时不同元素及离子性质的差异,也导致煤层气井在井网排采时表现出一定的差异。然而,对于同一种元素或离子而言,在井网排采实现井间干扰之后,受生产区域内不同煤层气井产出地层水中离子浓度或元素含量的影响,离子浓度或元素含量的差异也将逐步在缩小,这同样也被第五章离子或元素的空间演化的相关分析所证实。即使煤层气井网排采的井间干扰达到稳定阶段,不同煤层气井产出地层水中元素含量或离子浓度仍然存在差异(仍受元素或离子来源的影响),但元素含量或离子浓度的变化都具有差异变小的趋势。对于矿化度或电导率而言,这主要受离子浓度的影响,这两者在不同生产时刻分别所具有的差异变小的趋势与离子浓度差异变化的趋势相同。

综上分析,煤层气井从排采初期到井网排采实现井间干扰直至后期形成稳定的井间干扰,煤层气井产出地层水中离子浓度、元素含量、总矿化度及电导率的变化响应对井间干扰形成过程将遵守以下地球化学模式,如图6.5所示。

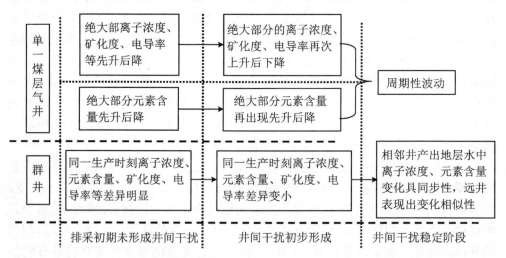

图6.5　井网排采条件下煤层气井产出地层水中化学要素对井间干扰的地球化学响应模式

煤层气井排采过程中排采的流体化学场对排采井间干扰的响应通过流体的各种化学要素的空间演化规律来体现。井网排采形成的井间干扰控制着流体场的演化,其本身通过流体动力场自身的演化来体现,也通过流体化学场的演化来响应。

由第五章中的分析可知,气相流体化学场(尤其是同位素的空间演化)本身就是井网排采条件下井间干扰最直接的反映。气相流体化学场演化过程中发生的多

次偏转甚至倒转真实地反映出煤层气井产出煤层气的组分及煤层甲烷碳、氢同位素受到来自其他煤层气井产出煤层气的影响，因而也说明了气相流体化学场对井间干扰的响应效应。从第四章中不同组分空间演化关系的叠合分析可知，大部分采样时刻煤层气甲烷组分的空间演化与二氧化碳组分的空间演化的叠迭关系表现为两者呈相反的分布特点，但在局部生产时刻，两者叠迭并不表现出相反的分布特点，在分布上两者呈交错交织状态，甚至出现相同的分布特点，这说明对于化学场中同一个煤层气井的组分并不是完全遵守组分中此消彼长的规律变化的，也说明其受到了来自其他煤层气井煤层气补给的影响，从而也反映出化学场耦合对井间干扰的响应效应。而不同同位素空间演化关系的耦合无法反映出对井间干扰的响应，因为碳、氢同位素的空间演化基本呈现一致的演化规律，只是在时间上稍有先后。而组分的空间演化与同位素的空间演化在叠合时，因组分的空间演化或同位素的空间演化多次发生偏转或者倒转，这反映出煤层气的多种来源，同样两者在叠合时所表现出的空间叠迭关系的变化也反映了对井间干扰的响应效应。

　　液相流体化学场与气相流体化学场不同，在井网排采条件下井间干扰形成之前，产出地层水中的离子浓度、元素含量及矿化度主要受离子、元素自身性质及物源来源的影响，液相流体化学场的展布方向应该是一定的，液相流体化学场中的不同化学参数的空间演化在耦合时表现为在空间叠迭时亦不变。事实上，不同生产时刻液相流体的不同化学参数的空间演化方向是在不断变化的（不同离子、不同元素变化程度不同），同样，液相流体化学场中不同化学参数的空间分布在叠合时，空间叠迭关系也在变化，这均说明了液相流体化学场受到不同煤层气井地下水源补给产生的离子浓度、元素含量及矿化度的影响。与此同时，矿化度的空间演化与地下水流体势的关系表明地层水矿化度不仅受地层水中整体离子分布的影响，同时还受不同煤层气井所在煤储层产出地层水的影响，从而也反映出矿化度的空间演化对井间干扰的响应效应。而不同生产时刻相同化学参数的差异在逐渐变小说明来自于不同物源的离子浓度、元素含量影响了整个生产区域，从而反映出液相流体化学场对井间干扰的响应效应。

　　综上所述，生产监测区煤层气井生产过程中，流体化学场的演化及耦合的空间关系对井间干扰响应过程可用以下地球化学模式表示，如图 6.6 所示。

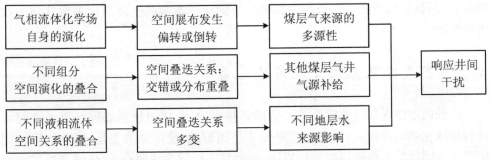

图 6.6　井网排采条件下流体化学场对井间干扰的地球化学响应模式

第四节　煤层气排采井间干扰评价

一、煤层气排采井间干扰评价的依据、原则

结合煤层气排采流体化学场的演化特点及流体化学场与动力场的耦合关系，依据煤层气排采井间干扰的地球化学响应模式，本书研究认为煤层气井网排采时井间干扰通过两个方面来反映：一是通过煤储层中的流体动力场本身的变化来反映，二是通过地层流体化学参数的时间变化及化学场的演化来响应。因此在进行煤层气排采井间干扰评价时，一方面以动力场的演化作为依据，包括以储层中压降的变化及流体势的变化为依据，尤其以井网内压降漏斗的演变作为重点，通过压降泄流半径的计算及其与井网布置的比较确定压降漏斗是否叠加，另一方面通过排采时的流体参数的时间变化特征及流体场的演化特征进行定性评价，对井间干扰的阶段及程度做出判断。

相应地，在进行井间干扰评价时应遵循的原则如下：一是压降叠加原则；二是流体化学参数和流体化学场对井间干扰的敏感性原则。前者通过判断压降漏斗是否真正叠加来判断井间干扰是否真正发生。在实际的研究中，常常依据储层参数和排采数据运用数学公式进行模拟来计算压降的泄流半径，因此所得到压降漏斗是有误差的，另外在现有的计算中通常忽略了原始煤储层压力的变化，计算得到叠加压降漏斗与真实的排采情况下叠加压降漏斗是有差别的，凡此种种。这也是要通过地球化学监测方法来验证井间干扰的原因。通过流体化学参数的时间特征曲线及流体化学场进行井间干扰评价时，应该选择对井间干扰敏感的流体化学参数和流体化学场，如煤层气稳定同位素的时间变化曲线，选择气相流体化学场时应选择甲烷碳同位素的空间展布来对井间干扰进行反演，液相流体化学场中应选择受物源和元素、矿物及离子本身性质影响较小的化学参数的空间演化来对井间干扰进行反演。

二、煤层气排采井间干扰评价方案

根据确定的煤层气井间干扰评价的依据和原则，同时根据煤层气排采井间干扰的地球化学响应模式，在考虑压降漏斗叠加情况、流体势的变化、煤层气甲烷同位素在不同排采生产阶段的变化特征、化学场中化学参数的特征、化学参数的空间

展布特征的基础上,本书确立了评价煤层气排采井间干扰方案(表 6.1)。

表 6.1　煤层气排采井间干扰评价方案

		排 采 阶 段		
		未形成井间干扰阶段	不均衡井间干扰期	井间干扰稳定阶段
流体动力场	压降漏斗	单个压降漏斗	局部出现叠加压降漏斗	出现相互叠加压降漏斗
	流体势	地下水在整体由高水位流向低水位的同时,在每个煤层气井周围,地下水由四周流向单个降压井筒	地下水在整体由高水位流向低水位的同时,局部区域出现地下水流由四周流向以某一个或几个井筒为中心的区域,局部出现稳定流体场	在生产区内成片出现不同地下水流,流向以不同降压井为中心的多个区域,出现区域性稳定的流体场
响应的地球化学参数	甲烷碳同位素变化曲线			
流体化学场	参数差异	差异大	差异逐步缩小	基本没有差异
	参数空间展布	不同时刻展布变化不规则	局部区域参数的量值出现周期性变化	整体出现周期性波动

　　根据本书中所确立的煤层气井间干扰评价方案,在取得了排采数据、进行了相关地球化学监测的前提下,依照表 6.1 所确立的方案中列出的评价内容进行分析,可以确定出煤层气生产区井间干扰所处的阶段及程度。依据本书中确立的煤层气井间干扰评价方案判断,很显然研究区煤层气井间干扰处于初期,且井间干扰程度较弱。本书中确立的评价方案不仅适用于评价沁水盆地南部煤层气井区的生产,在其他原位煤层气生产开发区,只要条件具备同样可以适用,因而本书中确立的煤层气井间干扰评价方案具有普适性。在进行煤层气井间干扰评价时,选择其中一到两项评价内容(至少保证有煤层气甲烷碳同位素或甲烷氢同位素),就可以对井间干扰进行评价,因此本书所确立的评价方案简单、操作方便,能够为煤层气的生产控制提供技术支持,从而能有效地指导煤层气后期开发工程。

本 章 小 结

　　本章通过对煤层气排采的不同相态流体化学场的耦合关系、排采流体动力场与流体化学场的耦合关系分析,讨论了井网排采条件下气相流体化学要素、液相流体化学要素对井间干扰响应及流体化学场对井间干扰的响应机理,提出了煤层气排采井间干扰的地球化学响应模式,确立了煤层气排采井间干扰评价的依据、原则及方案,取得以下主要认识:

第一,气相流体化学场与液相流体化学场的演化具有明显的一致性,两者耦合时表现出明显的正相关和对井网排采条件下井间干扰的响应。

第二,气相流体化学场与流体动力场的演化并不完全同步,主要原因与气相流体产出过程及产出时的延时效应有关。液相流体化学场与流体动力场的演化在很大程度上同步,原因主要是地层水的来源方向与地下水流向的一致性。局部不同步的原因与产出液相流体的化学参数对井间干扰的延时效应有关。

第三,在排采初期未形成井间干扰阶段,煤层气中轻组分先升后降,重组分先降后升,稳定同位素先偏轻后偏重,同一生产时刻不同煤层气井产出煤层气的组分、甲烷碳氢同位素差异明显,绝大部分离子浓度、矿化度、电导率、元素含量先升后降,同一生产时刻离子浓度、元素含量、矿化度、电导率等差异明显;井间干扰初步形成阶段,轻组分再升后降、重组分再降后升,稳定同位素再偏轻后偏重,煤层气组分、稳定同位素呈周期性波动上升与下降,同一生产时刻不同煤层气井产出煤层气的组分、稳定同位素差异减小,绝大部分离子浓度、矿化度、电导率、元素含量再次上升后下降,同一生产时刻离子浓度、元素含量、矿化度、电导率等差异减小;井间干扰稳定阶段,煤层气组分及稳定同位素仍呈波动性周期变化,不同煤层气产出的煤层气组分及或甲烷同位素具有趋同效应,组分或同位素的变化规律具有同步性,离子浓度、矿化度、电导率、元素含量变化呈周期性波动,邻井产出地层水中离子浓度、元素含量变化具有同步性,远井表现出变化相似性。

第四,气相流体化学场发生偏转或倒转,通过反映煤层气来源的多源性响应井网排采下井间干扰过程;不同组分的空间演化关系通过叠合时叠迭关系交错或重叠反映其他煤层气来源的影响,从而响应井间干扰;不同液相流体化学参数的空间演化关系通过叠合时叠迭关系的变化反映不同地层水来源,从而响应井网排采条件下井间干扰过程。

第五,本书以煤层气排采的流体动力场及对井间干扰响应的地球化学参数和化学场为依据,确立了井间干扰评价的压降叠加原则和化学参数及化学场对井间干扰的敏感性原则,结合化学参数及化学场对井间干扰响应的地球化学模式制定了煤层气井间干扰评价的方案,具有普适性,能够服务于煤层气开发工程。

第七章 煤层气井排采储层伤害的生产表现特征

第一节 晋城成庄区块煤层气井排采生产特征

本章对晋城成庄区块以煤层气井日均产气量 1 000 m³ 和 500 m³ 为煤层气井产能分类指标,划分煤层气井产能类型,将日均产气量大于 1 000 m³ 的煤层气井定为高产井,将日均产气量 500～1 000 m³ 的煤层气井定为中产井,将日均产气量 100～500 m³ 的煤层气井定为低产井。根据成庄区块 2006 年到 2013 年 8 月 22 口煤层气井排采生产资料显示:高产井有 3 口;中产井有 8 口;低产井有 11 口[31],占总井数的 50%。

一、产水量变化特征

22 口煤层气井日均产水量为 0.4～13.1 m³,其中最大日排水量为 234.0 m³;3 口高产井的均日产水量为 5.4 m³,中产井的日均产水量为 6.1 m³,低产井的日均产水量为 9.3 m³;此外,日均产水量在 8.0 m³ 以上的有 10 口井,3 口为中产井,7 口为低产井,无高产井,占总井数的 41%,平均日产水量为 11.2 m³;日均产水量在 8.0 m³ 以下的有 12 口井,3 口为高产井,5 口为中产井,4 口为低产井,平均日产水量为 4.6 m³[31]。

二、产气量变化特征

统计成庄区块内 22 口煤层气井资料显示,区内最高日产气量(高峰产气量)是 5 752.0 m³,日均产气量范围为 140.3～2 828.5 m³,高产井的日均产气量为 2 158.8 m³,中产井的日均产气量为 701.8 m³,低产井的日均产气量为 290.2 m³;

高产井高峰产气时间（日均产气量在 1 000 m³ 以上的天数）均在 1 000 d 以上，分别为 1 161 d，1 174 d，1 430 d；中产井高峰产气时间均在 150 d 以上，最高为 670 d；低产井高峰产气时间在 0～180 d 之间，最高为 176 d，11 口低产井中有 3 口井的高峰产气时间为 0，且低产井中已有 4 口不产气[31]。

　　数据结果显示，成庄区块内煤层气井排水期较长，一般都在半年以上，个别井的见气时间达到 650 d。成庄区块煤层气井的产气量比潘庄和樊庄都要低。

第二节　不同产能井排采伤害的生产表现特征

　　为了准确判断煤层气井排采过程中排采伤害的生产表现特征，借鉴了沁水盆地南部潘河地区分析当地煤层气井生产特征的经验[32]，然后结合储层的伤害机理研究以及张义对沁南煤层气井的增产措施与实践的研究[33]，确定采用以下生产表现形式判别伤害类型：

　　首先，速敏效应表现为伤害前产水量大，煤粉明显；伤害发生后产水量减少，产气量减少。

　　其次，气锁为前期产气量高，水气串线；产水量发生后水量迅速下降、套压迅速下降，产气量减少。

　　最后，应力敏感表现为伤害前出水量小，伤害后不产水，产气量下降。

一、低产井排采伤害的生产表现特征

　　我国的煤层气储层普遍具备低压、低渗、低孔的"三低"特征，又由于受到地质因素和人为外部因素的影响[33]，在以直井水力压裂技术进行排采时，会出现部分煤层气井单井产量较低的情况。统计资料显示，成庄区块内低产井井口数较多，11口低产井的产气量、产水量以及套管压力随时间变化的曲线图如图 7.1 和图 7.2所示，取其中 1 口井进行详细描述。

　　如 CZ-081 井折线图（图 7.2(c)）所示，CZ-081 煤层气井在排采初期经过一段时间的疏水作业后，煤层气井随着排水量的逐渐加大开始产气。在经历了稳定的增长期后，长时间高于 15 m³/d 的大排水量给气井造成速敏效应，产气在高峰产气量上突然下降。此后，产水量与产气量都在下降，套压此时下降迅速，速敏与贾敏同时出现。为继续产气，进行了套压调节、稳定排水量等作业，取得了一定的效果，但产气量仍然不高，没有超过 800 m³/d。中后期套压的一次大的波动使储层停止解吸气体，气井不出气。后期的调节没能取得明显效果。

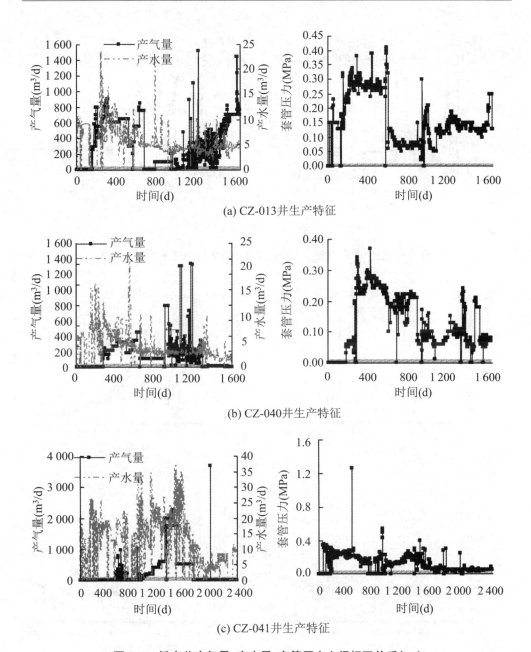

(a) CZ-013井生产特征

(b) CZ-040井生产特征

(c) CZ-041井生产特征

图 7.1　低产井产气量、产水量、套管压力之间相互关系（一）

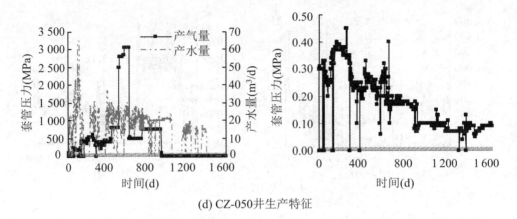

(d) CZ-050井生产特征

图7.1　低产井产气量、产水量、套管压力之间相互关系(一)(续)

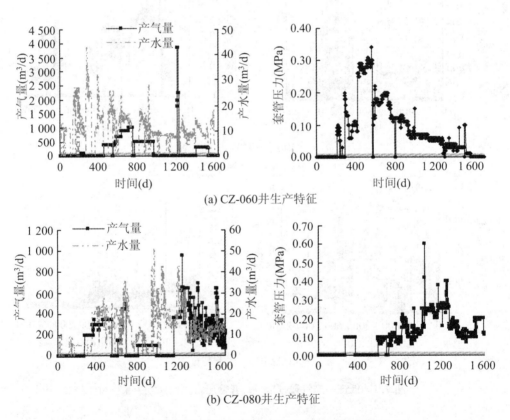

(a) CZ-060井生产特征

(b) CZ-080井生产特征

图7.2　低产井产气量、产水量、套管压力之间相互关系(二)

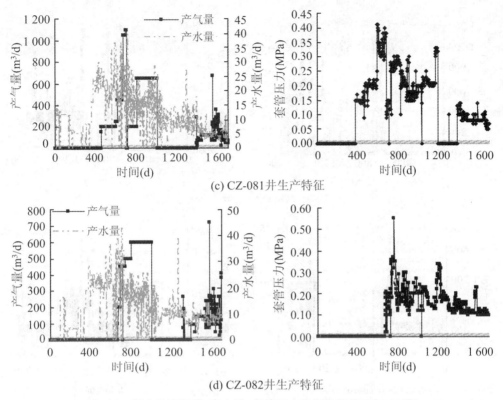

(c) CZ-081井生产特征

(d) CZ-082井生产特征

图7.2　低产井产气量、产水量、套管压力之间相互关系(二)(续)

　　11口低产井排水量绝大部分大于10 m³/d;稳产时间均较短,稳产阶段的产气量多无法超过1 000 m³/d,高峰产气时间(>1 000 m³/d)大于150 d的也只有CZ-013号井。此外,低产井在排采过程中会出现速敏效应、贾敏效应和应力敏感效应中的两种(如CZ-013号、CZ-041号)或三种(如CZ-040号、CZ-060号),伤害出现的顺序一般为速敏(煤粉堵塞)→贾敏(气锁)→压敏(应力闭合),有部分煤层气井还会出现排采伤害耦合效应(如CZ-050号、CZ-082号、CZ-088号)(图7.3)。

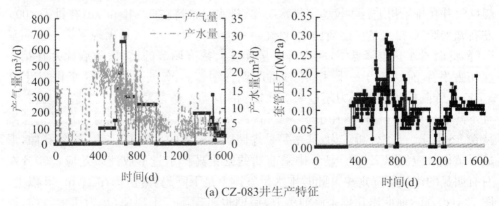

(a) CZ-083井生产特征

图7.3　低产井产气量、产水量、套管压力之间相互关系(三)

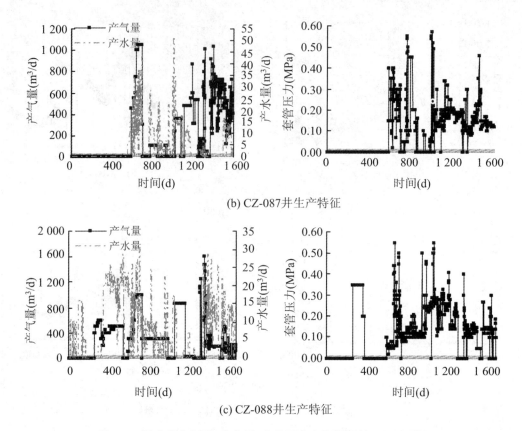

(b) CZ-087井生产特征

(c) CZ-088井生产特征

图7.3　低产井产气量、产水量、套管压力之间相互关系(三)(续)

二、中产井排采伤害的生产表现特征

中产井共 8 口,占总统计井数的 37%,取其中 3 口井进行分析,各煤层气井产气量、产水量和套管压力之间的关系如图 7.4 所示。观察图 7.4(a)可知,CZ-030煤层气井在排采初进行了较稳定排水工作,排水量维持在 5～10 m³/d;在排采 400 d左右开始产气,排水量也逐渐加大;再经过 800 d 的生产,产气量出现了第一次明显下降,此时排水量也降低了,此为排水量连续大幅度调节的结果;随后此井在第二次伤害发生前经历了一段稳定的高产期。第二次产气量的剧烈变化发生在1 700 d,伴随的是套管压力超过 0.15 MPa 的波动。伤害发生后产气量波动较大,且下降后日均产气量停留在小于 500 m³ 的水平上,不能上扬,此时产水量仍然维持在 5～10 m³/d。分析认为:这主要是煤储层中聚集的大气泡阻塞了排气孔隙,形成了贾敏效应。图 7.4(b)显示排采前期的密集高排水量形成速敏效应,390 d 左右有明显的产气下降现象。此时排水量整体上是下降趋势,但仍在 10 m³/d 以上。图 7.4(c)显示前期出现排采停抽事故,后期也出现不产水现象,是为压敏效应,通过二次压裂排气量回升。此外,后期若出现压敏效应,则排采中期出现贾敏的可能性极大。

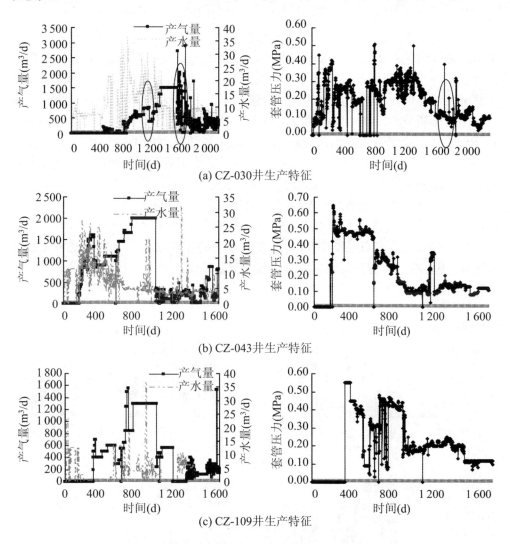

(a) CZ-030井生产特征

(b) CZ-043井生产特征

(c) CZ-109井生产特征

图7.4　中产井产气量、产水量、套管压力之间相互关系

对比总结8口中产井生产资料,归纳中产井有以下排采伤害表现特征:

① 中产井稳产期比高产井稍短,且稳产阶段排水量在0~10 m³/d 间跳动,排采后期也多因为排采伤害致使产气量急剧变化,没有逐渐下降这一过程。

② 排采伤害主要集中在排采中、后期,两种伤害(多为速敏+贾敏)叠加的井数和单一伤害的井数相差不大。

③ 排采前期以高排水造成的速敏居多,排采中期伤害的类型以贾敏(气锁)居多。

三、高产井排采伤害的生产表现特征

三口高产井分别是 CZ-011、CZ-051 和 CZ-055,各口井的产气量、产水量与套管压力之间的关系如图 7.5 所示。图 7.5(a)显示,CZ-011 煤层气井经过较长时间的排水过程,开始时采用的高排水量强排,随后,排水量逐渐下降。前期排水量绝大部分在 10 m³/d 以上,造成速敏效应,使在 1 000 d 前后时产气波动较大。排采中后期套压调节频繁,在第 2 000 d 前后套压直接降至 0,产气量也骤然下降,中期稳产阶段排水量在 4~8 m³/d 间跳动。后期产气量呈直线下降趋势。CZ-051 和 CZ-055 日均产水量分别为 7.6 m³ 和 4.2 m³,且中前期局部排采时段均出现了贾敏效应。归纳研究发现高产井有以下排采伤害表现特征:

① 高产井产气量曲线图在整体上不会出现多次大的起伏。

② 高产井排采伤害主要集中在排采中期,前期有时也会出现少量伤害。

③ 前期出现的伤害多为高排水量强排造成的煤粉堵塞引起的不同程度的速敏效应,中后期主要是套压频繁调节引起的贾敏效应。

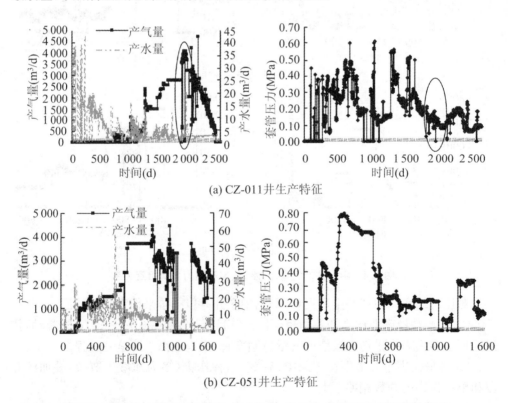

(a) CZ-011井生产特征

(b) CZ-051井生产特征

图 7.5　CZ-011、CZ-051、CZ-055 井产气量、产水量、套管压力之间相互关系

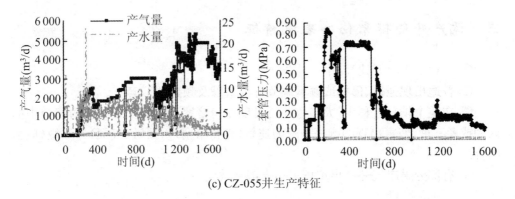

(c) CZ-055井生产特征

图 7.5　CZ-011、CZ-051、CZ-055 井产气量、产水量、套管压力之间相互关系(续)

本 章 小 结

一、高产井的排采伤害表现特征

① 高产井产气量曲线图在整体上不会出现多次大的起伏。

② 高产井排采伤害主要集中在排采中期,前期有时也会出现少量伤害。

③ 前期出现的伤害多为高排水量强排造成的煤粉堵塞,引起不同程度的速敏效应,中后期主要是套压频繁调节引起的贾敏效应。

二、中产井的排采伤害表现特征

① 中产井稳产期比高产井稍短,且稳产阶段排水量在 0～10 m³/d 间跳动,排采后期也多因为排采伤害致使产气量急剧变化,没有逐渐下降这一过程。

② 排采伤害主要集中在排采中、后期,两种伤害(多为速敏＋贾敏)叠加的井数和单一伤害的井数相差不大。

③ 排采前期伤害为高排水造成的速敏,排采中期伤害的类型以贾敏(气锁)居多。

三、低产井的排采伤害表现特征

① 累计疏水时间比高、中产井长。

② 普遍出现强排、停抽或频繁调节排水量以及频繁调节套压。

③ 在整个排采过程中,大多数井会出现煤粉堵塞、贾敏(气锁)、应力闭合中的两种或者三种,伤害出现的顺序一般为速敏(煤粉堵塞)→贾敏(气锁)→压敏(应力闭合)。

④ 有部分煤层气井会出现排采伤害耦合效应。

第八章　煤层气井排采储层敏感性及伤害评价

本章通过对系统设计的煤储层气排采不同速敏感效应模拟实验的结果、贾敏效应的模拟实验结果和压敏（应力敏感性）的模拟实验结果进行分析，揭示了煤层气排采时速敏伤害的机理，评价了煤层气排采煤储层"三敏"伤害的程度，并根据排采储层伤害的生产表现特征总结出了沁南地区不同产能煤层气井、不同生产阶段的煤层气排采伤害判别模式，建立了依据煤层生产数据特征评价排采伤害的评价方法。

第一节　煤层气排采储层速敏效应实验研究及评价

一、实验结果及分析

（一）第一批次实验结果分析

对采自山西长平煤矿、天安润宏煤矿的 3♯煤在制取块状煤样的基础上，切割了直径为 2.52 cm，长度不小于直径 1.5 倍的圆柱状煤样。制备煤样时，煤样的端面与柱面均应平整，且端面应垂直于柱面，不应有缺角等结构缺陷。钻取小煤样时，取心方向与平行于层理和面割理方向一致，或裂缝延伸方向一致。煤样的具体物性情况见表 8.1。

表 8.1　第一批次实验样品的基础数据

样品编号	岩性描述	煤样长度 （cm）	煤样直径 （cm）	煤样密度 （g/cm³）	有效 孔隙度	空气渗透率 （×10⁻³ μm²）	流　体
CP-2♯-3	煤岩	4.27	2.52	1.46	3.6%	0.179	清水
TALY-5♯-1	煤岩	5.26	2.52	1.45	3.7%	0.521	2 号水样

样品编号	岩性描述	煤样长度（cm）	煤样直径（cm）	煤样密度（g/cm³）	有效孔隙度	空气渗透率（×10⁻³μm²）	流　体
TALY-2#-2	煤岩	4.43	2.52	1.39	4.6%	3.04	4号水样
TALY-1#-3	煤岩	4.49	2.52	1.41	3.9%	1.205	1号水样
TALY-4#-3	煤岩	5.01	2.52	1.46	3.5%	0.364	3号水样

　　5块煤样根据实验要求所得的速敏评价曲线如图8.1所示。

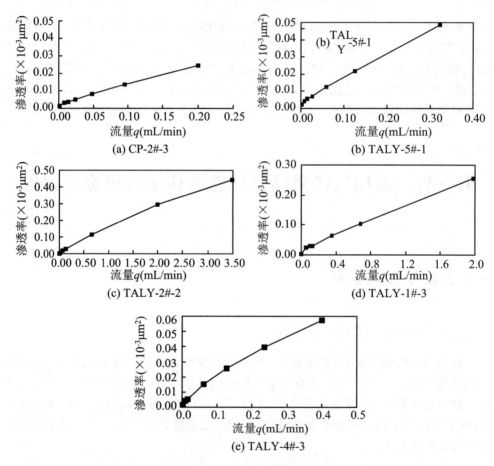

图 8.1　第一批次实验中煤样渗透率随实验流量的变化

　　5种实验用水的悬浮物含量依次为4号水样＞1号水样＞2号水样＞3号水样＞清水，煤样原始渗透率大小依次为 TALY-2#-2＞TALY-1#-3＞TALY-5#-1＞TALY-4#-3＞CP-2#-3，煤样所用水样按此顺序从大到小一一对应。观察速敏实验结果曲线图（图8.1）发现，随着各悬浮物含量不同的水样在煤中流速慢慢增加,煤样渗透率随之增大,流量和渗透率整体上呈现正相关的关系。然后,由于煤是低渗透样,流量未达到 6.0 mL/min 时,但压力梯度已达 2 MPa/cm,可以结束实验。综上所述,此次实验结果为不存在速敏效应。不存在速敏效应的原因可能如下:

① 煤岩所受的驱动压差逐渐变大时,孔通道变形,有裂缝张开或者闭合的可能,若实验结束前的驱动压差主要使裂缝张开,则不出现速敏效应。

② 实际实验操作过程中,有效应力较低时(实验中为 5 MPa),流体压力增大使得煤层的渗透率得到改善。

为更好地考察实验过程中渗透率随流量的变化关系,根据图 8.1,对渗透率与实验流量进行拟合,拟合关系如表 8.2 所示。

为便于比较,将表 8.2 中方程的变量的系数定义为 k,其表示渗透率随流量变化的增量,即渗透率增加的快慢程度。

由表 8.2 可以看出,煤样渗透率增量整体随流体中固相物质含量的增加呈递减趋势,这表明即使在流体压力增加、煤样渗透率增加的背景下,流体固相物质仍然可能在煤储层中发生淤积,使渗透率增加幅度变缓,且该趋势表现为流体中固相物质含量越高,这种抑制作用就越明显。

表 8.2　第一批次实验中煤样渗透率随流量变化的拟合关系

样品编号	拟合方程	决定系数 R^2	k 值	流　体	流体中固相物质含量(mg/L)
CP-2#-3	$y=0.113\,4x+0.002\,0$	0.994 7	0.113 4	清水	0
TALY-5#-1	$y=0.142\,4x+0.003\,2$	0.998 1	0.142 4	2 号水样	12.5
TALY-2#-2	$y=0.128\,6x+0.012\,9$	0.990 9	0.128 6	4 号水样	127.5
TALY-1#-3	$y=0.122\,7x+0.014\,4$	0.995 7	0.122 7	1 号水样	16
TALY-4#-3	$y=0.139\,7x+0.004\,3$	0.983 5	0.1397	3 号水样	5.5

（二）第二批次实验结果分析

基于第一批次实验得到的实验结果,对第二批次实验进行了重新取样(样品来源于天安润宏煤矿采集的样品),并在第一次实验设计的基础上增加了换向流动实验,即在正向测定渗透率后,不停止驱替泵,以同样的流速、同样的流体测定反方向的渗透率。煤样的具体物性情况见表 8.3。此次实验流体是用 200 目煤粉配制而成的,煤样与实验用水依然按照两者从大到小的顺序一一对应。

表8.3　第二批次实验样品的基础数据

样品编号	岩样描述	煤样长度 (cm)	煤样直径 (cm)	煤样密度 (g/cm³)	有效孔隙度	空气渗透率 (×10⁻³ μm²)	流体
16	煤岩	3.839	2.53	1.42	4.5%	0.71	1号水样 (0.4 g/L)
7	煤岩	4.679	2.53	1.42	5.5%	0.19	2号水样 (0.3 g/L)
3	煤岩	4.925	2.53	1.4	6.5%	0.12	3号水样 (0.2 g/L)
11	煤岩	4.353	2.53	1.38	3.2%	0.08	4号水样 (0.1 g/L)
15	煤岩	3.744	2.53	1.43	3.7%	0.06	5号水样 (清水)

　　第二批次实验煤样的渗透率均较小,煤样的空气渗透率范围是$(0.06\sim0.71)$ $\times10^{-3}$ μm^2,第二批次实验的5块煤样的速敏评价曲线如图8.2所示。

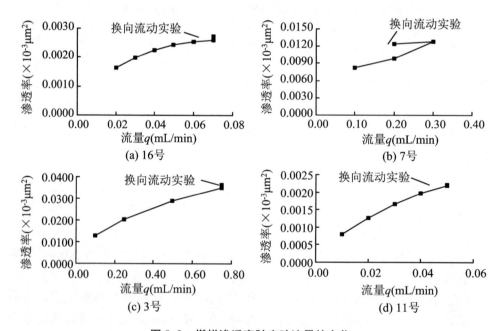

图8.2　煤样渗透率随实验流量的变化

　　第二批次速敏实验的曲线图显示,随着实验流速的增加,渗透率仍然逐渐增大(图8.2)。在换向流动实验进行前,16号样的渗透率变化趋于平缓,其他4块煤样的变化平缓趋势并不明显,换向后煤样渗透率有增大的趋势。实验结果揭示第二批次实验对等仍未存在速敏效应。

第二批次实验与第一批次实验的结果具有相似性,在实验条件上,均通过注水增加流体压力进行实验,流体本身的增加在很大程度上会引起煤储层渗透率的改善。同时相关研究发现,我国的煤储层属于低渗透率储层,当储层中水体在多孔介质中流动时,流体受外部剪切作用力发生变形,水体内部为抵抗变形以摩擦的形式表现出来,造成的结果是液体近固体表面处的层流速度接近于零,学术界称这种现象为滑脱效应,又称克林肯伯格效应,且煤样渗透率越低,滑脱效应越明显。因而,两个批次实验过程中可能由于滑脱效应的存在,实验流体的速度较低,速敏效应不明显,而渗透率表现出增加的特点。

同样地,为更好地考察实验过程中渗透率随流量的变化关系,根据图 8.2,对渗透率与实验流量进行拟合,拟合关系如表 8.4 所示。

为便于比较,将表 8.4 中方程的变量的系数定义为系数 k,其表示渗透率随流量变化的增量,即渗透率增加的快慢程度。

由表 8.4 不难看出,煤样渗透率增量的变化与流体中固相物质含量明显呈负相关,即流体中固相物质含量越高,煤样渗透率增量越小,这表明在流体压力增加,煤样渗透率增加的背景下,流体中固相物质含量对煤样渗透率的增加起到明显的抑制作用。此即说明在流体压力增加的情况下仍然可能存在固相物质堵塞现象,也就是速敏效应,只不过该速敏效应被流体压力增加使煤样渗透率增加的现象所掩盖。

表 8.4 第二批次实验中煤样渗透率随流量变化的拟合关系

样品编号	拟合方程	决定系数 R^2	k 值	流 体	流体中固相物质含量(mg/L)
16	$y=0.019\,4x+0.001\,4$	0.924 7	0.019 4	1 号水样	400
7	$y=0.023\,1x+0.005\,7$	0.974 3	0.023 1	2 号水样	300
3	$y=0.033\,4x+0.010\,9$	0.978 8	0.033 4	3 号水样	200
11	$y=0.034\,6x+0.000\,5$	0.980 3	0.034 6	4 号水样	100
15	$y=0.032\,6x+0.000\,4$	0.986 7	0.032 6	5 号水样	0

同时为了对比第一批次和第二批次速敏实验的差异,对煤样渗透率随流量变化的增量与流体中固相物质含量的关系进行了散点分析,如图 8.3 所示。

由图 8.3 可知,在第一批次实验中煤样渗透率随流量变化的增量与流体中固相物质含量之间的关系不明显,而第二批次却明显呈负相关。对比发现,第一批次实验的中流体中的固相物质含量较低(只有一个点较高),这说明煤样渗透率随流量变化的增量与流体中的固相物质含量的数量级有关,即流体中固相物质含量较低时,其所引起的煤储层渗透率的变化量较小,速敏效应不明显;当流体中固相物质含量较高（每升百毫克以上）时，其引起的煤储层渗透率的变化量较大，速敏效应明显。

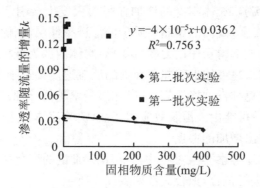

图 8.3　第一批次实验煤样渗透率、有效孔隙度和流量之间相互关系

在第一批次实验中，TALY-2♯-2 号煤样原始渗透率为 3.04×10^{-3} μm^2，该样约结束流量（实验过程最后流量）为 5 块样品的最大值——3.48 mL/min，且该煤样采用的实验流体是悬浮物含量最大的水样。流量第二大的为 TALY-1♯-3 号煤样，其流量达到 1.97 mL/min，渗透率为 1.21×10^{-3} μm^2。图 8.4 所示的为各煤样渗透率、有效孔隙度和流量之间的相互关系。

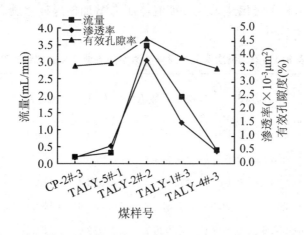

图 8.4　第一批次实验煤样渗透率、有效孔隙度和流量之间相互关系

第一批次实验中的煤样渗透率均较高，平均渗透率也达到 1.06×10^{-3} μm^2。此外，本次实验平均有效孔隙度为 3.86%，TALY-2♯-2 号煤样的有效孔隙度最大，为 4.60%。从图中可以看出，实验中各煤样最大流量的变化趋势和渗透率的变化基本吻合，整体上显现出高渗透率、大孔隙度煤样实验时能达到的流量值较低渗透率、小孔隙度煤样的大。分析结果表明煤样渗透率、排采流量均与煤中孔隙结构发育有关，尤其与大、中孔发育有关。

如前面所述，实验中都是高渗透率煤样对应大悬浮物含量水样，实验中，由于煤样孔喉通道变形或者有效应力较低等原因,未能直观分析悬浮物含量和速敏效应之间的关系。按照上面方法分析,第二批次实验煤样的渗透率、有效孔隙度和流量之间的相互关系如图 8.5 所示。

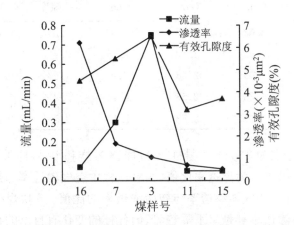

图 8.5　第二批次实验煤样渗透率、有效孔隙度和流量之间相互关系

第二批次实验中煤样的原始渗透率普遍较低,煤样渗透率最高值为 0.71×10^{-3} μm^2,也是唯一一个渗透率值超过 0.2×10^{-3} μm^2 的煤样。

结合图 8.5,对第二批次实验中流量变化情况进行探讨,不难得知:

① 5 块煤样的流量均不大,在渗透率较低的情况下,最大流量仅为 0.75 mL/min。渗透率最大的 16 号煤样所对应采用的实验流量为 0.07 mL/min,最高渗透率之所以没有对应最大流量是因为它采用的实验流体煤粉含量是 0.4 g/L,为 5 块煤样中煤粉含量最高的,即在较低的渗透率条件下,实验流体悬浮物含量对实验结果的影响较为明显。在生产实践中,当煤储层渗透率较低时,煤层水中煤粉含量越大对产气效果影响越大。

② 渗透率在图中呈现出逐渐减小的趋势,有效孔隙度是先增加后变小,说明两者和流量之间没有呈现明显正负关系。这一结果说明实验中样品的有效孔隙度对渗透率的贡献不大,这也说明低渗煤储层有效连通孔隙不发育,对有效孔隙度的贡献较小,换言之煤储层中的裂隙是渗透率的主要来源。可以推测,当储层透率小于 0.20×10^{-3} μm^2 时,裂隙发育是煤层气井产能预测不可缺少的影响因素。

（三）第三批次实验结果分析

分析前两个批次实验结果,为了得到更加理想的实验结果,第三批次实验采用气测渗透率方法。在正常大气压,常温(实为 26.6～30.8 ℃)条件下,使用氮气为实验介质进行实验,实验材料及基础参数如表 8.5 所示。实验设计为在石油天然气行业标准基础上,利用气驱液的方法进行实验测定,既先将煤样抽真空并饱和实验用水,然后使用氮气驱替液体。

表 8.5 第三批次实验样品的基础数据

煤样编号	岩性描述	煤样长度（cm）	煤样直径（cm）	煤样密度（g/cm³）	有效孔隙度	初始渗透率（×10⁻³ μm²）	流动介质
2	煤岩	5.02	2.53	1.4	5.3%	0.069 2	氮气
4	煤岩	4.95	2.53	1.45	2.4%	0.068 6	氮气
5	煤岩	5.09	2.53	1.4	4.6%	0.072 0	氮气
8	煤岩	4.73	2.53	1.42	3.2%	0.034 9	氮气
10	煤岩	4.7	2.53	1.41	2.5%	0.016 9	氮气

图 8.6 所示分别为 2 号样、4 号样、5 号样、8 号样和 10 号样采用气驱方法的速敏实验结果，图中纵坐标为渗透率比值（实验过程中空气渗透率与煤样初渗透率的比值），即实验过程中的气体渗透率与初始渗透率的比值。5 块煤样在流量逐渐增加的过程中，气体渗透率都是呈下降趋势，但各样的变化有自己的特点。

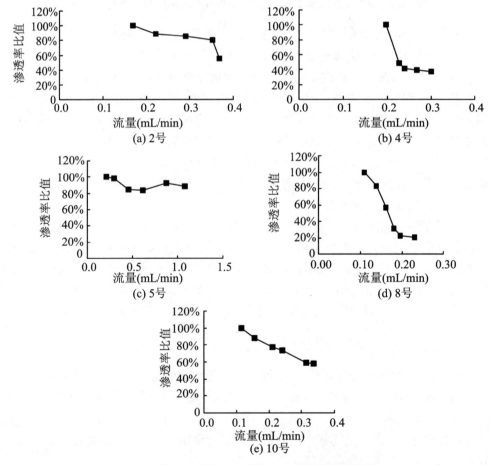

图 8.6 第三批次实验中煤样渗透率随流量的变化

二、速敏伤害评价

本书设计了 3 个批次的实验,其中第 1 批次和第 2 批次将含有固相物质的地层水作为注入流体介质,且第 2 批次实验中进行了换向实验。从这两个批次的实验中没有得到明显的速敏效应结论,但本书分析中证实了速敏效应的存在。同时这两个批次的实验揭示了采用传统的液相流体介质做驱替介质会影响实验过程,改变实验的性质(驱替压力增大反而会冲开煤粉等固相物质)。第 3 批次速敏实验改用气相流体作为驱替介质,取得了理想的结果,结果显示煤层会产生不同程度的速敏效应,程度从弱速敏到强速敏不等。根据第二章第二节中关于速敏效应储层伤害的评价方法和图 8.6 计算了第 3 批次速敏实验中渗透率损害率,判别了速敏伤害的程度,结果如表 8.6 所示。

表 8.6　第 3 批次速敏伤害评价结果

样品号	煤样渗透率损害率	评价结果
2	44.8%	中等偏弱
4	62.4%	中等偏强
5	16.5%	弱
8	79.9%	强
10	41.5%	中等偏弱

2 号煤样的速敏曲线图显示,在流量小于 0.352 mL/min 时,曲线变化幅度不大,气体渗透率的变化值不超过 19.4%,而此流量相对应的流速恰为临界流速。跨过临界流速后,渗透率明显下降,渗透率损害率为 44.8%,速敏程度为中等偏弱。

4 号煤样的渗透率从实验开始就显现出下降趋势,渗透率直接从 $0.068\ 6 \times 10^{-3}\ \mu m^2$ 降为 $0.033\ 2 \times 10^{-3}\ \mu m^2$,此时的渗透率变化率为 51.6%,此样品的临界流速对应的流量为 0.196 mL/min。渗透率损害率为 62.4%,速敏程度为中等偏强。

5 号煤样的初始渗透率为 5 块样中测试的最大的样,是唯一一个实验过程中最大渗透率变化率不超过 20% 的样品,其最大渗透率变化率为 16.5%,对应的渗透率为 $0.060\ 1 \times 10^{-3}\ \mu m^2$。那么此时它的渗透率损害率为 16.5%,应属于弱速敏程度。需要注意的是,此样的渗透率先随着流量的增加而减小,在第四次流量测定后渗透率呈上升趋势,随后再次下降。

8 号煤样的速敏曲线走势和 4 号样类似,均是先下降后趋于平缓,但 8 号样曲线的下降斜率比 4 号样小。当流量为 0.161 mL/min 时,样品的渗透率变化率超过

20%,此时的渗透率为43.6%。临界流速对应的流量为0.139 mL/min,最后计算渗透率损害率为79.9%,速敏程度为最强。

10号煤样气测渗透率的变化趋势接近线性下降,实验过程中一直呈下降趋势,从$0.016\,9\times10^{-3}\ \mu m^2$降至$0.009\,89\times10^{-3}\ \mu m^2$,渗透率变化率最大为41.5%。临界流速对应的流量为0.155 mL/min,其对应的渗透率为$0.014\,9\times10^{-3}\ \mu m^2$;样品渗透率损害率即为41.5%,伤害程度为中等偏弱。

从图8.7中可总结出,煤层气开采过程中,沁水盆地南部天安润宏煤矿3煤层渗透率变化有4种类型:渗透率平缓变小后急剧下降;渗透率急剧下降后平缓变小;渗透率先变小后上升,最后再下降以及渗透率一直下降。

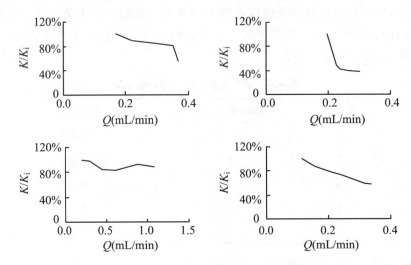

图8.7　速敏实验渗透率变化模式

图中纵坐标为渗透率比值,横坐标q为流量。

从实验结果可看出:在5块样品中,8号样的速敏伤害程度最高,其临界流速也是实验中最小的,对应流量为0.139 mL/min。8号样的尺寸为长度4.73 cm、直径2.53 cm,最后按实际井孔煤储层换算,排水速率约为11.53 m^3/d,即当排水速率在11.53 m^3/d以下时不易造成速敏伤害。

综合3个批次速敏实验结果可知:第1批次和第2批次实验是采用水作为流体介质通过增加的方式进行的,且实验初始时压力设置到5 MPa,因而实验初始煤样受压力敏感影响,煤样渗透率下降了一个数量级,之后注水又使得煤样中流体压力增大,使煤样渗透率得到改善,虽然实验没有得到发生速敏的结论,但分析的结果证实了速敏效应确实存在。第3批次实验采用氮气作为介质,克服了流体压力增大对煤样渗透率的影响,得到的实验结论完全重现了速敏效应对煤储层的伤害。

三、速敏实验前后煤岩孔隙结构对比分析

（一）速敏实验前煤样孔隙结构

煤是一种复杂的多孔介质，煤中孔隙是指煤体未被固体物（有机质和矿物质）充填的空间，是煤的结构要素之一。研究煤的孔隙性质（包括孔隙大小、形态、连通性、孔容、比表面积等）是研究煤层气赋存状态、煤中气体（主要是甲烷）的吸附/解吸性能及其在煤层中运移的基础。

煤孔径结构划分采用 B. B. 霍多特的十进制孔径结构分类系统，即：孔径小于 10 nm 为微孔；10～100 nm 的为小孔；100～1 000 nm 的为中孔；大于 1 000 nm 的为大孔。此次压汞实验测试孔径下限为 3.0 nm，基本上能够反应孔径大于 3.0 nm 的孔裂隙的孔容、孔隙类型与分布、孔径结构等特征，但无法实现对孔径小于 3.0 nm 的孔隙的分析与描述。

1. 压汞曲线

高压汞孔径分析是常用的储层孔喉分布测定方法，是将液态汞注入样品。注入压力与孔半径满足 Washburn 方程：

$$D = 2r = -\frac{4\sigma\cos\alpha}{p} \tag{1}$$

式中：D 为页岩孔隙直径，单位为 cm；r 为页岩孔隙半径，单位为 cm；α 为汞与页岩表面的浸润角，单位为 °；σ 为汞的表面张力，单位为 10^{-3} N/m；p 为注入压力，单位为 Pa。

根据 Young-Duper 方程，外加压力迫使汞进入孔隙所做的功与浸没粉末表面所需的功相等，进而求得比表面积，由孔容和比表面可估算平均孔半径。因实验分别采用的是在长平煤矿和天安润业煤矿（TALY）采集的两块样品，故分别对这两块样进行了储层伤害模拟实验（压汞实验）。根据压汞实验测试得到的结果，绘制了如图 8.8 所示进、退汞曲线。

由图 8.8 不难看出：研究区样品中退汞曲线先和进汞曲线部分重合，表现为低压区进汞含量少，进汞曲线在 10 MPa 左右高压区的累计进汞量快速增加，进、退汞曲线的体积差相对较小，滞后环不明显。来自于 TALY 的样品的进汞曲线与退汞曲线间的滞后环更加窄小，两个矿的煤样的退汞曲线均在进汞曲线上方，且缓慢降低，煤样中孔隙以半封闭孔为主，连通性较弱。研究区样品的孔径分布如图 8.9 所示，或见其孔隙孔径分布较广，在 3～130 nm 范围内孔隙占有重要比例，煤岩储集空间主要由小孔和微孔组成。从实验结果来看，煤样的压汞孔隙体积在 0.000 1～0.001 5 cm³/g 之间，平均为 0.000 362 cm³/g。样品的压汞数据显示，中孔含量最小，大孔含量较小，小孔和微孔含量占绝对优势。实验结果显示，样品的孔容中值

孔径分别为 8 nm 和 7.4 nm，比表面积中值孔径 14.4 nm、4.5 nm，压汞孔隙度为3.73％、4.26％。

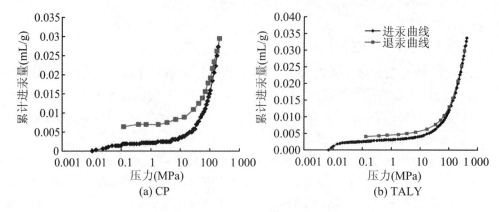

图 8.8　研究区样品速敏实验前压汞的进退汞曲线

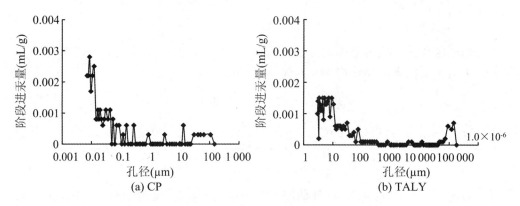

图 8.9　测试样品压汞法孔径分布特征

　　综合研究结果表明，研究区煤储层主要发育微小孔，大中孔发育较差，孔形以半封闭孔为主，反映了研究区煤样中孔隙的连通性较差。

2. 压汞孔径分布

　　测试煤样的孔容与孔比表面积数据见表 8.7。数据同样说明储层孔隙发育以小孔和微孔为主，直径小于 100 nm 的小孔和微孔的孔容贡献率在 86.5％。从孔比表面积看，比表面积在 $0.001 \sim 1.753$ m²/g 之间，平均 0.018 8 m²/g。大孔和中孔对比表面积的贡献微乎其微，小孔与微孔的比表面积的贡献率之和为 99.9％。此外，孔容比表明微孔是比表面积主要贡献者，其次为过小孔。

表 8.7　研究区孔容、孔比表面积测试数据

样品编号	孔容比				孔比表面积比			
	V_1/V_t	V_2/V_t	V_3/V_t	V_4/V_t	S_1/S_t	S_2/S_t	S_3/S_t	S_4/S_t
CP	8.42%	7.44%	56.31%	27.83%	0.04%	0.60%	46%	53%
TALY	10.0%	3.5%	27.6%	58.9%	0.0%	0.1%	10.2%	89.7%

注：V_1，S_1 分别为大孔孔容和孔比表面积；V_2，S_2 分别为中孔孔容和孔比表面积；V_3，S_3 分别为过渡孔孔容和孔比表面积；V_4，S_4 分别为微孔孔容和孔比表面积；V_t，S_t 分别为总孔孔容和总孔比表面积。

综上所述，孔隙分布特征显示出两极化（孔容分布中小于 100 nm 的占绝对优势，大于 1 000 nm 的其次，中间层位的 100～1 000 nm 的最少），这样的孔径分布意义为：虽然该区微、小孔含量大且比表面积主要集中在微孔和小孔段（即小于 100 nm 的）导致煤储层具有很强的吸附气能力，但是由于孔径的两极化分布以及中孔含量相对较少，会导致中孔孔径段出现渗流瓶颈，从而降低孔隙的渗透性。同时，这样的孔隙分布也是导致孔隙度较小的主要原因。此时，当悬浮物含量较多时，速敏实验过程中更容易出现渗流瓶颈，第二次速敏实验结果说明了此种影响。

（二）速敏实验后煤样孔隙结构

为便于分析速敏效应对煤储层伤害的实质，在第 3 批次速敏实验结束后，对实验后的煤样进行了压汞实验分析，以此对实验前后煤样孔隙的变化进行对比。图 8.10 所示为速敏实验后进行煤样压汞实验得到的进、退汞曲线。

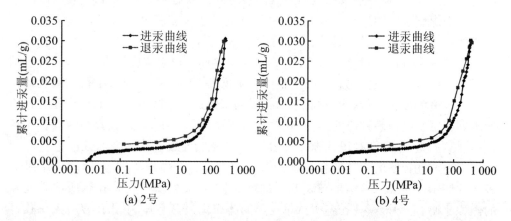

图 8.10　研究区样品速敏实验后压汞的进退汞曲线

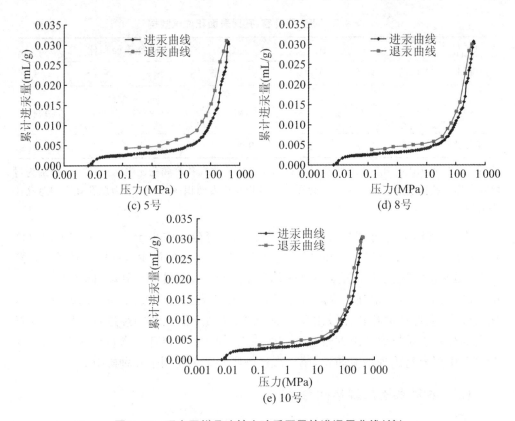

图 8.10　研究区样品速敏实验后压汞的进退汞曲线(续)

由图 8.10 可知:进行速敏实验的 5 个样品的压汞实验的进、退汞曲线均有不同程度的改变,表现在退汞曲线与进汞曲线之间的滞后环进一步缩小,表明以微小孔为主的煤储层孔隙进一步变差,孔隙的连通性进一步变差。对进行速敏实验后煤样的孔径进行分析,结果如图 8.11 所示。

由图 8.11 可知,对来自于 TALY 的 5 个煤样在速敏实验后进行压汞分析,结果揭示:首先,不同煤样的总进汞量整体在降低;其次,大孔、中孔、小孔和微孔孔径段的阶段进汞量在降低。速敏后不同孔径的阶段进汞量降低说明不同孔径的孔隙均不同程度受到速敏效应的损害,孔隙发生固相物质淤积,导致孔容均降低。尤其值得注意的是,中孔孔径段孔隙的孔容进一步降低导致了孔隙连通性的进一步变差。对不同孔径段的累计孔容及其所占煤样总孔容的体积比进行了计算,结果如表 8.8 所示。对表 8.8 结果与表 8.7 进行比较,速敏实验后大孔孔容所占总孔容的体积比略有上升,微孔孔容所占总孔容的体积比大幅上升,中孔孔容所占总孔容的体积比略有下降,小孔孔容占总孔容的体积比有较大幅度下降。速敏后煤样不同孔径段的累计孔容所占总孔容的体积比变化表明在速敏发生过程中,大孔可能得到改善,中、小孔和微孔均易发生堵塞,但小孔发生堵塞后转变为微孔,因而速敏实验后煤样中,中孔、小孔所占比例下降,微孔所占比例进一步大幅上升,大孔所占比例可能略有上升。不同孔径孔容体积比分析结果表明,煤储层在排采时发生速敏效应过程中,导致煤孔隙结构和孔形的改变,进而导致煤储层渗透率下降。

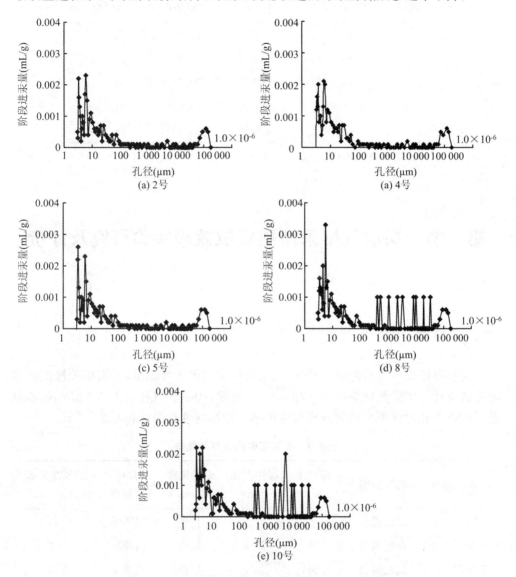

图 8.11 测试样品速敏实验后压汞法孔径分布特征

表 8.8   研究区煤样速敏实验后不同孔径的孔容所占体积比

样品编号	孔容比			
	V_1/V_t	V_2/V_t	V_3/V_t	V_4/V_t
2	10.50%	3.40%	24.95%	61.15%
4	10.53%	3.39%	24.82%	61.33%
5	10.52%	3.43%	24.58%	61.46%
8	10.50%	3.32%	24.93%	61.25%
10	10.49%	3.24%	24.94%	61.33%

注：V_1,V_2,V_3,V_4,V_t 的定义同表 8.7。

第二节   煤层气排采储层贾敏效应实验研究及评价

一、实验结果及分析

实验煤样采自山西晋城长平煤矿、天安润宏煤矿 3 号煤层,根据相关标准钻取圆柱状煤样。实验测试条件为:室温 23 ℃、湿度 50%、大气压力 102.5 kPa,实验利用 HBXS-2 相对渗透率仪测定相对渗透率。样品物性数据见表 8.9。

表 8.9   贾敏实验煤样基础数据

煤样编号	岩性描述	煤样长度 (cm)	煤样直径 (cm)	煤样密度 (g/cm³)	煤样孔隙度	空气渗透率 (×10^{-3} μm²)
CP-2#-2	黑色煤岩	4.59	2.52	1.46	3.6%	0.179
TALY-2#-1	黑色煤岩	4.09	2.52	1.43	4.9%	1.05
TALY-1#-1	黑色煤岩	3.84	2.52	1.49	4.2%	2.142
TALY-3#-2	黑色煤岩	3.61	2.52	1.43	4.1%	0.251
TALY-4#-2	黑色煤岩	4.97	2.52	1.45	3.8%	0.241

在此次煤样气、水两相相对渗透率测定过程中,所用气体为氮气。在同等实验条件下研究样品的相对渗透率之间的关系。根据实验结果,分别作出实验煤样的气、水相对渗透率曲线(图 8.12)。

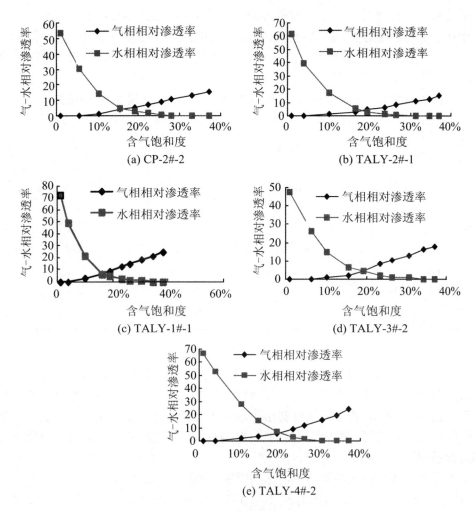

图 8.12 气、水两相相对渗透率曲线

由图 8.12 发现,随着含气饱和度增大相对渗透率曲线均表现出气相相对渗透率缓慢增加,水相相对渗透率先急剧下降后慢慢趋于 0 的趋势,且 5 块煤样的实验曲线形态大致相同,只是各自的特征值不同,这主要由煤储层的孔隙结构特征决定。在实验中,当给煤柱中注入氮气时,气体首先进入的是煤样孔隙中较大的孔道,前期含气饱和度较低,气体主要以分散不连续形式存在,造成的结果是煤岩样中水的正常流动受到阻碍,水相相对渗透率降低。与此同时,气相相对渗透率只是缓慢增加。气锁即为形成这一现象的主要原因。随着实验的进行,含气饱和度继续增加,水的连续性破坏程度更大,由气锁产生的阻力效应更明显,主要表现为水相渗流困难,储层总的渗透率降低。

在煤层气实际开采过程中,影响煤储层渗透率的因素很多。渗透率实质上反映煤储层中渗流通道横截面积大小的一个量化单位,气、水两相实验中的相对渗透率则是某一相在通过渗流通道时所占横截面积的百分比。同时,前文提到,气、水两相在渗流过程中存在相互影响,会造成实验中两相渗透率和总小于1(杨胜来,2007)。将这中间的差值($1-K_{rg}-K_{rw}$)定义为损失相对渗透率。在图8.12中,两相的相对渗透率曲线均有一个等渗点,在此点处煤样损失的相对渗透率最大。

此次实验中,5块煤样的最大相对渗透率损失按照编号顺序依次为91%,92.2%,87.2%,90.8%以及88%,对应煤样其他的基础物性数据,得到表8.10。

表8.10　实验样品基本数据

煤样编号	煤样孔隙度	空气渗透率 ($\times10^{-3}\ \mu m^2$)	损失相对渗透
CP-2#-2	3.6%	0.179	91.0%
TALY-2#-1	4.9%	1.050	92.2%
TALY-1#-1	4.2%	2.142	87.2%
TALY-3#-2	4.1%	0.251	90.8%
TALY-4#-2	3.8%	0.241	88.0%

实验结果显示,相对渗透率损失最大的煤样为TALY-2#-1号样,它的孔隙度是5块样品中最高的;相对渗透率损失最小的是TALY-1#-1号样,它对应于样品中最高的空气渗透率。由表8.10可以观察出,损失相对渗透率和孔隙度不是简单的正、负相关的关系,而是与煤样初始渗透率之间在总体上呈现负相关。表8.9表明孔隙结构发育较好、渗透率较高的煤储层在排水产气期发生贾敏效应时煤储层相对渗透率损失要小。

为了进一步探讨损失渗透率的影响因素,剔除空气渗透率最小的CP-2#-2号样(小于$0.20\times10^{-3}\ \mu m^2$),同时在TALY-3#-2和TALY-4#-2号样中留下孔隙度更小的。根据实验中不同时间段测得的出口处液体流量数据,绘制折线图(图8.13)。

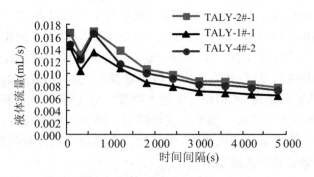

图8.13　煤样流量随时间变化关

　　由图 8.13 不难发现,图中 3 块煤样的流量曲线从上到下呈叠放关系(流量大在上,流量小在下)和样品的损失相对渗透率从大到小刚好对应:流量最大的对应相对渗透率损失是最大的,相对渗透率损失最小的对应流量最小的。由此总结,流量的大小对相对渗透率的作用表现出最为直接的影响。对比本章第一节得到的结论,实验中采用的流量均过大(实际实验流量在 0.01 mL/s 左右),换算成排水量均超过了 8 m³/d 这个界限值,因此,当排采流速超过临界值后,流量越大,造成损失相对渗透率越大。

　　同时对比图 8.12 中的图(a)～图(e),在含气饱和度由 0 增加到 20% 的过程中,水相相对渗透率下降迅速增加,而在该过程中气相相对渗透率上升相对缓慢,说明该阶段气相流体大量增加,阻碍了水相流体流动,产生了贾敏效应。结合图 8.13 可知,进行贾敏实验时,液相流体流量变化较小,均在 0.01 mL/s 左右,影响贾敏效应形成的主要为气相流体流量及累积量。对水相相对渗透率与气相流体流量及累积量进行分析(以 TALY-2♯-1、TALY-1♯-1、TALY-4♯-2 为例),如图 8.14 所示。

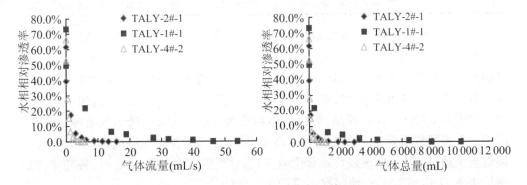

图 8.14　煤样水相相对渗透率与气体流量及气体总量之间的关系

　　由图 8.14 可以看出,贾敏实验中煤样的渗透率在气相流量升高的初始阶段急剧降低。根据实验结果分析,当含气饱和度接近 20% 时煤样水相相对渗透率降低达到拐点,在该过程中气体流量和总量(拐点气体量和总量因煤储层差异而不同)快速上升,之后随气流量和总量增加,水相相对渗透率下降不明显。

　　贾敏实验结果分析表明在产气初期或停排重启的产气初期排水速率不宜过快,防止煤层气产出速率过快和累积气量过大造成在孔隙喉道里形成气泡,造成堵塞引起贾敏效应。一旦产生贾敏效应(产气量和产水量骤减),应放慢排水速率或关井憋压,使流体压力升高从而打破贾敏效应,以保证排采正常进行。

二、煤层气井排采贾敏伤害评价

　　根据第二章对贾敏伤害评价方法的定义,分别对采自长平矿和天安润业煤矿的 5 个煤样的气、水相渗实验结果进行了计算，并根据每个样品的渗透率损害率值随含水饱和度的变化绘制了散点图，如表 8.11 至表 8.15 所示。

表 8.11　CP-2#-2 贾敏伤害评价结果

S_g	0.95%	5.6%	10.3%	15.69%	19.1%	22.36%	25.64%	27.9%	33%	37.2%
K_{rg}	0%	0%	1.4%	4.2%	5.6%	7.4%	8.8%	10.8%	13%	15.4%
K_{rw}	53.2%	30.4%	14%	4.5%	3%	1.5%	0.6%	0.23%	0.04%	0%
D_k	$-\infty$%	$-\infty$%	-900%	-7.14%	46.43%	79.73%	93.18%	97.87%	99.69%	100%

注：S_g 为岩样含气饱和度的数值，用百分数表示；K_{rg} 为气相相对渗透系数的数值，用百分数表示；K_{rw} 为水相相对渗透系数的数值，用百分数表示；D_k 为渗透率损害率，用百分数表示。（表 8.11 至 8.15 同）。

表 8.12　TALY-2#-1 贾敏伤害评价结果

S_g	1.00%	3.94%	10.14%	16.54%	19.30%	23.51%	26.30%	31.24%	34.60%	37.05%
K_{rg}	0.00%	0.00%	1.40%	2.80%	4.60%	6.00%	8.40%	10.80%	12.60%	15.00%
K_{rw}	61.60%	39.40%	17.40%	5.40%	2.80%	1.20%	0.60%	0.23%	0.04%	0.00%
D_k	$-\infty$%	$-\infty$%	-1142%	-92.86%	39.13%	80.00%	92.86%	97.87%	99.68%	100%

由表 8.11 至表 8.15 可以看出：样品 CP-2#-2、TALY-1#-1、TALY-1#-1、TALY-3#-2 分别在含气饱和度为 19.00%～19.30% 时渗透率损害率 D_k 大于 0，其中前 3 个样品渗透率损害率 D_k 超过了 30%，出现中等偏弱贾敏效应，TALY-3#-2 样品当含气饱和度为 23.40% 时渗透率损害率 D_k 为 74.42%，出现中等偏强贾敏效应。TALY-4#-2 样品，当含气饱和度为 23.40% 时渗透率损害率 D_k 大于 0，为中等偏强贾敏效应。含气饱和度高于 23.40% 时，各样本渗透率损害率 D_k 均接近甚至超过 90%，出现强贾敏效应效应；当含气饱度为 37% 左右时，各样本渗透率损害率 D_k 达到 100%，地层水不流动。

表 8.13　TALY-1#-1 贾敏伤害评价结果

S_g	1.08%	3.89%	10.04%	16.24%	19.00%	23.41%	26.30%	30.54%	34.60%	38.10%
K_{rg}	0.00%	0.00%	2.80%	6.60%	8.80%	12.80%	15.00%	18.60%	21.60%	25.20%
K_{rw}	73.20%	49.60%	21.80%	6.40%	4.80%	2.40%	1.40%	1.00%	0.04%	0.00%
D_k	$-\infty$%	$-\infty$%	-678%	3.03%	45.45%	81.25%	90.67%	94.62%	99.81%	100%

表 8.14　TALY-3#-2 贾敏伤害评价结果

S_g	1.00%	6.40%	10.24%	15.70%	19.24%	23.40%	26.41%	30.50%	34.25%	37.00%
K_{rg}	0.00%	0.00%	0.80%	2.20%	4.60%	8.60%	10.40%	13.00%	16.20%	18.00%
K_{rw}	47.60%	26.20%	15.00%	6.60%	4.60%	2.20%	1.20%	1.00%	0.04%	0.00%
D_k	$-\infty$%	$-\infty$%	-1775%	-200%	0%	74.42%	88.46%	92.31%	99.75%	100%

表 8.15　TALY-4♯-2 贾敏伤害评价结果

S_g	0.94%	3.92%	10.54%	14.70%	19.24%	23.40%	26.14%	30.50%	34.21%	37.14%
K_{rg}	0.00%	0.00%	2.00%	3.40%	5.40%	8.80%	11.60%	15.60%	19.40%	24.20%
K_{rw}	66.40%	52.80%	28.00%	15.40%	6.60%	3.00%	1.60%	0.23%	0.04%	0.00%
D_k	$-\infty$%	$-\infty$%	-1300%	-352.94%	-2.22%	65.91%	86.21%	98.53%	99.79%	100%

第三节　煤层气排采储层应力敏感性效应实验研究及评价

一、实验结果及分析

（一）围压相同孔隙压力变化条件下应力敏感性实验结果及分析

3 组煤样的实验数据结果见表 8.16～表 8.18。

表 8.16　CP-2♯-5 号样品实验结果

序号	围压 (MPa)	进口表压 (MPa)	出口表压 (MPa)	平均压力 (MPa)	有效应力 (MPa)	压力差 (MPa)	流量 (mL/s)	渗透率 ($\times 10^{-3}$ μm^2)	渗透率变化率
1	10	0.73	0.1	0.52	9.49	0.63	0.005 2	0.028 9	/
2	10	1.35	0.1	0.83	9.18	1.25	0.010 4	0.017 3	40.14%
3	10	1.98	0.1	1.14	8.86	1.88	0.017 1	0.013 7	52.60%
4	10	2.65	0.1	1.48	8.53	2.55	0.022 7	0.010 4	64.01%
5	10	3.06	0.1	1.68	8.32	2.96	0.026 8	0.009 3	67.82%
6	10	3.75	0.1	2.03	7.98	3.65	0.034 0	0.007 9	72.66%
7	10	4.40	0.1	2.35	7.65	4.30	0.041 0	0.007 0	75.78%
8	10	4.91	0.1	2.61	7.40	4.81	0.046 5	0.006 4	77.85%
9	10	5.20	0.1	2.75	7.25	5.10	0.049 5	0.006 1	78.89%
10	10	5.67	0.1	2.99	7.02	5.57	0.055 5	0.005 8	79.93%
11	10	6.20	0.1	3.25	6.75	6.10	0.060 7	0.005 3	81.66%
12	10	6.44	0.1	3.37	6.63	6.34	0.064 0	0.005 2	82.01%
13	10	6.75	0.1	3.53	6.48	6.65	0.068 5	0.005 1	82.35%
14	10	7.20	0.1	3.75	6.25	7.10	0.074 0	0.004 9	83.04%
15	10	7.47	0.1	3.89	6.12	7.37	0.078 0	0.004 8	83.39%

从表 8.16 可以看出，随孔隙压力增加，渗透率表现出逐渐下降的趋势，渗透率

变化率逐渐增大。

表 8.17　TALY-2♯-4 号煤样实验结果

序号	围压 (MPa)	进口表压 (MPa)	出口表压 (MPa)	平均压力 (MPa)	有效应力 (MPa)	压力差 (MPa)	流量 (mL/s)	渗透率 (×10⁻³ μm²)	渗透率变化率
1	10	0.61	0.1	0.46	9.55	0.51	0.003 7	0.027 4	/
2	10	1.02	0.1	0.66	9.34	0.92	0.007 4	0.021 0	23.36%
3	10	1.35	0.1	0.83	9.18	1.25	0.011 5	0.019 2	29.93%
4	10	1.79	0.1	1.05	8.96	1.69	0.017 5	0.017 1	37.59%
5	10	2.14	0.1	1.22	8.78	2.04	0.021 6	0.015 0	45.26%
6	10	2.69	0.1	1.50	8.51	2.59	0.029 8	0.013 3	51.46%
7	10	3.24	0.1	1.77	8.23	3.14	0.036 8	0.011 5	58.03%
8	10	4.26	0.1	2.28	7.72	4.16	0.050 2	0.009 2	66.42%
9	10	5.04	0.1	2.67	7.33	4.94	0.061 5	0.008 1	70.44%
10	10	5.63	0.1	2.97	7.03	5.53	0.069 6	0.007 4	72.99%
11	10	6.06	0.1	3.18	6.82	5.96	0.076 0	0.007 0	74.45%
12	10	6.46	0.1	3.38	6.62	6.36	0.083 4	0.006 8	75.18%
13	10	6.72	0.1	3.51	6.49	6.62	0.088 6	0.006 7	75.55%
14	10	7.26	0.1	3.78	6.22	7.16	0.096 4	0.006 2	77.37%
15	10	7.52	0.1	3.91	6.09	7.42	0.100 9	0.006 1	77.74%

表 8.18　TALY-3♯-3 号煤样实验结果

序号	围压 (MPa)	进口表压 (MPa)	出口表压 (MPa)	平均压力 (MPa)	有效应力 (MPa)	压力差 (MPa)	流量 (mL/s)	渗透率 (×10⁻³ μm²)	渗透率变化率
1	10	0.65	0.1	0.47	9.53	0.55	0.006 3	0.041 0	/
2	10	1.18	0.1	0.74	9.26	1.08	0.017 1	0.036 3	11.46%
3	10	1.85	0.1	1.07	8.93	1.75	0.032 7	0.029 4	28.29%
4	10	2.4	0.1	1.35	8.65	2.30	0.046 0	0.025 1	38.78%
5	10	3.12	0.1	1.71	8.29	3.02	0.062 0	0.020 3	50.49%
6	10	3.91	0.1	2.10	7.90	3.81	0.081 4	0.017 2	58.05%
7	10	4.37	0.1	2.33	7.67	4.27	0.094 4	0.016 1	60.73%
8	10	4.81	0.1	2.55	7.45	4.71	0.106 0	0.015 0	63.41%
9	10	5.3	0.1	2.80	7.20	5.20	0.119 0	0.013 9	66.10%
10	10	5.61	0.1	2.95	7.05	5.51	0.130 0	0.013 6	66.83%
11	10	6.04	0.1	3.17	6.83	5.94	0.141 6	0.012 9	68.54%
12	10	6.44	0.1	3.37	6.63	6.34	0.154 3	0.012 4	69.76%
13	10	6.85	0.1	3.58	6.43	6.75	0.166 0	0.011 8	71.22%
14	10	7.24	0.1	3.77	6.23	7.14	0.178 4	0.011 4	72.20%
15	10	7.5	0.1	3.90	6.10	7.40	0.189 2	0.011 3	72.44%

　　从各样品的实验结果可以看出,随孔隙压力增加,无因次渗透率表现出逐渐下

降的趋势,渗透率变化率慢慢变大。且原始空气渗透率越小,实验开始后所受的压敏损害程度越高。

根据以上实验数据,分别绘制孔隙压力、有效应力与渗透率的变化关系曲线(图8.15)。由图8.15可以观察出,实验煤样的渗透率随着有效应力下降和孔隙压力上升,均表现出逐渐下降的特点。这和目前的一些研究成果不一致,但也有学术文献指出渗透率随孔隙压力的变化存在一个临界压力:孔隙压力小于临界压力时,渗透率随孔隙压力的增加而减小[34-36]。同时有分析认为:在当煤储层有效应力较低(低于4 MPa)时,在有效应力为定值条件下,随着注入气压(孔隙压力)增加(从2.4 MPa增加到5.5 MPa),孔隙压力较低时因煤基质体积应变所产生的渗透率下降量远高于因气体分子的滑脱效应所引起的煤样渗透率增量,且这种现象随着有效应力增加而明显有增加的趋势[37]。此外,在实验过程中,压差较大,流量不断增加,由此在可能造成速敏效应,这也可能是造成渗透率不断下降的原因之一。

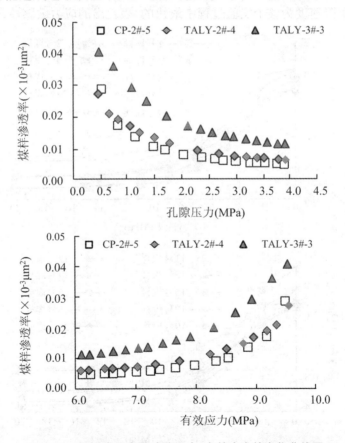

图8.15　煤样渗透率随孔隙压力、有效应力的变化曲线图

（二）孔隙压力不变围压改变条件下应力敏感性实验结果及分析

根据 32 块煤样的应力敏感性评价实验结果，分析煤层气排采时有效应力改变与渗透率变化之间的关系，如图 8.16 所示。

从图 8-16 关系曲线可以看出煤样渗透率随有效应力的变化结果：煤样渗透率随着有效应力的增加表现为慢慢降低，但煤样渗透率降低的过程呈现不同的变化特点。渗透率的变化总体上分为两个阶段，以有效应力 10 MPa 为分界。首先，当有效应力从 0 增加至 10 MPa 时，煤样的渗透率减少了 50%～70%，为原来渗透率的 30%～50%；其次，当有效应力增加为 10～20 MPa，煤样渗透率降低速度发生改变，变的较为平缓，图中显示后期曲线接近于与横坐标轴平行，这个阶段的渗透率损失量约占原来渗透率的 10%；最后，在有效应力 0～10 MPa 的过程中，2.5 MPa 前渗透率的下降速度较快，应力敏感性较强；在有效应力为 2.5～9 MPa 的阶段，煤样的渗透率下降速度为整个实验过程中最快的，表现出的应力敏感性最强。

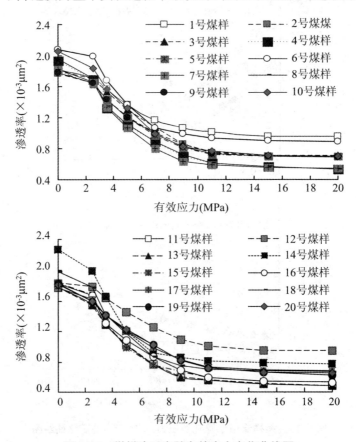

图 8.16　煤样渗透率随有效应力变化曲线图

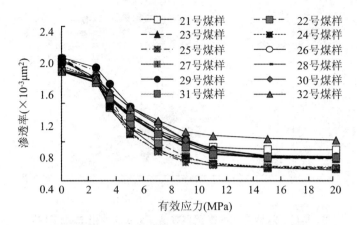

图 8.16　煤样渗透率随有效应力变化曲线图(续)

　　为了更深入地分析实验过程中渗透率的变化情况,引用石油天然气行业标准计算渗透率损害系数,计算获得 32 块样品渗透率损害系数随有效应力的变化结果,绘制出煤样的应力敏感曲线图,以此对煤样的应力敏感性进行评价,如图 8.17 所示。

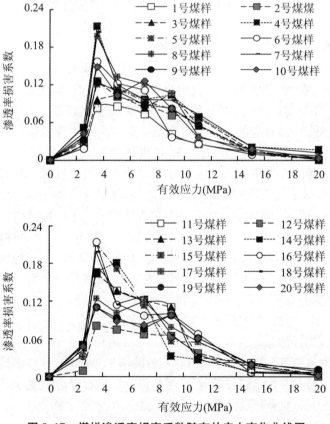

图 8.17　煤样渗透率损害系数随有效应力变化曲线图

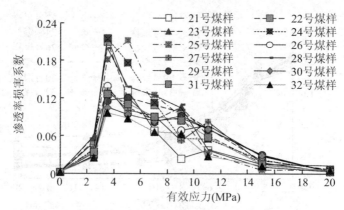

图 8.17　煤样渗透率损害系数随有效应力变化曲线图(续)

由图 8.17 可知,在有效应力增加至 3.5 MPa 的过程中,煤样的渗透率损害系数表现出急剧上升的特点,说明在煤样有效应力增加至 3.5 MPa 的过程中煤样渗透率损害较大(渗透率损耗为 20%～30%),在有效应力为 3.5～20 MPa 阶段,渗透率损害系数呈现下降的特点。其中,有效应力从 3.5 MPa 增至 9～11 MPa 的过程中,虽然渗透率损害系数表现出快速下降的特点,但该过程中煤样渗透率损害最大(渗透率损耗约 60%),自 9～11 MPa 之后,渗透率损害系数表现出缓慢下降的特点,此时煤样渗透率的损害较小(渗透率损耗约 10%)。

另外,通过对图 8.17 分析,发现实验的 32 块煤样在有效应力为 7 MPa、9 MPa、11 MPa 时,渗透率损害系数出现明显的转折点,即确定临界应力为 7～11 MPa。同时根据 32 块样品在临界应力点(渗透率损害系数出现明显下降拐点时所对应的有效应力)对应的渗透率值和第一个应力点对应的煤样渗透率值,计算了有效应力增加过程中渗透率的损害率,结果如图 8.18 所示。

分析 32 块样品渗透率损害率随有效应力的变化可以发现,煤样渗透率损害率介于 30%～65%,绝大多数在 40%～60% 之间,渗透率损害程度为中等偏弱到中等偏强。结合渗透率损害系数,对渗透率损害率值和对应的临界应力进行频数统计,结果发现:23 个煤样的应力敏感的临界应力为 11 MPa,5 个煤样应力敏感的临界应力为 9 MPa,7 个煤样应力敏感的临界应力为 7 MPa。需要特别提出的是:18 号煤样、21 号煤样及 25 号煤样的渗透率损害系数分别有两个明显的拐点,即其应力敏感的临界应力有两个,为 7 MPa 和 9 MPa。

结合图 8.16、图 8.17 和图 8.18 发现,煤样渗透率在有效应力达到 2.5 MPa 之前下降较慢,煤样渗透率损害系数在有效应力达到 3.5 MPa 之前渗透率损耗较大;在有效应力从 2.5 MPa 或 3.5 MPa 之后的增加过程中,煤样渗透率下降迅速,渗透率损害系数虽然下降但渗透率损耗最高,在有效应力到达临界值范围(7～11 MPa),渗透率基本降到最低值,损害系数也基本到达了拐点。

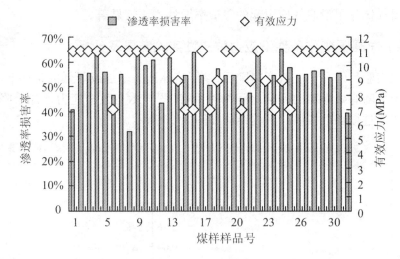

图 8.18　煤样渗透率损害率随有效应力变化曲线图

（三）有效应力不变孔隙压力变化条件下应力敏感性实验结果及分析

本次实验旨在在有效应力不变的条件下，讨论排采期间煤储层渗透率与流动压力之间的关系，实验结果如图 8.19 所示。

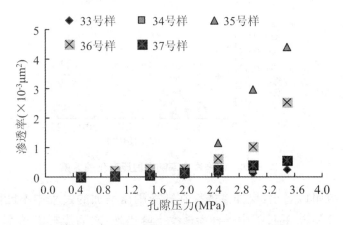

图 8.19　煤样渗透率随孔隙压力变化曲线图

由图 8.19 可知，在有效应力为较低定值时，随着孔隙压力的增加，渗透率表现出上升的特点。对比表 8.19 中 33～37 号煤样的原始渗透率发现，原始渗透率越高，渗透率增幅越大。实验结果表明：在有效应力较低时，随孔隙压力增大（最高3.5 MPa），煤储层渗透率不断得到改善，且煤储层原始渗透率越高，这种改善越明显。分析认为，煤储层渗透率得到改善与煤基质收缩效应和气体分子滑脱效应有关，尤其是煤基质的收缩效应引起的渗透率改善更加显著，因为只有当储层压力低于 1 MPa（文献值为 0.7 MPa 和 0.8 MPa（刘会虎等，2014；邓泽等，2009；艾池等，

2013))时气体分子滑脱效应引起的渗透率增量才比较显著。

(四) 净围压变化条件下应力敏感性实验结果及分析

本次实验目的在于在改变净围压、储层流体压力增加或降低的条件下,研究煤储层渗透率随有效净应力变化之间的关系,试图揭示有效净应力增加及降低过程中煤储层渗透损耗的实质。实验结果如图 8.20 所示。

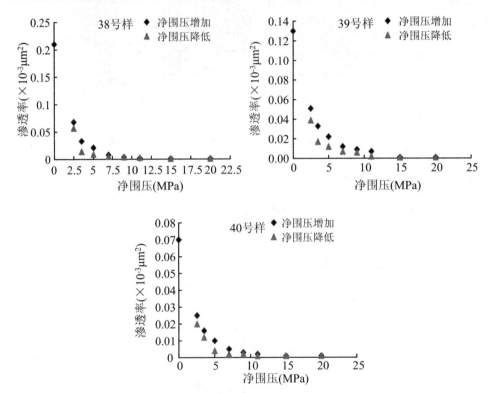

图 8.20　煤样渗透率随净围压变化的关系

由图 8.20 可以看出:煤样渗透率在随净围压增加的过程中不断降低,其中在净围压增至 10 MPa 的过程中煤样渗透率下降迅速,之后煤样渗透率下降不明显;在净围压下降过程中煤样渗透率得到恢复,但显然恢复程度不能达到净围压增加过程中相对应压力点时煤样的渗透率值,这种趋势在净围压降低到较低时(小于 10 MPa)非常明显。

对实验过程中煤样的应力敏感性损害率与净围压的变化关系进行分析,如图 8.21 所示。

由图 8.21 不难发现:应力敏感性伴随着净围压的全过程,从弱应力敏感性到强应力敏感性,当净围压增至 5 MPa 左右时煤样渗透率损害率就达到了 70%,出现强应力敏感性。分析同时发现,当净围压降低时,煤样应力敏感性损害率仍然很高,当净围压降至 5 MPa 左右时,仍然为强应力敏感性。

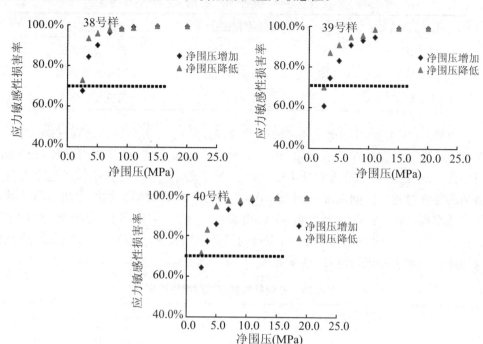

图 8.21 煤样应力敏性损害率随净围压变化的关系

综合图 8.20 和图 8.21,不难推断煤储层在应力降低及恢复过程中,煤储层渗透率损伤是极容易发生的,而且一旦发生,便具有不可恢复性。煤样应力敏感性实验结果揭示了,排采速率过快对煤储层造成的应力敏感伤害,即使在后期通过排采调节,恢复一定的流体压力,也很难使煤储层渗透率得到大幅改善。

二、煤层气井排采应力敏感性伤害评价

依据 4 种不同实验条件的煤层气排采应力敏感模拟实验结果,对排采过程中可能发生的应力敏感伤害进行评价。

(一) 围压相同孔隙压力变化条件下的应力敏感性评价

由第二章第二节可知,该实验设置的实验条件围压为定值(10 MPa),孔隙压力逐渐增加。根据实验过程,煤样在实验初始经历了围压增加到 10 MPa,有效应力增加到 9.5 MPa 左右的阶段。由实验结果,可以看出,煤样渗透率下降了 1 个数量级,因此根据该实验结果,计算了渗透率损失率,如表 8.19 所示。

表 8.19　围压和有效应力增加条件下煤样应力敏感性程度

样品号	渗透率损害率	损害程度
CP-2♯-5	84.21%	强应力敏感性
TALY-2♯-4	96.35%	强应力敏感性
TALY-3♯-3	98.70%	强应力敏感性

由表 8.19 可知,煤样渗透率损失率均远超过 70%,在实验初始煤样即发生了强应力敏感性。煤样在围压增加到 10 MPa 之后保持不变,孔隙压力增加,而有效应力在下降,此时可以将该实验阶段可以看作有效应力下降,流体压力(孔隙压力)增加的独立过程。因而以加压到 10 MPa 后的第一个渗透率测试作为初始值,计算了渗透率损失率(表 8.16 至表 8.18)。由表 8.16 至表 8.18 可知:随有效应力下降和孔隙压力增加,煤样渗透率下降,煤样的渗透率损失率在增加。对该实验分阶段煤样渗透率损害率进行统计,结果如表 8.20 所示。

表 8.20　分阶段煤样应力敏感性程度

样品号	不同阶段渗透率损失率值			不同阶段损害程度		
	增压前	围压不变孔隙压力增加	整个实验过程	增压前	围压不变孔隙压力增加	整个实验过程
CP-2♯-5	84.21%	83.39%	97.37%	强应力敏感性	强应力敏感性	强应力敏感性
TALY-2♯-4	96.35%	77.74%	99.19%	强应力敏感性	强应力敏感性	强应力敏感性
TALY-3♯-3	98.70%	72.44%	99.64%	强应力敏感性	强应力敏感性	强应力敏感性

由表 8.20 可知,煤样在加压发生强应力敏感性之后,即使后阶段降低应力,煤样渗透率仍在进一步降低,煤样渗透率在这个实验过程中一直在降低。

该实验应力敏感性评价结果表明,当煤储层在采用大幅度高排水量排采却发生停泵时,即使地下水再补充,煤样的渗透率仍然得不到改善。原因有两个方面:一是有效应力仍然较高,对煤储层仍具有应力伤害;二是停泵后大量地下水涌入煤层气井筒,携带的煤粉等固相物质可能在煤层孔裂隙中发生淤积使渗透率下降。

(二) 孔隙不变围压变化下应力敏感性评价

由本章前文分析,当有效应力增加到 3.5 MPa 时,渗透率损失率约占 30%,出现弱应力敏感性;当有效应力增加到 10 MPa 时,渗透率损失率为 50%～70%,煤样表现出中等偏强应力敏感性；之后渗透率损失率略有增加（约10%），煤样渗透率损失率在70%以上。表8.21为该实验条件下部分样品应力敏感性程度评价结果。

表8.21　分阶段煤样应力敏感性程度

样品号	渗透率损失率	渗透率损害率	损害程度
1	47.69%	40.76%	中等偏弱应力敏感性
…	…	…	…
32	48.96%	39.58%	中等偏弱应力敏感性

（三）有效应力不变孔隙压力变化下应力敏感性评价

有效应力不变（5 MPa）条件下改变孔隙压力的煤样应力敏感性模拟实验的结果显示煤样没有发生应力敏感性。该条件下应力敏感性评价结果表明煤储层在应力较低状态下，通过适当增加储层流体压力可有利于煤储层渗透率的改善。

（四）净围压增加及下降条件下应力敏感性评价

本次实验通过增加净围压和降低净压对3个煤样进行了应力敏感性评价。分别计算了净围压增加及下降过程中煤样渗透率的损失率（图8.21），对最大渗透率损害率及不可逆渗透率损害率进行了统计，如表8.22所示。

表8.22　净围压变化条件下煤样应力敏感性程度

样品号	最大渗透率损害率	不可逆渗透率损害率	损害程度
38	99.52%	72.86%	强应力敏感性
39	99.23%	70.00%	强应力敏感性
40	98.57%	71.43%	强应力敏感性

由表8.22可知，在净围压增加的情况下，当净围压升高到20 MPa时，渗透率损害率达到最高，均在99%以上；当净围压下降到初始实验条件（2.5 MPa）时，不可逆渗透率损害率仍然在70%以上，应力敏感性程度均为强应力敏感性。结合图8.20、图8.21和表8.22可以说明，在改变有效应力的情况下，净围压对煤储层的渗透率的影响是显著的，而且这种应力敏感效应造成的煤储层损伤具有不可恢复性。

第四节　基于煤层气排采生产特征伤害判别模式及评价方法

根据第七章相关章节的分析,结合国内相关研究成果[12,31,37,38],总结沁水盆地南部成庄区块高、中、低产井和产水井在不同排采生产阶段排采伤害表现特征的判别模式,如表 8.23 所示。不同产能类型井在排采前期均有发生速敏效应的可能,中期是地层气锁(贾敏)高发期,后期排采伤害多变。此外,排采过程中,排水量 $4\sim8$ m³/d 可为稳定排水量参考值;排水量的调节应保证在 10 m³/d 以下,以防止较大的排水量波动造成煤粉堵塞;套管压力的调节应本着"稳定""渐变"的原则,避免跳跃式增加。

表 8.23　高、中、低及产水井伤害判别模式

类别	排采前期	排采中期	排采后期
高产井	排水量超过 10 m³/d 造成煤粉堵塞伤害的可能性大大增加	贾敏是此阶段常见的伤害类型	基本没有排采伤害发生
中产井	除高排水量,生产过程中停泵或停抽也易形成速敏	排水量超过 10 m³/d 易形成速敏,套压骤降至 0 或突然变化大于 0.15 MPa 可能发生贾敏	压敏效应少量发生,若出现压敏效应,则排采中期出现贾敏的可能性极大
低产井、产水井	高、中产井出现的伤害类型均会发生,时间界限不明显,且同一生产阶段会出现两种甚至多种排采伤害,速敏与贾敏同时发生的概率极大		

煤层气井的排采伤害判别模式为生产实践中延长煤层气井生产寿命提供了技术支持。根据排采伤害判别模式,在生产前期应该掌握煤层气井的排水区间,尽量避免进行强排或频繁调节;中期即使在稳定期仍要加强监控工作,及时应对可能出现的气锁现象;应力闭合对煤层气井伤害较大,应该特别注意排采前期和后期的停抽事故,防止煤储层基质压缩,停止产气。

本 章 小 结

① 采用液相流体(排采地层水和混有煤粉的水)作为驱替介质进行的速敏实验显示没有出现速敏效应,但煤样渗透率随注水流量的增加与流体中固相物质含量之间的关系确证了存在煤粉等固相物质淤塞现象,且这种没有揭示出来的速敏效应损害程度与流体中固相物质含量有关。采用气相流体作为驱替介质进行的速敏实验普遍证实了速敏效应的存在,速敏实验过程中渗透率变化分为渗透率平缓变小后急剧下降型、渗透率急剧下降后平缓变小型、渗透率先变小后上升最后再下降型以及渗透率一直下降型。速敏效应的程度与煤样的孔隙结构有关,速敏效应导致煤样渗透率的下降实质在于改变了煤的孔隙结构,使连通孔隙孔容降低,微孔孔容降低。

② 贾敏实验中煤样渗透率在气相流量升高的初始阶段急剧降低,当含气饱和度接近 20% 时煤样水相相对渗透率降低达到拐点,在该过程中气体流量和总量(拐点气体量和总量因煤储层差异而不同)气体快速上升,之后随气体流量和总量增加水相相对渗透率下降不明显。

③ 煤层气排水降压过程中,在有效应力小于 2.5 MPa 时,煤样的渗透率变化表现为较快速下降,应力敏感性较强;有效应力从 2.5 MPa 增加至 9 MPa 时,煤样的渗透率快速下降,应力敏感性最强。同时也证明了孔隙压力小于临界压力时,渗透率随孔隙压力的增加而减小。

④ 有效应力增加到 3.5 MPa 的过程中,煤样的渗透率损害系数急剧上升,渗透率损失较大,损耗 20%~30%;有效应力为 3.5~20 MPa,渗透率损害系数呈现下降趋势,在其中有效应力从 3.5 MPa 上升至 9~11 MPa 的阶段,渗透率损害系数快速下降,而煤样渗透率损害最大,损耗约 60%,自 9~11 MPa 之后,渗透率损害系数缓慢下降,煤样渗透率损害较小,损耗约 10%;渗透率损害率为 30%~65%,绝大多数在 40%~60% 之间,渗透率损害程度为中等偏弱到中等偏强,临界应力为 7~11 MPa。

⑤ 在有效应力较低且不变条件下,煤样渗透率随孔隙压力增加而增加,煤基质收缩效应引起的渗透率改善比较显著,且煤样原始渗透率越高,渗透率增幅越大。

⑥ 速敏实验和贾敏实验结果显示,在排水产气期排采速率不宜超过 8 m³/d。

⑦ 依据在不同条件下的排采储层速敏、贾敏和应力敏感性模拟实验,分别评价了不同类型排采储层伤害的程度及危害,针对性地提出了建议。

⑧ 根据排采储层伤害的生产表现特征总结了沁南地区不同产能煤层气井、不同生产阶段煤层气的排采伤害判别模式,建立了依据煤层生产数据特征评价排采伤害的评价方法。

第九章 煤层气井排采伤害的耦合效应及其控制技术

本章依据前述章节实验结果,采用数值模拟方法对煤储层排采伤害的耦合效应进行了分析,并对煤层气排采控制优化提出了建议。

第一节 煤层气井排采伤害的耦合效应分析

从本书第八章速敏、贾敏以及应力敏感 3 个模拟实验可以看出,煤层气井排采过程中渗透率的变化与实验流体中的悬浮物含量、实验过程中的孔隙压力、有效应力、流体流速、储层原始的孔隙度以及煤样初始渗透率有关系,确定这些参数对煤层气开采有重要作用。因排采过程中主要以应力敏感和速敏伤害为主,故本节以速敏和应力敏感实验中涉及的 5 块样品为基础,对排采储层伤害进行耦合分析。

一、耦合分析数据源

抽取 5 块样品中的 4 块作为此次模拟的数据源。实验过程为按围压逐渐减小进行,相关数据如表 9.1 所示。

表 9.1　耦合分析数据源

悬浮物含量 （mg/L）	驱动压差 （MPa）	围压 （MPa）	流量 （mL/min）	孔隙度	初始渗透率 （$\times 10^{-3}$ μm^2）	渗透率 （$\times 10^{-3}$ μm^2）
0	7	8.5	0.200 2	3.6%	0.179	0.245
0	6	8	0.095	3.6%	0.179	0.135 6
0	5	7.5	0.047 7	3.6%	0.179	0.081 7

悬浮物含量 （mg/L）	驱动压差 （MPa）	围压 （MPa）	流量 （mL/min）	孔隙度	初始渗透率 （×10^{-3} μm^2）	渗透率 （×10^{-3} μm^2）
0	4	7	0.023 9	3.6%	0.179	0.051 2
0	3	6.5	0.013 3	3.6%	0.179	0.038 0
0	2	6	0.007 5	3.6%	0.179	0.032 1
0	1	5.5	0.001 5	3.6%	0.179	0.012 8
127.5	7	8.5	3.477 0	4.6%	3.040	4.414 1
127.5	6	8	2.002 0	4.6%	3.040	2.965 1
127.5	5	7.5	0.647 7	4.6%	3.040	1.151 2
127.5	4	7	0.123 9	4.6%	3.040	0.275 3
127.5	3	6.5	0.057 3	4.6%	3.040	0.169 7
127.5	2	6	0.011 5	4.6%	3.040	0.051 1
127.5	1	5.5	0.000 1	4.6%	3.040	0.000 9
16	7	8.5	1.974 0	3.9%	1.205	2.539 9
16	6	8	0.682 0	3.9%	1.205	1.023 8
16	5	7.5	0.347 7	3.9%	1.205	0.626 3
16	4	7	0.123 9	3.9%	1.205	0.279 0
16	3	6.5	0.097 3	3.9%	1.205	0.292 1
16	2	6	0.051 5	3.9%	1.205	0.231 9
16	1	5.5	0.004 4	3.9%	1.205	0.039 7
5.5	7	8.5	0.401 0	3.5%	0.364	0.575 7
5.5	6	8	0.236 0	3.5%	0.364	0.395 3
5.5	5	7.5	0.127 7	3.5%	0.364	0.256 7
5.5	4	7	0.060 5	3.5%	0.364	0.152 0
5.5	3	6.5	0.016 3	3.5%	0.364	0.054 6
5.5	2	6	0.008 5	3.5%	0.364	0.042 7
5.5	1	5.5	0.001 4	3.5%	0.364	0.013 6

在耦合分析的过程中，将表 9.1 中悬浮物含量用 x_1 表示，剩下的按从左到右的顺序，依次为 x_2，x_3，x_4，x_5，x_6，x_7，最后一项渗透率为 y。观察图 8.1 可以发现，各煤样的渗透变化曲线较简单，故此将渗透率和各影响因素之间的关系用如下模型表示：

$$y = c_1 x_1 + c_2 x_2 + c_3 x_3 + c_4 x_4 + c_5 x_5 + c_6 x_6$$

式中，c_1 至 c_6 为待定常数。

二、耦合分析结果

本书在估算以上模型参数时，采用的是非线性最小二乘法，又称麦夸特法。将表 9.1 中的数据输入数据处理系统，通过麦夸特法，得到的计算结果如图 9.1 所示。从图中可以观察到返回的计算结果中包含方差分析表、系数 $c_i (c_1 \sim c_6)$ 的协方差阵以及相关阵、参数的拟合值以及其残差、4 次迭代得到的 c_i 值、相关系数、拟合度。

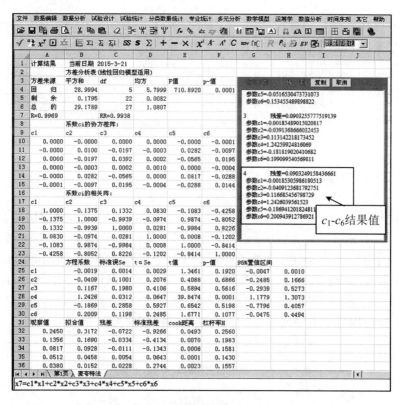

图 9.1　模拟模型计算结果

根据拟合结果，最终得到的煤样渗透率与悬浮物含量（固相物质含量）、驱动压差（生产压差）、围压、流量、煤样孔隙度、煤样初始渗透率的关系如下：

$$y = -0.0019 x_1 - 0.0409 x_2 + 0.1167 x_3 + 1.2426 x_4 - 0.1869 x_5 + 0.2009 x_6$$

$$\text{(9.1)}$$

式中，$x_1 \sim x_6$，y 分别表示悬浮物含量（固相物质含量）、驱动压差（生产压差）、围压、流量、煤样孔隙度、煤样初始渗透率及煤样渗透率。

从拟合结果看,模型的方差分析 P 值为 0.000 1,达极显著水平($P=0.05$ 为统计学意义边界线,$0.05 \leqslant P \leqslant 0.001$ 在统计学上被认为具有高度统计学意义,为极显著[39-41]),相关系数 R 为 0.999 9,拟合优度(决定系数 R^2)为 0.993 8,拟合效果很好。根据实测值和拟合值之间的残差得到下面的残差图(图 9.2)。

在残差图中,横坐标为实验过程中不同参数条件下测量渗透率的次数,纵坐标则为根据模型模拟的拟合值和实际测量值之间的差值。由图可以观察出,得到的残差值星云均匀分布在横轴的两侧,同样说明模型系统误差小,拟合程度高。

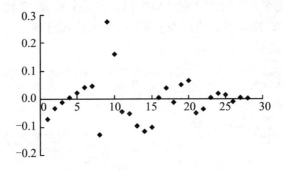

图 9.2　耦合分析模型残差图

三、耦合分析的可行性验证

为了验证计算得到的模拟结果,将常数 c_i($i=1,\cdots,6$)代入模拟模型公式 $y= c_1 x_1 + c_2 x_2 + c_3 x_3 + c_4 x_4 + c_5 x_5 + c_6 x_6$,然后用 5 块样品中剩余的一块样品的实验数据一一对应代入 x_1 至 x_6,计算不同孔隙压力下的渗透率,得到的即为模型模拟值。将实验实测值和模拟值进行比较,如图 9.3 所示。从图 9.3 中可以看出,拟合值能很好地拟合实际测试值,再次证明在速敏和应力敏感条件耦合效应下渗透率的变化规律可以通本书中所建立的耦合数值模型来分析。

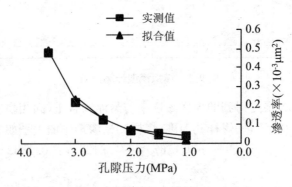

图 9.3　拟合值和实测值的比较

需要指出的是,此次模拟条件是在有效应力不变,孔隙压力逐渐减小的条件下进行的。实验过程中,孔隙压力慢慢减小,渗透率随之变小。分析认为是煤储层基质膨胀,造成部分微裂隙、喉道等闭合,使渗透率减小。伴随应力敏感发生的是排采速度的降低,实验中实测流量数值直观反映了该现象的发生。流量变小前的高流量排采增加了排采孔道中的煤粉含量,在后期流量变小后沉降聚集,速敏伤害就此发生。本书第七章分析了煤层气井排采伤害的生产表现特征,低产井的排采生产曲线图反映出排采后期容易耦合发生压敏和速敏。故虽模拟实验有局限性,但从一定程度上也证明了煤层气井排采后期耦合发生应力敏感和速敏的概率较大。

根据以上分析,当排采过程中发生单一排采储层伤害时,可以通过简化以上数值模型,在获得相关生产数据的情况下进行拟合,得到储层渗透率值。同样需要指出的是,该耦合数值模型是建立在有限的实验数据基础之上的,如要提高耦合分析的准确度和精度,还需要开展大量的实验工作和收集更多的生产数据进行分析。

第二节　煤层气井排采控制技术

一、煤层气生产与排采工艺

煤层气井生产与排采工艺包括排采前的准备工作、排液降压、排采工作制度等[42,43]。

(一)排采前的准备工作

准备井下气砂锚、泵、抽油杆、光杆、油管以及其他的油管短节、变丝、音标等;准备适当型号的抽油机、井口装置、地面管线、阀门、分离器、气体及液体的计量仪表、计量箱;准备容量合适的污水排放池。

检查地面管线及井口装置是否密封无渗漏;阀门是否灵活可靠;井口至分离器及计量仪表的阀门是否打开;分离器上的各种装置是否灵活好用;计量仪表是否完好。

(二)排液降压

在压裂后,随着泵的排液,井筒附近的地层压力会逐渐降低并使气和水向井筒方向流动,使井筒附近的含气饱和度增高。随着油套环空压力的逐渐升高,井筒附近气体的浓度也增大。为了防止煤粉及砂堵塞煤层微细裂缝;防止煤粉及砂进入泵筒,造成煤粉及砂粒磨损泵筒或卡泵以及防止部分煤粉及砂随着液体到达地面,在地面流程中堆积,堵塞管线或仪表,造成检泵和生产停止,必须严格执行管理规程和作业程序。

(三) 排采工作制度

1. 泵径的选择

泵径不同会使抽油机的悬点负荷不同。泵径越大则悬点载荷越大,这就意味着可能要使用钢质更好或直径更大的抽油机杆。因此,有可能会使整个排采系统的成本增加。

2. 冲程与冲次的选择

在保证排量的情况下,冲程尽可能选择抽油机的最大能力,而冲次则选择每分钟 4～10 次。

3. 生产压差的选择

初选的生产压差,要以不破坏煤层的原始状态,不使煤层的割理系统受到损害,避免造成煤层大量出砂和煤粉以及避免煤层坍塌为原则。

使泵的排液能力与煤层的供液能力相适应,充分利用地层能量,保证环空液面均匀缓慢下降或稳定。

要控制好套压,放大油嘴,套压下降,气量上升;反之,减小油嘴,套压上升,生产压差减小。对有一定产气量的井,油嘴以 2～6 mm 为宜。

4. 下泵深度的选择

对于煤层气井,要求液面接近煤层或降到煤层以下,这样生产压差就接近地层压力。在排采初期,基本以排压裂液为主,产液量较大,因而,泵挂不宜过深,过深则易造成煤粉和砂卡泵;在排采的过程中,应根据实测的动液面确定适当的生产压差,当环空液面下降到逐渐相对稳定的情况时,泵才能下至煤层中部以下 30～40 m。

二、煤层气排采工艺优化机理

(一) 煤储层含水性、产水能力与液面降

1. 煤储层含水性

煤储层中液态物质包括裂隙、大孔隙中的自由水(油)及煤基质中的束缚水。自由水包括煤储层宏观裂隙、显微裂隙、大孔、中孔中的游离水。这些裂隙、孔隙越发育,煤中的自由水含量就越高。束缚水包括强结合水、弱结合水和过渡孔、微孔中的毛细水,在煤储层中的含量可通过气、水相对渗透率实验来确定。

实验表明,我国煤储层束缚水饱和度随煤级增大而增大,同时也暗示了随煤级

增大,排水降压难度增大[43]。

由于研究区沁水盆地南部煤级相对较高,属高阶煤,煤储层束缚水饱和度比较大,因此排水降压难度较大,对排采工艺要求较高。

2. 产水能力与液面降

通过对沁水盆地南部高阶煤排采井的数据统计,可以通过比较排水降压阶段的日产水量、液面降等参数,来判断煤储层的含水性、产水能力与液面降。因为稳定生产阶段主要依靠调节套压来提高产气量。

排掉压裂液的水量之后,日产水量比较大,初期液面降较小,说明煤储层渗透率高,产水能力大,补给量大。

排掉压裂液的水量之后,日产水量比较大,初期液面降也比较大,说明该井附近煤储层渗透率高,产水能力大,补给量小。

排掉压裂液的水量之后,日产水量小,初期液面降大,这说明该井附近煤储层渗透率小,产水能力弱,补给量小。

排掉压裂液的水量之后,日产水量大,液面降比较小,此时动液面下降至煤储层顶板,未产气。

（二）降压与煤基质收缩

煤基质收缩是指当煤储层压力降低到临界解吸压力时,煤基质中吸附态气体分子逐渐从煤基质表面解吸,随着解吸量增加,气体沿裂隙扩散渗流出去,煤基质孔隙体积收缩的现象。

煤基质收缩会导致煤基质收缩效应,即随着煤基质的收缩,由于煤体在侧向上是受围限的,因此煤基质的收缩不可能引起煤层整体的水平应变,只能沿裂隙发生局部侧向应变。基质沿裂隙的收缩造成水平应力下降,有效应力相应减小,裂隙宽度增加,渗透率增高。煤体孔隙结构和力学性质不同,煤基质收缩效应也会有显著差别[44,45]。

（三）降压与裂隙闭合

煤储层的有效应力为总应力减去储层流体压力。垂直于裂隙方向的总应力减去裂隙内流体压力,所得的有效应力称为有效正应力,它是裂隙宽度变化的主控因素[46]。

煤基质收缩效应使得煤基质有效应力减小,裂隙宽度增大,我们称之为正效应。由于排水速度过快,煤储层的流体压力迅速减小,有效应力随之迅速变大,裂隙宽度变小,我们称之为负效应。

煤基质收缩所产生的正效应是一个缓慢的过程,而排水降压所产生的负效应由人为控制。如果排水速度过快,所产生的负效应大于煤基质收缩所产生的正效应,就会造成裂隙闭合,使裂隙内煤基质中的煤层气不能够及时完全的解吸,对整个排采过程造成不良影响。

(四) 煤储层损伤与改善的平衡

1. 煤储层损伤

煤储层中水和气被快速排出,煤储层骨架的孔隙压力降低,因储层上覆压力、构造应力等因素的影响,有效应力增大,煤储层孔隙被压缩,裂隙闭合,渗透率降低,产气量减小,或者不再有气体产出。

可以解释为煤储层的孔隙水压力减小,有效应力增大,引起了裂隙体积改变,即裂隙闭合,渗透率降低,降压漏斗难以有效扩展,使得降压面积小或储层压力降低速率变缓。要想改善煤储层损伤,必须增大降压漏斗半径,扩大降压面积,提高煤储层渗透率。

煤储层损伤还有一个重要的原因,那就是:由于对生产规律把握不准,排采制度改动频繁,造成煤层压力激动、煤粉迁移和沉积,裂缝和井筒被煤粉堵塞,裂缝闭合,导致煤层渗透性的永久性伤害,使得煤层气、水产量难以达到理想状态[21]。

2. 煤储层改善

首先,高煤级煤储层内生裂隙和显微裂隙不发育是产气缺陷的根本原因;其次,高煤级煤储层应力渗透率敏感性强,煤基质收缩能力弱,在排水降压开发煤层气的过程中,有效应力的负效应大于煤基质收缩的正效应,煤储层渗透率将逐渐降低,随着排采的进行,产能逐渐衰减,后期不可能再出现产能高峰;再者,高煤级煤储层束缚水饱和度大,排水降压困难。

针对此现象,我们可以对煤储层进行压裂改造,产生新的裂缝,增大其渗透率。水力压裂改造技术是开采煤层气的一种有效的增产方法。主要机理为:通过高压驱动水流挤入煤中原有的和压裂后出现的裂缝内,扩宽并伸展这些裂缝,进而在煤层中产生更多的次生裂缝与裂隙,增加煤储层的渗透性。通过对煤储层进行水力压裂,可产生有较高导流能力的通道,有效地连通井筒和储层,以促进排水降压,提高产气速率,这对改善已受损伤的煤储层极为重要。再者,这可消除钻井过程中泥浆液对煤层的伤害[47]。

(五) 煤储层产水量与涌水量的平衡

排水降压使井筒内液面下降,井筒与煤储层之间形成压力差,地下水从压力高的地方流向压力低的地方,地下水就源源不断地流向井筒中,使得煤储层的压力不断下降,并逐渐向远方扩展,最终在以井筒为中心的煤储层段形成一个地下水头压降漏斗,并随着抽水的延续该压降漏斗不断扩大和加深[48]。

当煤储层的涌水量和煤层气井井口产水量平衡时,会形成稳定的压力降落漏斗,此时降落漏斗不再继续延伸和扩大,煤储层各点的压力也就不能进一步降低,解吸停止,煤层气井采气也终止。

三、煤层气排采工艺优化

(一) 初始排水泵量和最大排水泵量

根据对成庄区块的排采生产资料的统计分析,区内最大排水泵量为 $20.7\sim$ $234.0\,m^3/d$,平均 $47.9\,m^3/d$,主要集中在 $30.5\sim51.8\,m^3/d$ 之间,该区煤层气井的最大排水泵量大都出现在产气之前或刚产气的几天内。高产井最大排水泵量平均为 $41.5\,m^3/d$,低产井最大排水泵里平均为 $40.99\,m^3/d$,由排采资料统计分析可知,研究区煤层气井最大排水泵量以控制在 $41.0\,m^3/d$ 左右较合理。

根据速敏伤害模拟实验结果进行分析,本书中采用的 5 个样品的 5 号样因没有出现临界流速,故排除在外;其他 4 个发生速敏效应的临界流速对应的实验流量分别为 $0.352\,mL/min$,$0.196\,mL/min$,$0.139\,mL/min$ 和 $0.155\,mL/min$。

根据石油天然业行业标准 SYT 5358—2010 流量计算公式,将实验流量换算成排采速率,流量计算公式如下:

$$Q = \frac{vA\phi}{14.4} \tag{9.2}$$

式中,Q 为流量,单位为 cm^3/t;

v 为流速(渗流速度),单位为 m/d;

A 为岩样横截面积,单位为 cm^2;

ϕ 为岩样孔隙度,以百分数表示。

根据上述计算公式,设实验流量为 Q_1,排采速率为 Q_2,则

$$Q_1 = \frac{vA_1\phi}{14.4} \tag{9.3}$$

$$Q_2 = \frac{vA_2\phi}{14.4} \tag{9.4}$$

那么两者之间的关系可以表示如下:

$$\frac{Q_2}{Q_1} = \frac{A_2}{A_1} = \frac{2\pi r_2^2}{2\pi r_1^2} = \frac{r_2^2}{r_1^2} \tag{9.5}$$

式中,r_1 为煤样岩心柱的半径,单位为 cm;

r_2 为煤层厚度,单位为 cm。

根据上述公式,分别计算了对应临界流速的排采速率,分别为 $29.16\,m^3/d$,$16.26\,m^3/d$,$11.53\,m^3/d$,$12.85\,m^3/d$。

根据速敏伤害模拟结果(第八章第一节中第三批次速敏实验结果)渗透率损害率(渗透率损失最大值)对应点的实验流量,分别计算了 5 个样本对应的最大排采速率,分别为 $30.52\,m^3/d$,$24.88\,m^3/d$,$89.25\,m^3/d$,$19.16\,m^3/d$ 和 $27.86\,m^3/d$。

综上分析,要使煤层气排采时不发生明显的速敏,初始排水速率不应超过 11 m³/d,最大排水速率不应超过 24 m³/d。

由第二章第二节和第八章第二节中可知,煤层气出现中等以上贾敏效应时对应的含气饱和度在 20%左右,实验流量为 0.007~0.017 mL/s,平均实验流量为 0.01 mL/s 左右。因而可以依据贾敏伤害模拟实验结果确定排采速率的方法,计算出强贾敏效应的临界排采速率。经过计算,当出现贾敏效应时,临界排水速率为 27.59~58.63 m³/d,平均为 34.49 m³/d。由于贾敏效应主要受产气速率的控制,当含气饱和度为 23%左右时,贾敏伤害程度可引发强贾敏效应,因而取含气饱和度为 19.4%左右时对应的气量来计算采气速率,计算得到采气速率分别为 3 456.87 m³/d(144.03 m³/h,2.40 m³/min),16 656.71 m³/d(694.03 m³/h,11.57 m³/min),65 004.62 m³/d(2708.52 m³/h,45.14 m³/min),3 981.74 m³/d(165.91 m³/h,2.77 m³/min)以及 4 488.00 m³/d(187.00 m³/h,3.12 m³/min)。为有效防止强贾敏效应发生,排水速率不宜超过 27 m³/d,采气速率不宜超过 3 456.87 m³/d(144.03 m³/h,2.40 m³/min)。

(二) 产气量与套压的关系

从排采过程中产气量与套压的关系图(图 7.1~图 7.5)可以看出,在排水降压阶段,产气量与套压没有明显的线性相关关系。在稳定生产阶段,两者关系具有两重性,但总体趋势还是负相关关系。从整个过程来看,总体趋势是套压增大,产量降低,套压减小,产量升高。建议在稳产阶段,套压调节幅度不宜大于 0.15 MPa。

(三) 产气量与累计疏水时间的关系

相关研究资料统计显示,各井累计疏水时间为 115~1 155 d,平均 442 d,主要集中在 115~497 d。平均疏水时间高产井为 353 d,中产井为 540 d,低产井为 395 d。其中,3 口高产井中有 2 口井的累计疏水时间为 115 d[43]。由此分析可知煤层气井的累计疏水时间控制在 115~353 d 比较合理。

综上所述,对排采工艺参数的优化分析表明:初始排水速率应控制在 14 m³/d 以下,最大排水速率不应超过 23 m³/d;产气期为防止强贾敏效应发生,排水速率不宜超过 27 m³/d,采气速率不宜超过 3 456.87 m³/d(144.03 m³/h,2.40 m³/min);套压值不能低于 0.01 MPa;稳产阶段调节幅度不宜超过 0.15 MPa,开始产气后累计疏水时间应控制在 115~353 d。

(四) 煤层气排采设备的比选

煤层气排采工艺设备要求是排水采气时应能保证排液速度快,不怕井间干扰,同时要能有效防止煤屑、煤粉阻塞引起的卡泵。目前国内外用于煤层气排水的排采设备有游梁式有杆泵、电潜泵、螺杆泵、气举泵和水力喷射泵。沁水南部研究区普遍采用的是游梁式抽油机(有杆泵)。由前文沁水南部煤层气井产水特征可知，采用各排水泵在排量上均符合要求。同样，对深度、温度、流压技术参数而言，各种泵也均适用于沁水盆地南部。对不同泵型的选择主要体现在含砂限制、气液比、井斜等泵抽技术参数上，参考相关文献[43,47,49-57]，对采用不同排采设备的主要限制参数及优劣进行归纳，结果如表9.2所示。

　　沁水南部直井设计最大井斜≤3°，因而可能对螺杆泵产生限制。就气液比和泵效而言，游梁式有杆泵和螺杆泵性价比较高，电潜泵次之。考虑免修期，气举泵中的柱塞气举泵维修周期短，较不适宜。如果考虑经济效益，游梁式有杆泵费用最低，电潜泵次之，射流泵再次之，气举泵费用最高。考虑含砂限制，螺杆泵和射流泵性能较差，气举泵和游梁式有杆泵次之，电潜泵较好。综合分析：在考虑经济效益和排采效果的前提下，认为在煤储层渗透性较高的区域排采，可以大规模采用游梁式有杆泵，而对于煤储层渗透性较低，出煤粉较多易出现卡泵的区域的煤层气井，可以考虑采用电潜泵。

表 9.2　煤层气排采设备比选表

技术参数	游梁式有杆泵	电潜泵	气举泵		螺杆泵	射流泵
			气阀气举泵	柱塞气举泵		
含砂(煤粉限制)	<0.1%	<0.02%	<0.1%	不限	<10%	<3%
气液比	<0.5%	<0.05%	不限	360～380	<0.05%	不限
井斜限制	<5°	<60°	<24°(30 m 内)		斜井、弯曲井不适用	<24°(30 m 内)
泵效	50～60	<40	20	利用井身能量	50～70	20～30
免修期	平均 2 年	平均 1.5 年	平均 3 年	平均 0.5 年	平均 1 年	平均 0.5 年
优点与缺点	维修方便、费用低，受气体影响大，易产生气锁，排采过快时煤粉卡泵	排采量大时易引起地层激动，排采连续性难控制，易气蚀和气锁，费用高	适宜煤层气井出砂使用，压缩机费用高(所有泵中投资费用最高)		能适应煤层气井出煤粉和细砂，费用较低，供液不足会出现烧泵	需要地面电动泵或注液车，动力费用高

本 章 小 结

① 速敏实验和应力敏感性实验的耦合分析结果显示,实验过程中孔隙压力慢慢减小,渗透率随之变小。这是因为煤储层基质膨胀,造成部分微裂隙、喉道等闭合,以致渗透率减小。伴随应力敏感发生的是排采速度的降低,实验中实测流量数值直观反映了该现象的发生。流量变小前的高流量排采增加了排采孔道中的煤粉含量,在后期流量变小使沉降聚集,速敏伤害就此发生。由此证明,排采过程中,排采制度调节不当,易导致压敏和速敏的耦合发生,甚至进入恶性循环,直至煤层气井停止产气。

② 煤层气排采控制技术进行评估研究的结果表明:排采工艺参数经优化应为:初始排水量控制在 11 m^3/d 以下,最大排水速率不应超过 24 m^3/d;产气期为有效防止强贾敏效应发生,排水速率不宜超过 27 m^3/d,采气速率不宜超过 3 456.87 m^3/d(144.03 m^3/h,2.40 m^3/min);套压值不能低于 0.01 MPa,稳产阶段调节幅度不宜超过 0.15 MPa,开始产气后的累计疏水时间以控制在 115~353 d。

③ 煤层气排采设备比选结果表明:在考虑经济效益和排采效果的前提下,在煤储层渗透性较高的区域采气,可以大规模采用游梁式有杆泵排采;而对于煤储层渗透性较低、出煤粉较多易出现卡泵的区域的煤层气井,可以考虑采用电潜泵排采。

参 考 文 献

[1] 刘焕杰,秦勇,桑树勋.山西南部煤层气地质[M].徐州:中国矿业大学出版社,1998.

[2] 杨起,韩德馨.中国煤田地质学:上册[M].北京:煤炭工业出版社,1979.

[3] 韩德馨,杨起.中国煤田地质学:下册[M].北京:煤炭工业出版社,1980.

[4] 张建博,王红岩.山西沁水盆地煤层气有利区预测[D].徐州:中国矿业大学,1999.

[5] 秦勇,宋党育.山西南部煤化作用及其古地热系统:兼论煤化作用控气地质机理[M].北京:地质出版社,1998.

[6] 王红岩,张建博,刘洪林.沁水盆地南部煤层气藏水文地质特征[J].煤田地质与勘探,2001,29(3):33-36.

[7] 郭盛强.成庄区块煤层气井产气特征及控制影响因素[J].煤炭科学技术,2013,41(12):99-104.

[8] 李贵红,葛维宁,张培河,等.晋城成庄煤层气探明储量估算及经济评价[J].煤田地质与勘探,2010,38(4):21-24.

[9] 刘会虎.沁南地区煤层气排采井间干扰的地球化学约束机理[D].徐州:中国矿业大学,2011.

[10] 彭春洋.煤层气储层伤害评价技术研究[D].荆州:长江大学,2012.

[11] 田永东,武杰.沁水地南部高煤阶煤储层敏感性[J].煤炭学报,2014,39(9):1835-1839.

[12] 李仰民,王立龙,刘国伟,等.煤层气井排采过程中的储层伤害机理研究[J].中国煤层气,2010,7(6):39-42.

[13] 李劲峰,曲志浩.贾敏效应对低渗透油层有不可忽视的影响[J].石油勘探与开发,1999,26(2):93-94.

[14] 程明君.三相渗流油相相渗规律实验及预测方法研究[M].华东:中国石油大学出版社,2011.

[15] 李金海,苏现波,林晓英,等.煤层气井排采速率与产能的关系[J].煤炭学报,2009,34(3):376-380

[16] 赵群,王红岩,李景明,等.快速排采对低渗透煤层气井产能伤害的机理研究

[J]. 山东科技大学学报（自然科学版），2008,27(3):27-31.

[17]　杨焦生，李安启. 樊庄区块煤层气井开发动态分析及分类评价[J]. 天然气工业，2008,28(3):96-98.

[18]　杨新乐，张永利，肖晓春. 井间干扰对煤层气渗流规律影响的数值模拟[J]. 煤田地质与勘探，2009,37(4):26-29.

[19]　何伟钢，叶建平. 煤层气排采历史地质分析[J]. 高校地质学报，2009,9(3):385-389.

[20]　饶孟余，江舒华. 煤层气井排采技术分析[J]. 中国煤层气，2010,7(1):22-25.

[21]　陈振宏，王一兵，杨焦生，等. 影响煤层气井产量的关键因素分析：以沁水盆地南部樊庄区块为例[J]. 石油学报，2009,30(3):419-424.

[22]　倪小明，苏现波，张小东. 煤层气开发地质学[M]. 北京：化学工业出版社，2010.

[23]　刘会虎，桑树勋，李梦溪，等. 煤层气群井排采井间干扰的产出分馏响应特征[J]. 煤矿安全，2013,44(12):49-53.

[24]　LIU H H, SANG S X, XUE J H, et al. Evolution and geochemical characteristics of gas phase fluid and its response to inter-well interference during multi-well drainage of coalbed methane [J]. Journal of Petroleum Science and Engineering, 2018,162:491-501.

[25]　宫亚军. 川西坳陷中段须家河组地层水成因及水岩相互作用研究[D]. 成都：成都理工大学，2010.

[26]　BIRKLE P, ROSILLO ARAGON J J, PORTUGAL E, et al. Evolution and orgin of deep reservoir water at the Activo Luna oil field, Gulf of Mexico, Mexico [J]. AAPG Bulletin, 2002, 86(3):457-484.

[27]　梁新阳. 山西煤矿矿坑水水质特征及其对水环境质量影响分析[J]. 水系污染与保护，2004,31:33-35.

[28]　单耀，秦勇，王文峰. 徐州大屯矿区矿井水类型与水质分析[J]. 能源技术与管理，2007,4:41-43.

[29]　华北石油地质局. 煤层气译文集[M]. 郑州：河南科学技术出版社，1990.

[30]　单耀. 含煤地层水岩作用与矿井水环境效应[D]. 徐州：中国矿业大学，2009.

[31]　程乔，胡宝林，徐宏杰，等. 沁水盆地南部煤层气井排采伤害判别模式[J]. 煤炭学报，2014,39(9):1879-1885.

[32]　王国强，吴建光，熊德华，等. 沁南潘河煤层气田稳探精细排采技术[J]. 天然气工业，2011,31(5):31-35.

[33]　张义，鲜保安，孙粉锦，等. 煤层气低产井低产原因及增产改造技术[J]. 天然气工业，2010,30(6):55-59.

[34]　孙培德. 变形过程中煤样渗透率变化规律的实验研究[J]. 岩石力学与工程学报，2001,20(S1):1801-1804.

[35]　陈金刚，陈庆发. 煤岩力学性质对其基质自调节能力的控制效应[J]. 天然气工

业,2005,25(2):140-144.

[36] 周军平,鲜学福,姜永东,等. 考虑有效应力和煤基质收缩效应的渗透率模型
[J]. 西南石油大学学报(自然科学版),2009,31(1):4-10.

[37] LI J Q, LIU D M, YAO Y B, et al. Evalation and modeling of gas permeability
changes in anthracite coals [J]. Fuel, 2013,111:606-61.

[38] 张聪,李梦溪,王立龙,等. 沁水盆地南部樊庄区块煤层气井增产措施与实践[J].
天然气工业,2011,31(11):26-29.

[39] 刘会虎,桑树勋,曹丽文,等. 模拟酸雨条件下垃圾填埋的重金属地球化学迁移
模型:以徐州为例[J]. 地球与环境,2009,37(2):118-125.

[40] 刘会虎,桑树勋,程云环,等. 基于地球化学因子影响的生活垃圾降解动态模型
[J]. 地球与环境,2010,38(1):14-20.

[41] 马建立,赵由才,郭斌,等. 垃圾填埋场厌氧产气动力学模型的研究[J]. 有色冶金
设计与研究,2007,28(2/3):169-173.

[42] 吕景昶,朱礼斌,张涛. 煤层气井排采工艺技术[J]. 油气井测试,2002,11(4):
47-48.

[43] LIU H H, SANG S X, FORMOLO M, et al. Production characteristics and
drainage optimization of coalbed methane wells: A case study from low-
permeability anthracite hosted reservoirs in southern Qinshui Basin, China [J].
Energy for Sustainable Development, 2013, 117:412-423.

[43] 贺天才,秦勇. 煤层气勘探与开发利用技术[M]. 徐州:中国矿业大学出版
社,2008.

[44] 苏现波,冯艳丽,陈江峰. 煤中裂隙的分类[J]. 煤田地质与勘探,2002,30(4):
21-24.

[45] 苏现波,林晓英. 煤层气地质学[M]. 北京:科学出版社,2007.

[46] 傅雪海,秦勇,韦重韬. 煤层气地质学[M]. 徐州:中国矿业大学出版社,2007.

[47] 宋文宁,杜秀芳,马献斌. 煤层气开采中的几项关键技术[J]. 中国煤层气,
1998,1:44-16.

[48] 马东民. 煤层气井采气机理分析[J]. 西安科技学院学报,2003,23(2):156-159.

[49] KLEIN S T. The progressing cavity pump in coalbed methane extraction[A]//
Proceeding of SPE eastern regional meeting. Lexington, Kentucky, U. S. A,
1991: 377-387.

[50] WRIGHT D W, ADAIR R L. Progressive cavity pumps deliver highest
mechanical efficiency/lowest operating costin mature permian basin waterflood
[A]//SPE production operations symposium. Oklahoma City, Oklahoma, U. S.
A, 1993:123-130.

[51] KLEIN S. Advances expand application or progressive cavity pumps[J]. The
American Oil & Gas Reporter, 1995, 38(6):83-8.

[52] COZZENS K，TETZLAFF S. Using ESPCP reduces lifting costs[J]. The American Oil & Gas Reporter，1998，41(6)：134-137，146.

[53] LEA J F，WINKLER H W. What's a new in artificial lift[J]. World Oil，1997，218(4)：53-56，58，60.

[54] DICKEY M W，LLC S. Economic pumping technology for coalbed methane (CBM)，stripper oil，and shallow gas well deliquification[A]//2006 SPE regional meeting Canton. Ohio，U. S. A，2006：1-4.

[55] 任源峰，吕卫东，冯义堂. 煤层气井电泵排采工艺技术研究及应用[J]. 中国煤层气，2006，3(1)：33-36 .

[56] 聂志泉，吴晓东. 煤层气排采技术评价[J]. 江汉石油职工大学学报，2009，22(2)：61-64

[57] 刘新福. 煤层气排水采气设备的选型研究[D]. 东营：中国石油大学，2009.